"十四五"职业教育国家规划教材

职业教育**数字媒体应用**
人才培养系列教材

U0725191

Premiere 视频编辑

案例教程

全彩微课版 | Premiere Pro CC 2019

王世宏 杨晓庆 / 主编　赵兰畔 孟艳芳 黄艳兰 / 副主编

人民邮电出版社
北京

图书在版编目（ＣＩＰ）数据

Premiere视频编辑案例教程：全彩微课版：
Premiere Pro CC 2019 / 王世宏，杨晓庆主编. -- 北京：
人民邮电出版社，2022.11
职业教育数字媒体应用人才培养系列教材
ISBN 978-7-115-59092-3

Ⅰ．①P… Ⅱ．①王… ②杨… Ⅲ．①视频编辑软件—
职业教育—教材 Ⅳ．①TN94

中国版本图书馆CIP数据核字(2022)第055417号

内 容 提 要

本书全面、系统地介绍 Premiere 的基本操作方法及视频编辑技巧，包括初识 Premiere Pro CC 2019，
制作影视剪辑，制作视频切换效果，应用视频特效，调色、叠加与抠像，加入字幕，加入音频，输出
文件和综合设计实训等内容。

除第 1 章和第 8 章外，本书以课堂实训案例为主线，通过案例的操作，学生可以快速熟悉影视后
期编辑思路。通过书中对软件相关工具的介绍，学生能够深入学习软件功能；通过课堂实战演练和课
后综合案例的学习，学生可以拓展实际应用能力，并掌握软件的使用技巧。本书的最后一章精心安排
了影视设计公司的 6 个精彩案例，帮助学生快速掌握影视后期制作的设计理念和设计元素，从而顺利
达到实战水平。本书提供书中所有案例的素材及效果文件，以利于教师授课和学生学习。

本书可作为职业院校数字艺术类专业 Premiere 相关课程的教材，也可作为相关人员的参考书。

◆ 主　　编　王世宏　杨晓庆
　　副 主 编　赵兰畔　孟艳芳　黄艳兰
　　责任编辑　马　媛
　　责任印制　焦志炜

◆ 人民邮电出版社出版发行　　　北京市丰台区成寿寺路 11 号
　　邮编　100164　　电子邮件　315@ptpress.com.cn
　　网址　https://www.ptpress.com.cn
　　雅迪云印（天津）科技有限公司印刷

◆ 开本：787×1092　1/16
　　印张：14.5　　　　　　　　　2022 年 11 月第 1 版
　　字数：399 千字　　　　　　　2025 年 1 月天津第 9 次印刷

定价：79.80 元

读者服务热线：(010)81055256　印装质量热线：(010)81055316
反盗版热线：(010)81055315
广告经营许可证：京东市监广登字 20170147 号

编写目的

Premiere 是由 Adobe 公司开发的影视编辑软件，它功能强大、易学易用，深受广大影视制作人员和后期编辑人员的喜爱，是这一领域十分流行的软件之一。目前，我国很多院校的数字艺术类专业都将 Premiere 作为一门重要的专业课程。为了帮助教师全面、系统地讲授这门课程，让学生能够熟练地使用 Premiere 进行影视编辑，我们几位长期在学校从事 Premiere 教学的教师和专业影视制作公司经验丰富的设计师合作编写了本书。

人民邮电出版社充分发挥在线教育方面的技术优势、内容优势、人才优势，潜心研究，为读者提供一种"纸质图书与在线课程"配套的全方位学习 Premiere 视频编辑的方案。读者可根据个人需求，利用图书和"微课云课堂"平台上的在线课程进行碎片化、移动化的学习，以便快速、全面地掌握 Premiere 视频编辑技术。

平台支撑

"微课云课堂"目前包含近 50000 个微课视频，在资源展现上分为"微课云""云课堂"这两种形式。"微课云"是该平台中所有微课视频的集中展示区，用户可根据需要选择合适的微课视频进行学习；"云课堂"是在现有"微课云"的基础上为用户组建的推荐课程群，用户可以在"云课堂"中按推荐的课程进行系统化学习，或者将"微课云"中的内容自由组合，定制符合自己需求的课程。

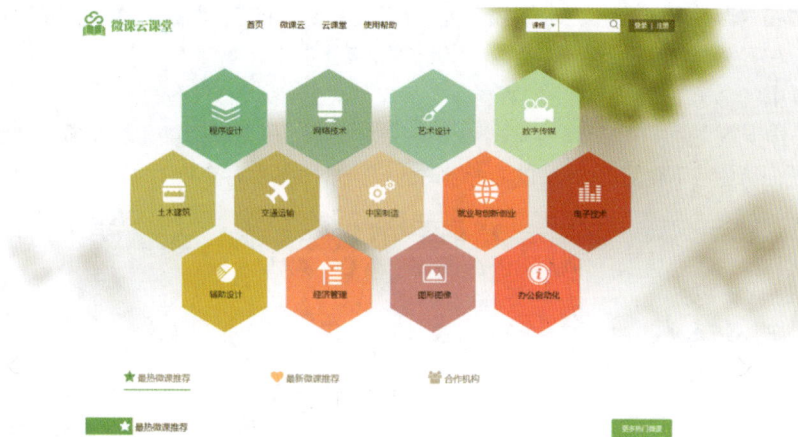

◎ "微课云课堂"主要特点

海量微课资源，持续不断更新。 "微课云课堂"充分利用了人民邮电出版社在信息技术领域的优势，以出版社多年的发展积累为基础，将资源经过分类、整理、加工及微课化之后提供给用户。

资源精心分类，方便用户自主学习。 "微课云课堂"相当于一个庞大的微课视频资源库，按照门类进行一级和二级分类，还根据难度等级进行分类，让不同专业、不同层次的用户均可以在平台中搜索到自己需要或者感兴趣的内容。

多终端自适应，碎片化、移动化。 大部分微课视频的时长不超过十分钟，可以满足读者碎片化学习的需要；且该平台支持多终端自适应显示，除了可以在 PC 端学习外，用户还可以在移动端进行学习。

◎ "微课云课堂"使用方法

直接搜索"微课云课堂"网址（www.ryweike.com）→用手机号码注册→在用户中心输入本书激活码 a92d2a5d，将本书包含的微课资源添加到个人账户，获取永久在线观看本课程微课视频的权限。

此外，购买本书的读者还将获得价值 168 元的一年期 VIP 会员资格，可免费观看 50000个微课视频。

本书特色

党的二十大报告提出，实践没有止境，理论创新也没有止境。本书立足新发展阶段，吸纳新技术和新方法，全面贯彻党的教育方针，落实立德树人根本任务，培养德智体美劳全面发展的社会主义建设者和接班人。

根据现代学校的教学方向和教学特色，我们对本书的编写体系做了精心的设计，除第 1章和第 8 章外，其余章节均以案例引入，力求通过实训案例演练，帮助学生快速熟悉设计思路和软件功能；通过软件相关工具的介绍，帮助学生深入学习软件功能和制作特色；通过课堂实战演练和课后综合案例的讲解，帮助学生拓展实际应用能力。本书的最后一章还精心安排了 6 个精彩案例，帮助学生快速掌握商业影视后期制作的设计理念和设计流程，从而顺利达到实战水平。

本书在内容编写方面，力求细致全面、重点突出；在文字叙述方面，注意言简意赅、通俗易懂；在案例选取方面，强调案例的针对性和实用性。

云盘中包含了书中所有案例的素材及效果文件。另外，为方便教师教学，本书配备了详尽的案例操作步骤文件、PPT 课件、教学大纲等教学资源，任课教师可登录人邮教育社区（www.ryjiaoyu.com）免费下载使用。本书的参考学时为 60 学时，各章的参考学时参见下面的学时分配表。

章	课程内容	学时分配
第 1 章	初识 Premiere Pro CC 2019	6
第 2 章	制作影视剪辑	8
第 3 章	制作视频切换效果	8
第 4 章	应用视频特效	8
第 5 章	调色、叠加与抠像	8
第 6 章	加入字幕	8
第 7 章	加入音频	4
第 8 章	输出文件	2
第 9 章	综合设计实训	8
学 时 总 计		60

本书由王世宏、杨晓庆担任主编，赵兰畔、孟艳芳、黄艳兰担任副主编，路晓亚、王戈也参与了本书的编写。由于编者水平有限，书中难免存在疏漏和不妥之处，敬请广大读者批评指正。

编　者

2022 年 12 月

C O N T E N T S 目 录

目录 CONTENTS

CONTENTS 目录

教学辅助资源

素材类型	数量	素材类型	数量
教学大纲	1 套	课堂案例	13 个
电子教案	9 个单元	实战演练	13 个
PPT 课件	11 个	综合案例	12 个
案例素材和效果文件	257 个	综合设计实训	6 个

配套视频列表

章	视频微课	章	视频微课
第 2 章 制作影视剪辑	秀丽山河宣传片	第 5 章 调色、叠加与抠像	体育运动宣传片
	都市生活宣传片		折纸世界栏目片头
	春雨时节宣传片		花开美景宣传片
	璀璨烟火宣传片		助农产品宣传片
	壮丽黄河宣传片	第 6 章 加入字幕	快乐旅行节目片头
	篮球公园宣传片		特惠促销节目片头
第 3 章 制作视频切换效果	陶瓷艺术宣传片		节目滚动预告片
	京城韵味电子相册		节目预告片
	花世界电子相册		夏季女装上新广告
	美食新品宣传片		海鲜火锅宣传广告
	可爱猫咪电子相册	第 7 章 加入音频	休闲生活宣传片
	自驾行宣传片		万马奔腾宣传片
	中秋纪念电子相册		个性女装新品宣传片
	霞浦风光短视频		时尚音乐宣传片
第 4 章 应用视频特效	森林美景宣传片		动物世界宣传片
	海滨城市宣传片		自然美景宣传片
	城市风光宣传片	第 9 章 综合设计实训	旅游节目包装
	汤圆短视频		烹饪节目片头
	健康出行宣传片		运动产品广告
	峡谷风光宣传片		趣味玩具城纪录片
第 5 章 调色、叠加与抠像	湖边美景宣传片		儿童天地电子相册
	古镇宣传片		新年歌曲 MV

01

第 1 章
初识 Premiere Pro CC 2019

本章介绍

本章将对 Premiere Pro CC 2019 的基础知识和基本操作进行详细讲解。通过对本章的学习，读者可以快速了解并掌握 Premiere Pro CC 2019 的入门知识，为后续的学习打下坚实的基础。

知识目标

- 认识用户操作界面
- 熟悉常用操作面板
- 了解其他功能面板

能力目标

- 掌握项目文件的基本操作
- 掌握素材的导入及管理方法

素质目标

- 培养团队合作和协调能力
- 培养主动学习善于沟通的思辨能力
- 培养专注和理解能力

1.1 软件操作界面

1.1.1 【操作目的】

通过打开文件，读者可以熟悉新建文件操作；通过为素材添加过渡特效，读者可以了解相关面板的使用方法。

1.1.2 【操作步骤】

步骤 1   启动 Premiere Pro CC 2019，选择"文件 > 打开项目"命令，弹出"打开项目"对话框，选择本书云盘中的"Ch01\ 野外美景短视频 .prproj"文件，如图 1-1 所示。

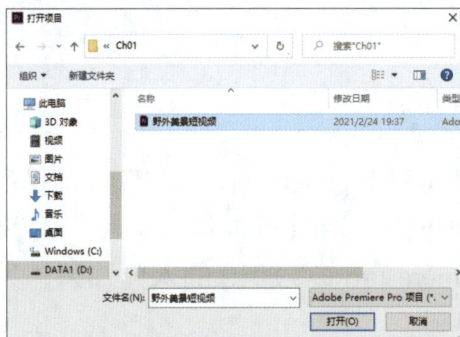

图 1-1

步骤 2   单击"打开"按钮，打开文件，如图 1-2 所示。在"效果"面板中展开"视频过渡"特效分类选项，单击"划像"文件夹左侧的 ▶ 按钮将其展开，选中"菱形划像"特效，如图 1-3 所示。

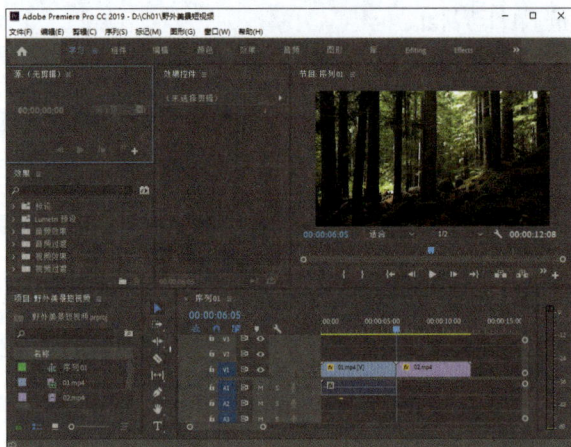

图 1-2

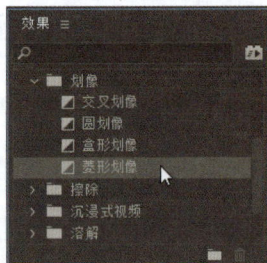

图 1-3

步骤 3   将"菱形划像"特效拖曳到时间轴面板中的"01"文件的结尾位置与"02"文件的开始位置之间，如图 1-4 所示。弹出提示对话框，如图 1-5 所示，单击"确定"按钮，素材的过渡特效添加完成。在"节目"面板中单击"播放 – 停止切换"按钮 ▶ 预览效果，如图 1-6 和图 1-7 所示。

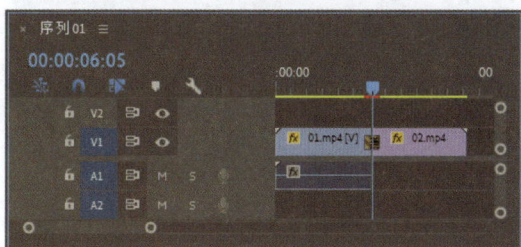

图 1-4

图 1-5

图 1-6

图 1-7

1.1.3 【相关工具】

1. 认识用户操作界面

Premiere Pro CC 2019 的用户操作界面如图 1-8 所示。从该图中可以看出，Premiere Pro CC 2019 的用户操作界面由标题栏、菜单栏、"效果控件"面板、时间轴面板、工具面板、预设工作区、"节目"/"字幕"/"参考"面板组、"项目"/"效果"/"基本图形"/"字幕"面板组等组成。

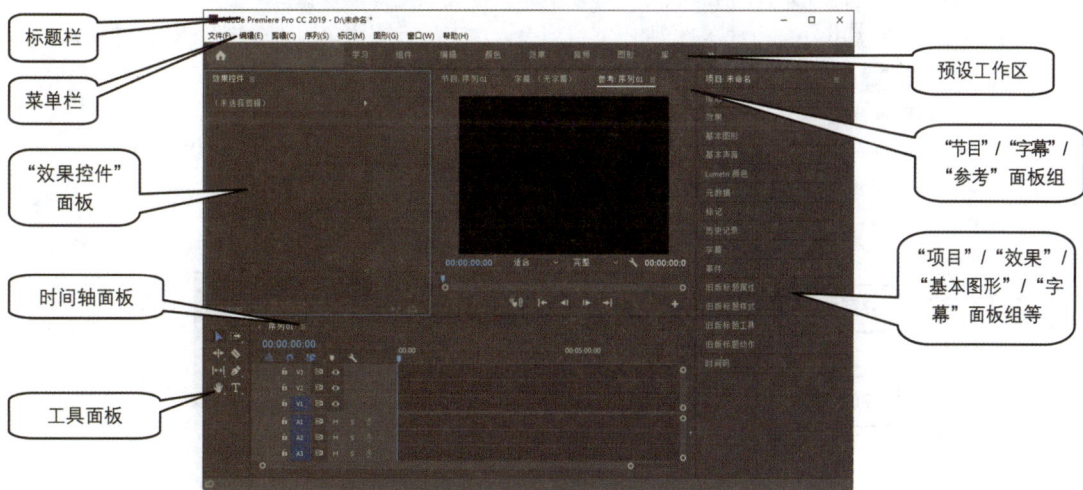

图 1-8

2. 熟悉"项目"面板

"项目"面板主要用于输入、组织和存放将要在时间轴面板进行编辑合成的原始素材，如图 1-9 所示。按 Ctrl+Page Up 组合键，切换到列表显示模式，如图 1-10 所示。单击"项目"面板左上方

的 ▤ 按钮，在弹出的菜单中可以选择面板的显示模式及启用相关功能，如图 1-11 所示。

　　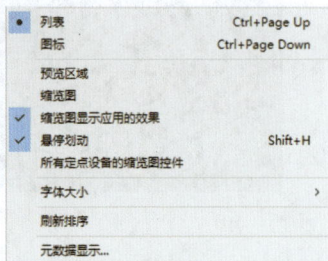

图 1-9　　　　　　　　　　　图 1-10　　　　　　　　　　　图 1-11

在图标显示模式下，将鼠标指针置于视频图标上左右移动，可以查看不同时间点的视频内容。

在列表显示模式下，可以查看素材的基本属性，包括素材的名称、媒体格式、视音频信息、数据量等。

"项目"面板下方的工具栏中分别为"项目可写"按钮 ▣ ／"项目只读"按钮 ▣ 、"列表视图"按钮 ▤ 、"图标视图"按钮 ▣ 、"调整图标和缩览图的大小"滑动条 ◯━━━ 、"排序图标"按钮 ▤ 、"自动匹配序列"按钮 ▥ 、"查找"按钮 ◯ 、"新建素材箱"按钮 ▣ 、"新建项"按钮 ▤ 和"清除"按钮 ▤ 。它们的含义如下。

"项目可写"按钮 ▣ ／"项目只读"按钮 ▣ ：单击此按钮，可以将"项目"面板显示为可写或只读模式。

"列表视图"按钮 ▤ ：单击此按钮，可以将素材面板中的素材以列表形式显示。

"图标视图"按钮 ▣ ：单击此按钮，可以将素材面板中的素材以图标形式显示。

"调整图标和缩览图的大小"滑动条 ◯━━━ ：拖曳滑块可以将"项目"面板中的图标和缩览图放大或缩小。

"排序图标"按钮 ▤ ：单击此按钮，可以在图标模式下对项目素材以不同的方式进行排序。

"自动匹配序列"按钮 ▥ ：单击此按钮，可以将素材自动匹配到时间轴。

"查找"按钮 ◯ ：单击此按钮，可以按提示快速查找素材。

"新建素材箱"按钮 ▣ ：单击此按钮，可以新建文件夹以便管理素材。

"新建项"按钮 ▤ ：单击此按钮将弹出下拉列表，在下拉列表中可以创建新的素材文件。

"清除"按钮 ▤ ：选中不需要的文件，单击此按钮，即可将其删除。

3．认识时间轴面板

时间轴面板是 Premiere Pro CC 2019 的核心部分，如图 1-12 所示。在编辑影片的过程中，大部分工作都是在时间轴面板中完成的。通过时间轴面板，用户可以轻松地实现对素材的剪辑、插入、复制、粘贴、修整等操作。

图 1-12

"将序列作为嵌套或个别剪辑插入并覆盖"按钮 ▤ ：单击此按钮，可以将序列作为一个嵌套文件或单个剪辑文件插入时间轴面板中并覆盖文件。

"在时间轴中对齐"按钮 ⌒：单击此按钮，可以启动吸附功能，这时在时间轴面板中拖动素材，素材将自动定位到邻近素材的边缘。

"链接选择项"按钮 ▶：单击此按钮，可以链接所有开放序列。

"添加标记"按钮 ♥：单击此按钮，可以在当前帧处设置标记。

"时间轴显示设置"按钮 🔧：单击此按钮，可以设置时间轴面板中的显示选项。

"切换轨道锁定"按钮 🔒：单击此按钮，当按钮变成 🔒 形状时，当前的轨道被锁定，处于不可编辑状态；当按钮变成 🔓 形状时，可以编辑该轨道。

"切换同步锁定"按钮 🔄：该按钮默认处于启用状态，当进行插入、波纹删除或波纹剪辑操作时，编辑点右侧的内容会发生移动。

"切换轨道输出"按钮 👁：单击此按钮，可以设置是否在监视器面板中显示当前影片。

"静音轨道"按钮 M：单击该按钮，可以静音，反之则可以播放声音。

"独奏轨道"按钮 S：单击该按钮，可以设置独奏轨道。

"折叠－展开轨道"：双击右侧的空白区域，可以折叠／展开视频轨道工具栏或音频轨道工具栏。

"显示关键帧"按钮 ○：单击此按钮，可以选择显示当前关键帧的方式。

"转到下一关键帧"按钮 ▶：单击此按钮，可以将播放指示器定位在被选素材轨道的下一个关键帧上。

"添加－移除关键帧"按钮 ◇：单击此按钮，可以在播放指示器所处的位置，或在轨道中被选素材的当前位置添加移除关键帧。

"转到上一关键帧"按钮 ◀：单击此按钮，可以将播放指示器定位在被选素材轨道的上一个关键帧上。

滑块 ○──○：单击此按钮，放大／缩小轨道中显示的素材。

时间码 00:00:00:00：用于显示影片的播放进度。

序列名称：单击相应的标签，可以在不同的影片间相互切换。

轨道面板：对轨道的退缩、锁定等参数进行设置。

播放指示器：对剪辑的素材进行时间定位。

窗口菜单：对时间单位及剪辑参数进行设置。

视频轨道：对影片进行视频剪辑的轨道。

音频轨道：对影片进行音频剪辑的轨道。

4. 认识监视器面板

监视器面板分为"源"面板和"节目"面板，分别如图 1-13 和图 1-14 所示，所有编辑或未编辑的影片片段都会在此显示。默认状态下，"源"窗口不显示。

图 1-13

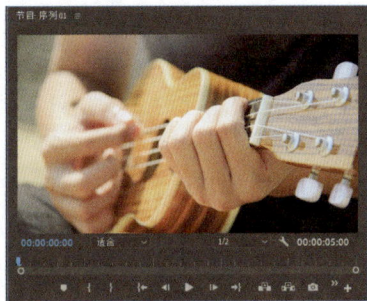

图 1-14

"添加标记"按钮 ▼：单击此按钮，可以为影片设置未编号标记。

"标记入点"按钮 ｛：单击此按钮，可以设置当前影片位置的起始点。

"标记出点"按钮 ｝：单击此按钮，可以设置当前影片位置的结束点。

"转到入点"按钮 ←｛：单击此按钮，可将播放指示器移到入点所在的位置。

"后退一帧（左侧）"按钮 ◀｜：此按钮是对素材进行逐帧倒播的控制按钮，单击该按钮后，播放的素材就会后退 1 帧，在按住 Shift 键的同时单击此按钮，每次后退 5 帧。

"播放－停止切换"按钮 ▶ / ■：单击此按钮，会从监视器面板中播放指示器的当前位置开始播放素材；在"节目"面板中，在播放时按 J 键可以进行倒放。

"前进一帧（右侧）"按钮 ｜▶：此按钮是对素材进行逐帧播放的控制按钮，单击该按钮后，播放的素材就会前进 1 帧，按住 Shift 键的同时单击此按钮，每次前进 5 帧。

"转到出点"按钮 ｝→：单击此按钮，可将播放指示器移到标记出点的位置。

"插入"按钮 ⊟：单击此按钮，当插入一段影片时，重叠的片段将后移。

"覆盖"按钮 ⊡：单击此按钮，当插入一段影片时，重叠的片段将被覆盖。

"提升"按钮 ⊟：单击此按钮，可以将轨道上入点与出点之间的内容删除，删除之后仍然留有空间。

"提取"按钮 ⊟：单击此按钮，可以将轨道上入点与出点之间的内容删除，删除之后不留空间，后面的素材会自动连接上前面的素材。

"导出帧"按钮 ▣：单击此按钮，可以导出一帧的影视画面。

"比较视图"按钮 ⊟：单击此按钮，可以进入比较视图模式观看画面。

分别单击图 1-13 和图 1-14 右下方的"按钮编辑器"按钮 ➕，弹出图 1-15 和图 1-16 所示的面板。其中包含一些已显示和未显示的按钮。

图 1-15

图 1-16

"清除入点"按钮 ᛚ：单击此按钮，可以清除设置的标记入点。

"清除出点"按钮 ᛚ：单击此按钮，可以清除设置的标记出点。

"从入点到出点播放视频"按钮 ｛↔｝：单击此按钮，只在设置的入点与出点之间播放影片。

"转到下一标记"按钮 →▼：单击此按钮，将播放指示器移动到当前位置的下一个标记处。

"转到上一标记"按钮 ▼←：单击此按钮，将播放指示器移动到当前位置的上一个标记处。

"播放邻近区域"按钮 ▶｜：单击此按钮，将播放播放指示器当前位置的前后 2s 的内容。

"循环"按钮 ⟳：单击此按钮，监视器面板中就会循环播放素材，直至单击停止按钮。

"安全边距"按钮 ▢：单击此按钮，为影片设置安全边界线，以防影片画面太大而使显示不完整；再次单击可隐藏安全边界线。

"隐藏字幕显示"按钮 ▢：单击此按钮，可以隐藏字幕显示效果。

"切换代理"按钮 ⊟：单击此按钮，可以在本机格式和代理格式之间切换。

"切换 VR 视频显示"按钮 ⊕：单击此按钮，可以快速切换到 VR 视频显示模式。

"切换多机位视图"按钮 ▣：单击此按钮，可以打开 / 关闭多机位视图。

"转到下一个编辑点"按钮 →｜：单击此按钮，可以转到同一轨道上当前编辑点的后一个编辑点。

"转到上一个编辑点"按钮 ｜←：单击此按钮，可以转到同一轨道上当前编辑点的前一个编辑点。

"多机位录制开 / 关"按钮 ●：单击此按钮，可以打开 / 关闭多机位录制模式。

"还原裁剪会话"按钮 ↺：单击此按钮，可以还原裁剪的会话。

"全局 FX 静音"按钮 fx：单击此按钮，可以打开 / 关闭所有素材特效。

"在节目监视器中对齐"按钮 ⊶：单击此按钮，可以将图形贴靠在一起。

可以直接将面板中需要的按钮拖曳到下面的显示框中，如图 1-17 所示，松开鼠标，按钮将被添加到显示框中，如图 1-18 所示。单击"确定"按钮，所选按钮将显示在显示框中，如图 1-19 所示。可以用相同的方法添加多个按钮，如图 1-20 所示。

图 1-17

图 1-18

图 1-19

图 1-20

若要恢复默认的布局，再次单击面板右下方的"按钮编辑器"按钮 ＋，在弹出的面板中单击"重置布局"按钮，然后单击"确定"按钮即可。

5. 其他功能面板

除了以上介绍的面板外，Premiere Pro CC 2019 中还提供了一些方便用户进行编辑操作的功能面板，下面逐一进行介绍。

◎ "效果"面板

"效果"面板中存放着 Premiere Pro CC 2019 自带的各种音频和视频特效。这些特效按照功能分为六大类，包括"预设""Lumetri 预设""音频效果""音频过渡""视频效果""视频过渡"。每一大类又按照效果细分为很多小类，如图 1-21 所示。用户安装的第三方特效插件也将出现在该面板相应类别的文件夹中。

◎ "效果控件" 面板

"效果控件" 面板主要用于控制对象的运动、不透明度、过渡及特效等，如图 1-22 所示。当为某一段素材添加了音频、视频或转场特效后，就需要在该面板中进行相应的参数设置和添加关键帧操作。画面的运动特效也在此面板中进行设置，该面板会根据素材和特效的不同显示不同的内容。

◎ "音轨混合器" 面板

使用 "音轨混合器" 面板可以更加有效地调节项目的音频，还可以实时混合各轨道中的音频对象，如图 1-23 所示。

图 1-21

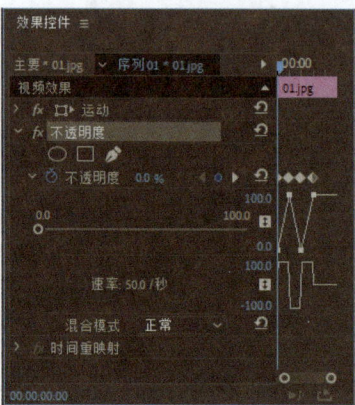

图 1-22

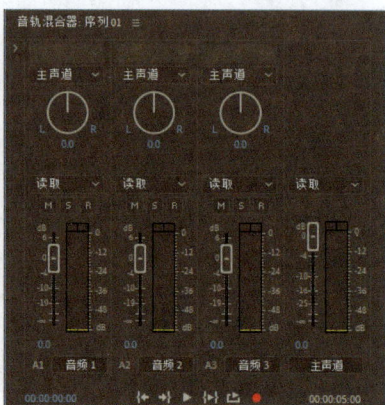

图 1-23

◎ "历史记录" 面板

"历史记录" 面板可以记录用户从创建项目以来进行的所有操作。在执行了错误操作后单击该面板中相应的操作名称，即可撤销错误操作并重新返回到错误操作之前的某一个状态，如图 1-24 所示。

◎ "信息" 面板

在 Premiere Pro CC 2019 中，"信息" 面板作为一个独立面板显示，其主要功能是集中显示选中素材的各项信息。选中的素材不同，"信息" 面板中的内容也不相同，如图 1-25 所示。

图 1-24

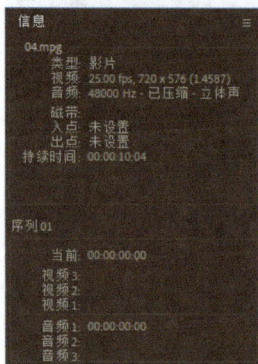

图 1-25

在默认设置下，"信息" 面板是空白的。如果在时间轴面板中放入一个素材并选中它，"信息" 面板中将显示选中素材的信息；如果有过渡，则显示过渡信息；如果选中的是一段视频 / 静止素材，"信息" 面板中将显示该素材的类型、持续时间、帧速率、入点、出点及播放指示器的当前位置等。

◎工具面板

工具面板主要用来对时间轴面板中的音频、视频等内容进行编辑，如图 1-26 所示。

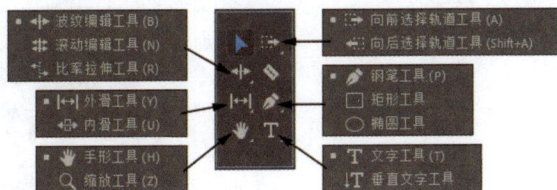

图 1-26

1.2 软件基本操作

1.2.1 【操作目的】

通过导入命令，读者可以熟练掌握导入素材文件的方法；通过将素材添加到时间轴面板中，读者可以了解在该面板中添加素材的技巧；通过切割素材，读者可以熟练掌握相关工具的使用方法；通过关闭新建的文件，读者可以熟练掌握相关命令的使用方法。

1.2.2 【操作步骤】

步骤 1 启动 Premiere Pro CC 2019，选择"文件 > 新建 > 项目"命令，弹出"新建项目"对话框，如图 1-27 所示，单击"确定"按钮，新建项目。选择"文件 > 新建 > 序列"命令，弹出"新建序列"对话框，单击"设置"选项卡，具体设置如图 1-28 所示，单击"确定"按钮，新建序列。

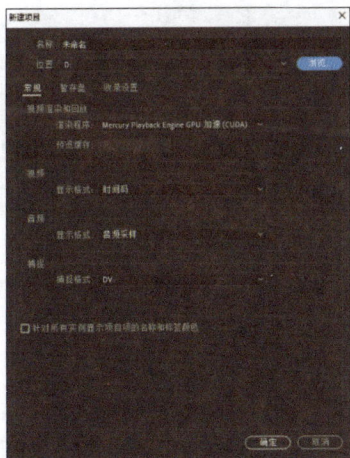

图 1-27

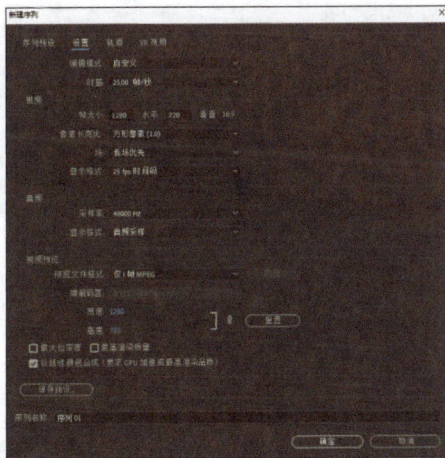

图 1-28

步骤 2 选择"文件 > 导入"命令，弹出"导入"对话框，选择本书云盘中的"Ch01\ 环保生活短视频 \ 素材 \01"文件，如图 1-29 所示。单击"打开"按钮，将素材文件导入"项目"面板中，如图 1-30 所示。

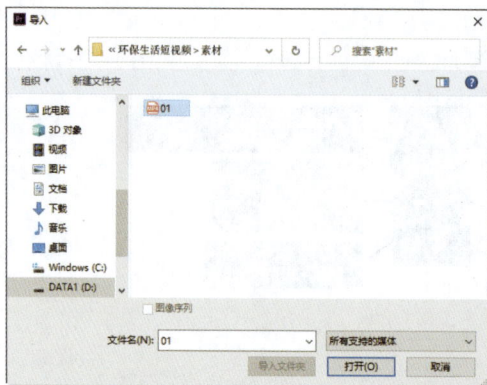

图 1-29

图 1-30

步骤 **3** 在"项目"面板中，选中"01"文件并将其拖曳到时间轴面板的"V1"轨道中，弹出"剪辑不匹配警告"对话框，如图 1-31 所示。单击"保持现有设置"按钮，在保持现有序列设置的情况下将文件放置在"V1"轨道中，如图 1-32 所示。

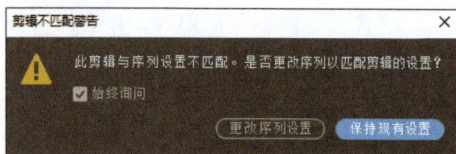

图 1-31

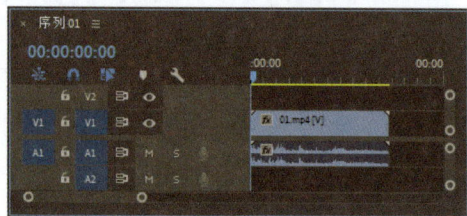

图 1-32

步骤 **4** 将播放指示器放置在 07:07s 的位置，如图 1-33 所示。选择"剃刀"工具 ，在指定的位置上单击，将素材切割为两个素材，如图 1-34 所示。

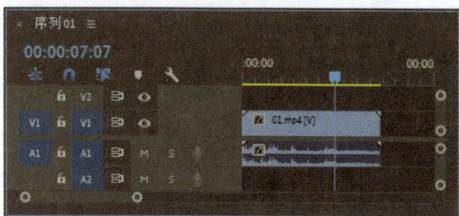

图 1-33

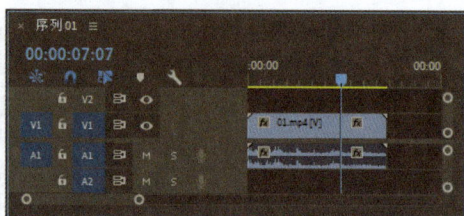

图 1-34

步骤 **5** 选择"选择"工具 ，选择第 2 段视频素材，如图 1-35 所示。按 Delete 键将其删除，效果如图 1-36 所示。将播放指示器放置在 05:20s 的位置。在"效果控件"面板中展开"运动"选项，将"缩放"选项设置为 67.0，如图 1-37 所示。在"节目"面板中单击"播放–停止切换"按钮 ，预览效果，如图 1-38 所示。

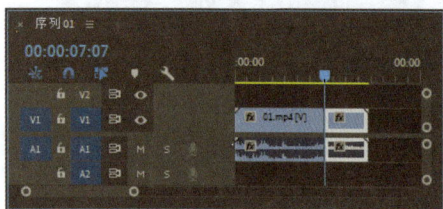

图 1-35

图 1-36

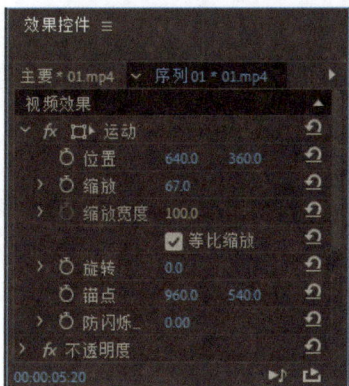

图 1-37

图 1-38

步骤 6 选择"文件 > 保存"命令，保存文件。选择"文件 > 关闭项目"命令，关闭项目文件。单击右上角的 ✕ 按钮，退出程序。

1.2.3 【相关工具】

1. 项目文件的操作

在启动 Premiere Pro CC 2019 进行影视制作时，必须先创建新的项目文件或打开已存在的项目文件，这是项目文件最基本的操作之一。

◎ 新建项目文件

步骤 1 选择"开始 > 所有程序 > Adobe Premiere Pro CC 2019"命令，或双击桌面上的 Adobe Premiere Pro CC 2019 快捷图标，启动程序。

步骤 2 选择"文件 > 新建 > 项目"命令，或按 Ctrl+Alt+N 组合键，弹出"新建项目"对话框，如图 1-39 所示。在"名称"文本框中设置项目名称。单击"位置"选项右侧的 浏览 按钮，在弹出的对话框中选择项目文件的保存路径。在"常规"选项卡中设置视频渲染和回放、视频、音频及捕捉格式等，在"暂存盘"选项卡中设置捕捉的视频、视频预览、音频预览、项目自动保存等的暂存路径，在"收录设置"选项卡中设置收录选项。单击"确定"按钮，即可创建一个新的项目文件。

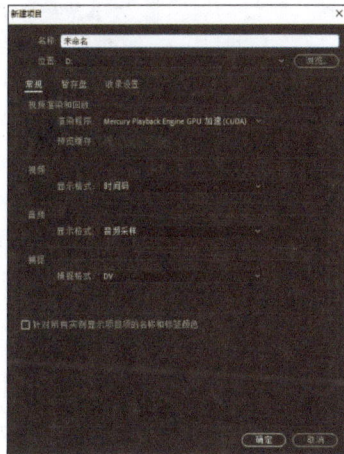

图 1-39

步骤 3 选择"文件 > 新建 > 序列"命令，或按 Ctrl+N 组合键，弹出"新建序列"对话框，如图 1-40 所示。在"序列预设"选项卡中选择项目文件的格式，如"DV-PAL"制式下的"标准 48kHz"，右侧的"预设描述"选项区中将列出相应的项目信息。在"设置"选项卡中可以设置编辑模式、时基、视频帧大小、像素长宽比、音频采样率等信息。在"轨道"选项卡中可以设置视音频轨道的相关信息。在"VR 视频"选项卡中可以设置 VR 属性。单击"确定"按钮，创建一个新的序列。

◎ 打开项目文件

选择"文件 > 打开项目"命令或按 Ctrl+O 组合键，在弹出的对话框中选择需要打开的项目文件，如图 1-41 所示。单击"打开"按钮，即可打开已选择的项目文件。

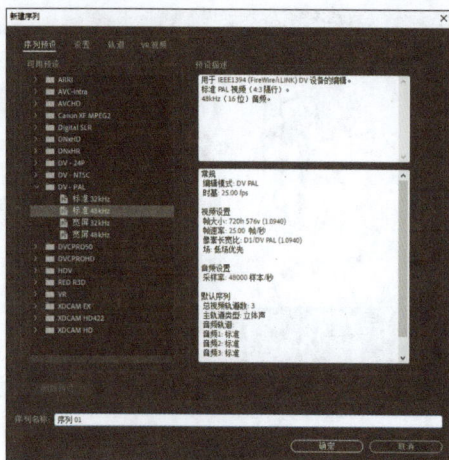

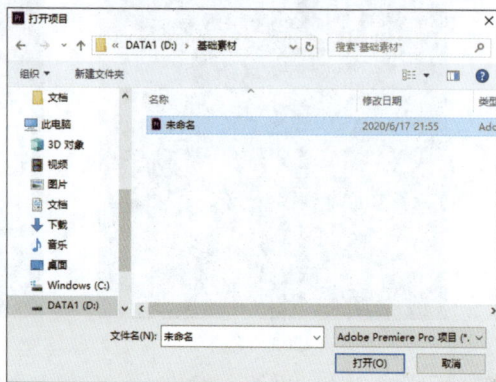

图 1-40　　　　　　　　　　　　　　　图 1-41

选择"文件 > 打开最近使用的内容"命令，在其子菜单中选择需要打开的项目文件，如图 1-42 所示，也可打开所选的项目文件。

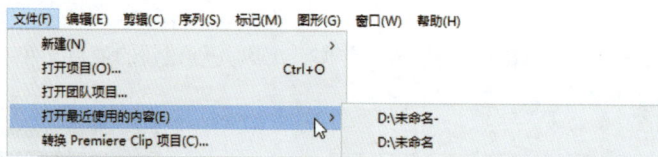

图 1-42

◎ 保存项目文件

刚启动 Premiere Pro CC 2019 时，系统会提示用户先保存一个设置了参数的项目，因此，对于编辑过的项目文件，直接选择"文件 > 保存"命令或按 Ctrl+S 组合键，即可将其直接保存。另外，系统还会隔一段时间自动保存一次项目文件。

选择"文件 > 另存为"命令或按 Ctrl+Shift+S 组合键，或者选择"文件 > 保存副本"命令或按 Ctrl+Alt+S 组合键，弹出"保存项目"对话框，设置完成后，单击"保存"按钮，可以保存项目文件的副本。

◎ 关闭项目文件

选择"文件 > 关闭项目"命令，即可关闭当前项目文件。如果对当前项目文件做了修改却尚未保存，系统将会弹出图 1-43 所示的提示对话框，询问是否要保存对该项目文件所做的修改。单击"是"按钮，保存项目文件；单击"否"按钮，则不保存项目文件并直接退出。

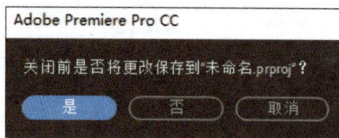

图 1-43

2. 撤销与恢复操作

通常情况下，一个完整的项目需要经过反复调整、修改与比较才能完成，因此，Premiere Pro CC 2019 为用户提供了"撤销"与"重做"命令。

在编辑视频或音频时，如果用户的上一步操作是错误的，或对操作得到的效果不满意，选择"编辑 > 撤销"命令即可撤销该操作，如果连续选择此命令，则可连续撤销前面的多步操作。

如果要取消撤销操作，可选择"编辑 > 重做"命令。例如，删除一个素材，通过"撤销"命令撤销操作后，如果还想将这些素材删除，选择"编辑 > 重做"命令即可。

3. 导入素材

Premiere Pro CC 2019支持大部分主流的视频、音频及图像文件格式,一般的导入方式为选择"文件 > 导入"命令,在"导入"对话框中选择需要的文件格式和文件,如图1-44所示。

◎ 导入图层文件

以素材的方式导入图层的设置方法:选择"文件 > 导入"命令,在"导入"对话框中选择Photoshop、Illustrator等含有图层的文件格式,选择需要导入的文件,单击"打开"按钮,弹出图1-45所示的提示对话框。

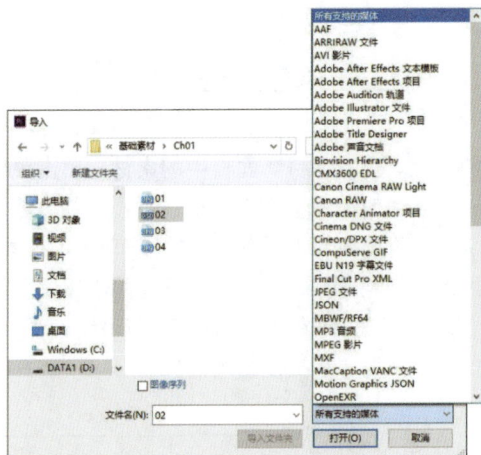

图1-44

图1-45

导入分层文件:用于设置PSD图层素材导入的方式,可选择"合并所有图层""合并图层""各个图层""序列"选项。

本例选择"序列"选项,如图1-46所示,单击"确定"按钮,"项目"面板中会自动产生一个文件夹,其中包括序列文件和图层素材,如图1-47所示。

以序列的方式导入图层后,系统会按照图层的排列方式自动产生一个序列,可以打开该序列设置动画并将其进行编辑。

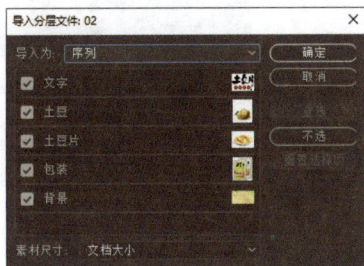

图1-46

图1-47

◎ 导入图片

序列文件是一种非常重要的源素材。它由若干张按序排列的图片组成,用来记录活动影片,每张图片代表1帧。通常,可以在3ds Max、After Effects、Combustion中产生序列文件,然后再导入 Premiere Pro CC 2019 中使用。

序列文件以数字序号的形式进行排列。当导入序列文件时，应在"首选项"对话框中设置图片的帧速率；也可以在导入序列文件后，在解释素材对话框中改变帧速率。导入序列文件的方法如下。

步骤 1 在"项目"面板的空白区域双击，弹出"导入"对话框，找到序列文件所在的目录，勾选"图像序列"复选框，如图 1-48 所示。

步骤 2 单击"打开"按钮，导入素材。导入序列文件后的"项目"面板如图 1-49 所示。

图 1-48

4. 解释素材

在项目文件中，可以通过解释素材来修改素材的属性。在"项目"面板中的素材上单击鼠标右键，在弹出的快捷菜单中选择"修改 > 解释素材"命令，弹出"修改剪辑"对话框，如图 1-50 所示。"帧速率"选项用于设置影片的帧速率，"像素长宽比"选项用于设置所使用文件的像素长宽比，"场序"选项用于设置所使用文件的场序，"Alpha 通道"选项用于对素材的透明通道进行设置，"VR 属性"选项用于设置文件中的投影、布局、捕捉视图等信息。

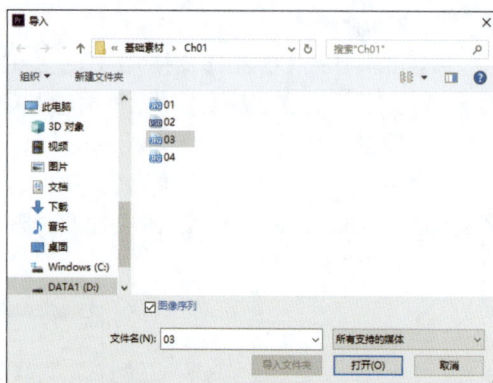

图 1-49

5. 改变素材名称

在"项目"面板中的素材上单击鼠标右键，在弹出的快捷菜单中选择"重命名"命令，素材名称会处于可编辑状态，输入新名称即可，如图 1-51 所示。

图 1-51

剪辑人员可以给素材重命名以改变它原来的名称，这在一部影片中重复使用一个素材或复制了一个素材并为之设置新的入点和出点时极其有用。给素材重命名有助于在"项目"面板和序列中观看名称相似的素材时避免混淆。

图 1-50

6. 利用素材库组织素材

可以在"项目"面板中创建一个素材库（即素材文件夹）来管理素材。使用素材文件夹，可以将素材分门别类、有条不紊地组织起来，这在组织包含大量素材的复杂项目时特别有用。

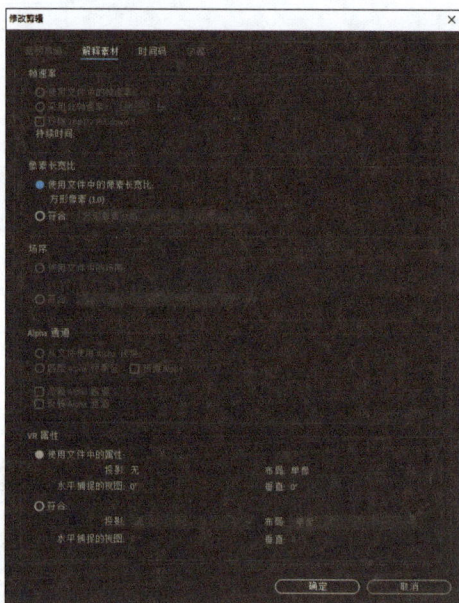

图 1-52

单击"项目"面板下方的"新建素材箱"按钮 ■，会自动创建一个新文件夹，如图 1-52 所示。单击此按钮可以返回到上一级素材列表，依次类推。

7. 查找素材

可以根据素材的名字、属性或附属的说明和标签在 Premiere Pro CC 2019 的"项目"面板中搜索素材。例如，可以查找所有文件格式相同的素材，

如 .avi 和 .mp3 等。

　　单击"项目"面板下方的"查找"按钮 🔍，或单击鼠标右键，在弹出的快捷菜单中选择"查找"命令，弹出"查找"对话框，如图 1-53 所示。

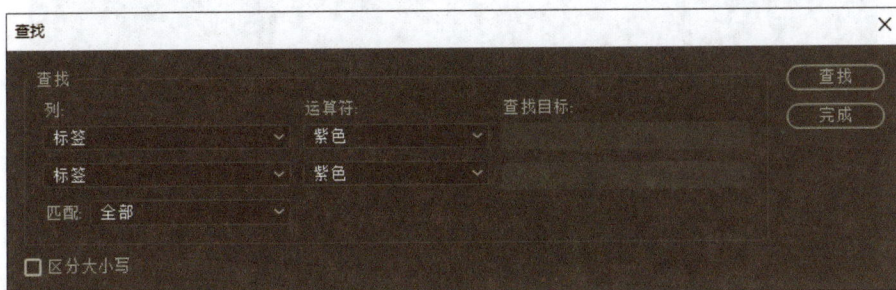

图 1-53

　　在"查找"对话框中选择要查找的素材属性，可按照素材的名称、媒体类型和标签等属性进行查找。在"匹配"下拉列表框中，可以选择查找的关键字是全部匹配还是部分匹配，若勾选"区分大小写"复选框，则必须将关键字母的大小写输入正确。

　　在对话框右侧的文本框中输入要查找的素材属性的关键字。例如，要查找图片文件，可选择查找的素材属性为"名称"，在文本框中输入"JPEG"或其他文件格式，然后单击"查找"按钮，系统会自动找到"项目"面板中的图片文件。如果"项目"面板中有多个图片文件，可再次单击"查找"按钮查找下一个图片文件。单击"完成"按钮，可退出"查找"对话框。

> **提示**
>
> 　　除了可以查找"项目"面板的素材，用户还可以使序列中的影片自动定位，找到其在项目中的源素材。在时间轴面板中的素材上单击鼠标右键，在弹出的快捷菜单中选择"在项目中显示"命令，如图 1-54 所示，即可找到"项目"面板中的相应素材，如图 1-55 所示。
>
>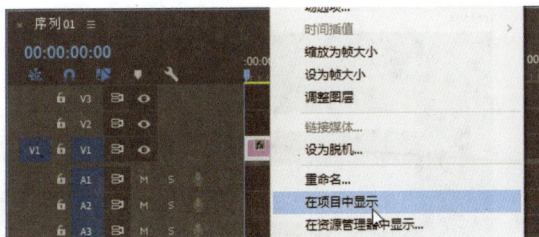
>
> 图 1-54
>
>
>
> 图 1-55

8. 离线素材

　　当打开一个项目文件时，系统若提示找不到源素材，如图 1-56 所示，这可能是源素材被改名或存在磁盘上的存储位置发生了变化造成的。可以直接在磁盘上找到源素材，然后单击"选择"按钮，或单击"脱机"按钮，创建离线素材来代替源素材。

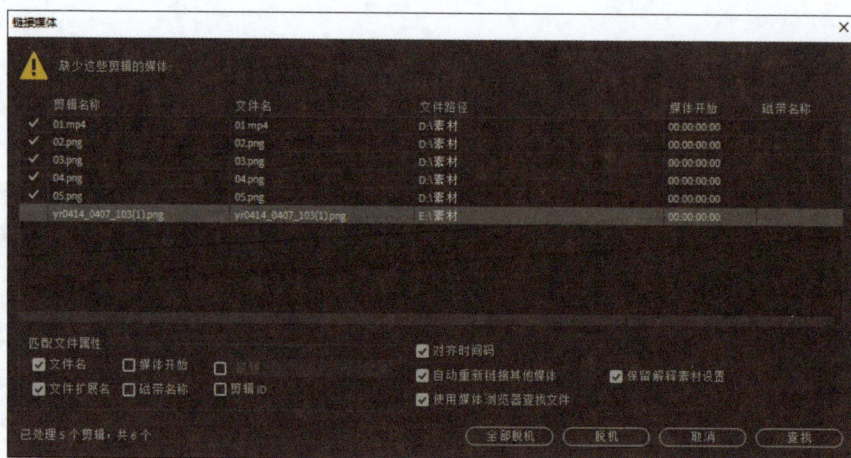

图1-56

由于 Premiere Pro CC 2019 使用直接方式进行工作，因此，如果磁盘上的源素材被删除或者移动，就会出现在项目中无法找到源素材的情况。此时，可以创建一个离线素材。离线素材具有和其替换的源素材相同的属性，可以对其进行同普通素材完全相同的操作。当找到所需素材后，可以用该素材替换离线素材，以进行正常编辑。离线素材实际上起到了一个占位符的作用，它可以暂时占据丢失素材所处的位置。

在"项目"面板中单击"新建项"按钮 ，在弹出的下拉列表中选择"脱机文件"选项，弹出"新建脱机文件"对话框，如图1-57 所示，设置相关的参数后，单击"确定"按钮，弹出"脱机文件"对话框，如图1-58 所示。

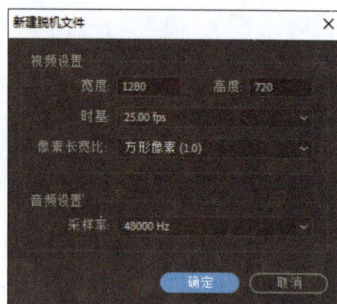

图1-57

在"包含"下拉列表框中可以选择创建含有影像和声音的离线素材，或者仅含有其中一项的离线素材。在"音频格式"下拉列表框中设置音频的声道。在"磁带名称"文本框中输入磁带卷标。在"文件名"文本框中指定离线素材的名称。在"描述"文本框中可以输入一些备注信息。在"场景"文本框中输入离线素材与源素材场景的关联信息。在"拍摄／获取"文本框中说明拍摄信息。在"记录注释"文本框中记录离线素材的日志信息。在"时间码"选项区中可以指定离线素材的时间信息。

如果要用实际素材替换离线素材，则可以在"项目"面板中的离线素材上单击鼠标右键，在弹出的快捷菜单中选择"链接媒体"命令，在弹出的对话框中指定素材并进行替换。

"项目"面板中的离线素材如图1-59所示。

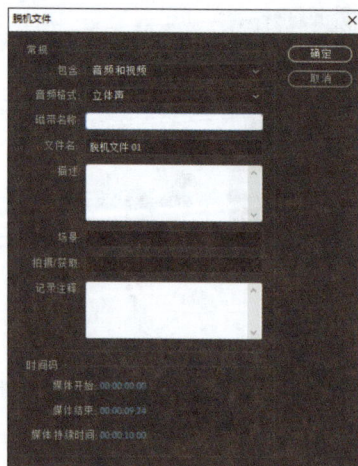

图1-58

图1-59

02

第 2 章
制作影视剪辑

本章介绍

本章将对 Premiere Pro CC 2019 中剪辑影片的基本技术和操作进行详细介绍，其中包括剪辑素材、分离素材、使用 Premiere Pro CC 2019 创建新元素等。通过对本章的学习，读者可以掌握剪辑技术的使用方法和应用技巧。

知识目标

- 了解"监视器"面板
- 掌握素材的剪辑和分离
- 掌握通用倒计时片头的创建
- 熟悉创建其他新元素的方法

能力目标

- 掌握秀丽山河宣传片的制作方法
- 掌握都市生活宣传片的制作方法
- 掌握春雨时节宣传片的制作方法
- 掌握璀璨烟火宣传片的制作方法
- 掌握壮丽黄河宣传片的制作方法
- 掌握篮球公园宣传片的制作方法

素质目标

- 培养能够有效执行计划的能力
- 培养具有独到见解的创造性思维能力
- 培养能够正确理解他人问题的沟通能力

2.1 秀丽山河宣传片

2.1.1 【操作目的】

使用"导入"命令导入视频文件，使用入点和出点在"源"面板中剪裁视频，使用"效果控件"面板编辑视频文件的特效。最终效果参看云盘中的"Ch02\ 秀丽山河宣传片 \ 秀丽山河宣传片 .prproj"文件，如图 2-1 所示。

扫码观看
本案例视频

扫码观看
本案例效果

图 2-1

2.1.2 【操作步骤】

步骤 1　启动 Premiere Pro CC 2019，选择"文件 > 新建 > 项目"命令，弹出"新建项目"对话框，如图 2-2 所示，单击"确定"按钮，新建项目。选择"文件 > 新建 > 序列"命令，弹出"新建序列"对话框，单击"设置"选项卡，具体设置如图 2-3 所示，单击"确定"按钮，新建序列。

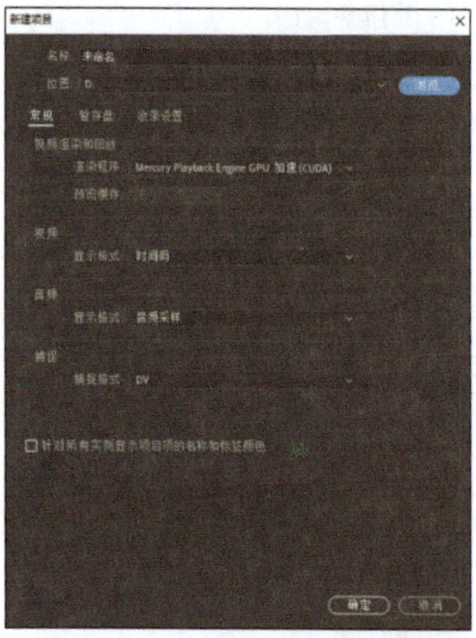

图 2-2

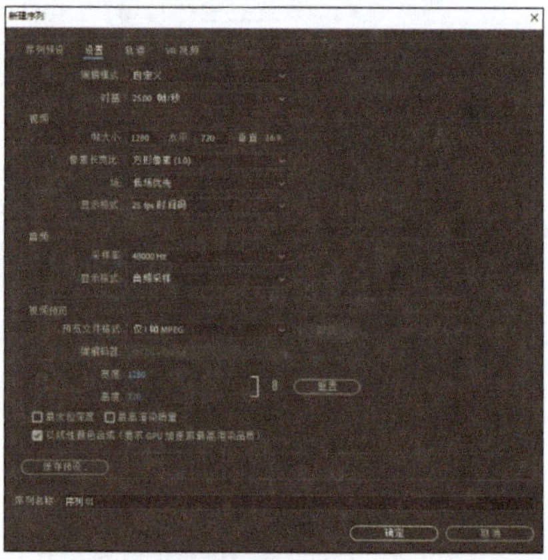

图 2-3

步骤 2　选择"文件 > 导入"命令，弹出"导入"对话框，选择本书云盘中的"Ch02\ 秀丽山河宣传片 \ 素材 \01~05"文件，如图 2-4 所示。单击"打开"按钮，将素材文件导入"项目"面板中，如图 2-5 所示。

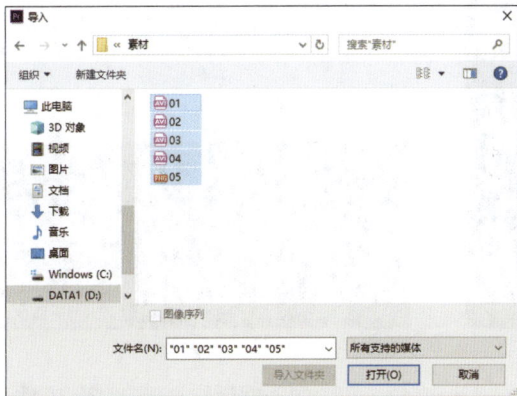

图 2-4

图 2-5

步骤 3 双击"项目"面板中的"01"文件，在"源"面板中打开"01"文件，如图 2-6 所示。将播放指示器放置在 02:24s 的位置，按 O 键创建标记出点，如图 2-7 所示。

图 2-6

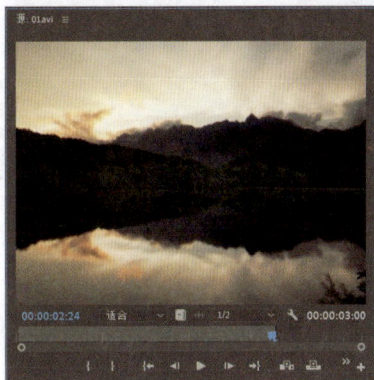

图 2-7

步骤 4 将鼠标指针放置在"源"面板中的画面上，选中"源"面板中的"01"文件并将其拖曳到时间轴面板的"V1"轨道中，弹出"剪辑不匹配警告"对话框，如图 2-8 所示，单击"保持现有设置"按钮。将"01"文件放置到"V1"轨道中，如图 2-9 所示。

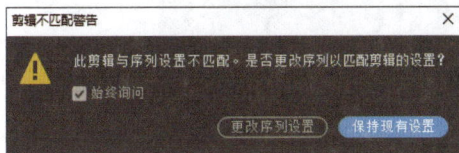

图 2-8

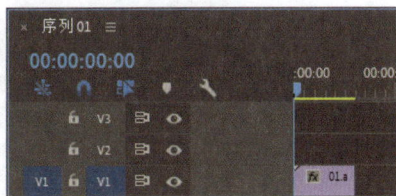

图 2-9

步骤 5 双击"项目"面板中的"02"文件，在"源"面板中打开"02"文件。将播放指示器放置在 00:15s 的位置。按 I 键创建标记入点，如图 2-10 所示。将鼠标指针放置在"源"面板中的画面上，选中"源"面板中的"02"文件并将其拖曳到时间轴面板的"V1"轨道中，如图 2-11 所示。

图 2-10

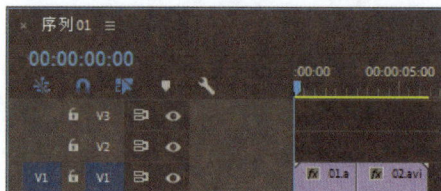

图 2-11

步骤 6 双击"项目"面板中的"03"文件，在"源"面板中打开"03"文件。将播放指示器放置在 01:00s 的位置，按 I 键创建标记入点，如图 2-12 所示。将播放指示器放置在 02:14s 的位置，按 O 键创建标记出点，如图 2-13 所示。

图 2-12

图 2-13

步骤 7 将鼠标指针放置在"源"面板中的画面上，选中"源"面板中的"03"文件并将其拖曳到时间轴面板的"V1"轨道中，如图 2-14 所示。

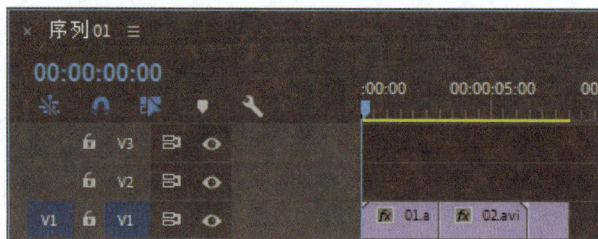

图 2-14

步骤 8 双击"项目"面板中的"04"文件，在"源"面板中打开"04"文件。将播放指示器放置在 00:10s 的位置，按 I 键创建标记入点，如图 2-15 所示。将播放指示器放置在 03:09s 的位置，按 O 键创建标记出点，如图 2-16 所示。

图 2-15

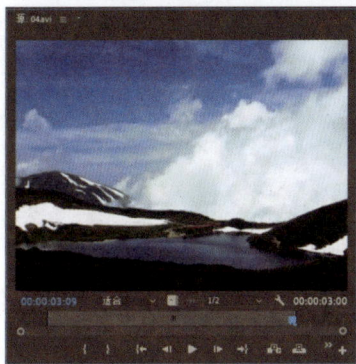
图 2-16

步骤 9 将鼠标指针放置在"源"面板中的画面上，选中"源"面板中的"04"文件并将其拖曳到时间轴面板的"V1"轨道中，如图 2-17 所示。在"源"面板中使用入点和出点完成视频的剪裁。

步骤 10 选择时间轴面板中的"01"文件，如图 2-18 所示。在"效果控件"面板中展开"运动"选项，将"缩放"选项设置为 163.0，如图 2-19 所示。用相同的方法选择其他文件，并调整"缩放"选项编辑视频文件的大小。

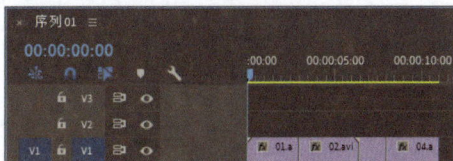
图 2-17

图 2-18

图 2-19

步骤 11 在"项目"面板中，选中"05"文件并将其拖曳到时间轴面板的"V2"轨道中，如图 2-20 所示。秀丽山河宣传片制作完成。

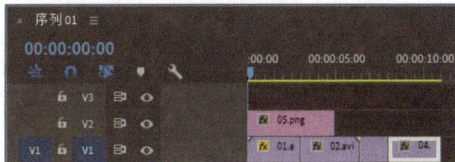
图 2-20

2.1.3 【相关工具】

1. 监视器面板的显示

监视器面板如图 2-21 和图 2-22 所示。Premiere Pro CC 2019 中有两个监视器面板："源"面板与"节目"面板，它们分别用来显示素材与作品在编辑时的状况。图 2-21 所示为"源"面板，可以显示和设置项目中的素材；图 2-22 所示为"节目"面板，可以显示和设置序列。

用户可以在"源"面板和"节目"面板中设置安全区域，这对输出用电视机播放的影片非常有用。

图 2-21

图 2-22

电视机在播放视频图像时，屏幕的边缘会切除部分视频图像，这种现象叫作"溢出扫描"。不同的电视机溢出的扫描量不同，所以，要把视频图像的重要部分放在"安全区域"内。在制作影片时，需要将重要的场景元素、演员、图表放在"运动安全区域"内；将标题、字幕放在"标题安全区域"内，如图 2-23 所示。位于工作区域外侧的方框为"运动安全区域"，位于内侧的方框为"标题安全区域"。

单击"源"面板或"节目"面板下方的"安全边距"按钮 ◻，可以显示或隐藏面板中的安全区域。

2. 在"源"面板中播放素材

在"项目"和时间轴面板中双击要观看的素材，素材就会自动显示在"源"面板中。使用面板下方的工具可以对素材进行播放控制，方便查看剪辑效果，如图 2-24 所示。

图 2-23

图 2-24

在不同的时间编码模式下，时间的显示模式会有所不同。如果是"无掉帧"模式，各时间之间用冒号分隔；如果是"掉帧"模式，各时间之间用分号分隔；如果是"帧"模式，时间显示为帧数。

拖曳鼠标，将鼠标指针放到时间编码的显示区域内并单击，可以直接输入数值，改变时间，影片会自动跳到输入的时间位置。如果输入的时间数值之间无间隔符号，如"1234"，则 Premiere Pro CC 2019 会自动将其识别为帧数，并根据选用的时间编码模式，将其换算为相应的时间。

面板右侧的持续时间计数器显示了影片入点与出点间的长度，即影片的持续时间（显示为灰色）。

缩放列表在"源"面板或"节目"面板的正下方，可改变面板中影片的显示大小，如图 2-25 所示。选择不同比例，可以放大或缩小影片以便进行观察；选择"适合"选项，则无论面板多大，影片都会匹配面板大小，完全显示影片内容。

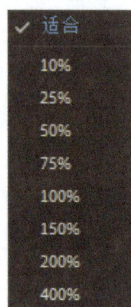

图 2-25

3．在其他软件中打开素材

使用 Premiere Pro CC 2019 的用户可以利用该功能在其他兼容软件中打开素材并进行观看或编辑。例如，用户可以在 QuickTime 中观看 MOV 影片，也可以在 Photoshop 中打开并编辑图像素材。在软件中编辑该素材并存盘后，该素材会在 Premiere Pro CC 2019 中自动更新。

要在其他软件中编辑素材，必须保证计算机中安装了相应的软件并且有足够的内存来运行该软件。如果在"项目"面板中编辑序列图像，则在软件中只能打开该序列图像的第 1 幅图像；如果在时间轴面板中编辑序列图像，则在软件中打开的是播放指示器所在时间的当前帧画面。

使用其他软件编辑素材的方法如下。

步骤 **1**   在"项目"面板或时间轴面板选中需要编辑的素材。

步骤 **2**   选择"编辑 > 编辑原始"命令。

步骤 **3**   在打开的软件中编辑该素材并保存编辑结果。

步骤 **4**   返回 Premiere Pro CC 2019 中，修改后的结果会自动更新到当前素材中。

4．剪辑素材

用户可以增加或删除帧以改变素材的长度。素材开始帧的位置被称为入点，素材结束帧的位置被称为出点。用户可以在"源"/"节目"面板和时间轴面板中剪辑素材。

◎ 在"源"/"节目"面板中剪辑素材

在"节目"面板中改变入点和出点的方法如下。

步骤 **1**   在"节目"面板中双击要设置入点和出点的素材，将其在"源"面板中打开。

步骤 **2**   在"源"面板中拖动播放指示器或按空格键，找到要使用的片段的开始位置。

步骤 **3**   单击"源"面板下方的"标记入点"按钮 或按 I 键，"源"面板中将显示当前素材的入点画面，"源"面板左下方将显示入点，如图 2-26 所示。

步骤 **4**   继续播放影片，找到要使用片段的结束位置。单击"源"面板下方的"标记出点"按钮 或按 O 键，"源"面板右下方将显示当前素材的出点。入点和出点间显示为灰色，两点之间的片段即入点与出点间的素材片段，如图 2-27 所示。

图 2-26

图 2-27

步骤 **5**   单击"转到入点"按钮 可以自动跳到影片的入点位置，单击"转到出点"按钮 可以自动跳到影片的出点位置。

当对声音同步要求非常严格时，用户可以为音频素材设置高精度的入点。音频素材的入点可以使用高达 1/600s 的精度来调节。对于音频素材，入点和出点指示器出现在波形图中相应的点处，如图 2-28 所示。

当用户将一个同时含有影像和声音的素材拖曳到时间轴面板时，该素材的音频和视频部分会被放到相应的轨道中。用户在为素材设置入点和出点时，该操作对素材的音频和视频部分同时有

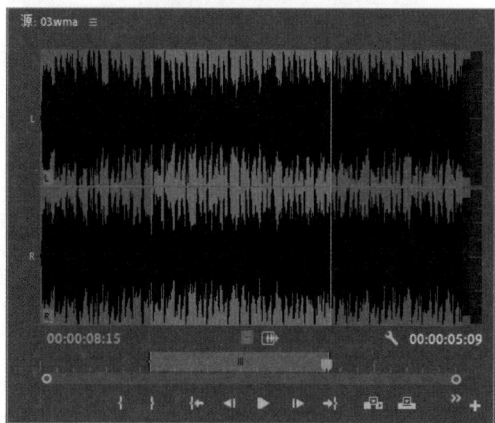

图 2-28

效,也可以为素材的音频和视频部分单独设置入点和出点。

为素材的音频或视频部分单独设置入点和出点的方法如下。

步骤 **1**　在"源"面板中打开要设置入点和出点的素材。

步骤 **2**　在"源"面板中拖动播放指示器或按空格键,找到要使用的片段的开始位置。选择"标记 > 标记拆分"命令,弹出子菜单,如图2-29所示。

步骤 **3**　在弹出的子菜单中选择"视频入点"/"视频出点"命令,为两点之间的视频部分

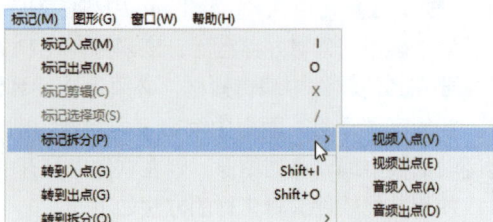

图 2-29

设置入点和出点,如图2-30所示。继续播放影片,找到使用音频片段的开始或结束位置。选择"音频入点"/"音频出点"命令,为两点之间的音频部分设置入点和出点,如图2-31所示。

图 2-30

图 2-31

◎ 在时间轴面板中剪辑素材

在 Premiere Pro CC 2019 中,用户可以在时间轴面板中增加或删除帧,以改变素材的长度。使用影片的编辑点剪辑素材的方法如下。

步骤 **1**　将"项目"面板中要剪辑的素材拖曳到时间轴面板中。

步骤 **2**　将时间轴面板中的播放指示器放置到要剪辑的位置,如图2-32所示。

步骤 **3**　将鼠标指针放置在素材的开始位置,当鼠标指针呈 ▌形状时单击,显示出编辑点,如图2-33所示。

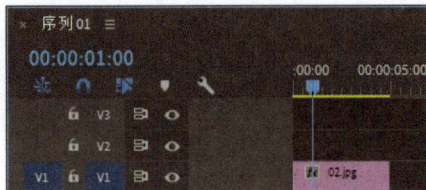

图 2-32

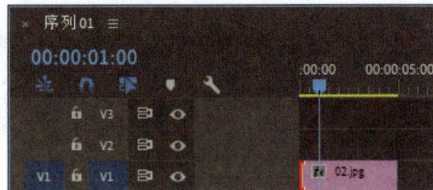

图 2-33

步骤 **4**　向右拖曳鼠标指针到播放指示器的位置,如图2-34所示,松开鼠标,效果如图2-35所示。

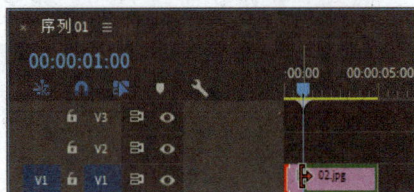

图 2-34

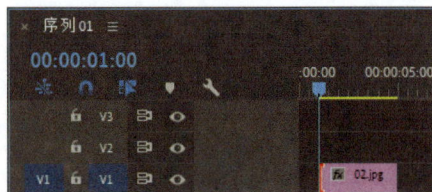

图 2-35

步骤 **5**　将时间轴面板中的播放指示器再次移到要剪辑的位置。将鼠标指针放置在素材的结束位置,当鼠标指针呈 ◀▌形状时单击,显示出编辑点,如图2-36所示。按 E 键将所选编辑点移到播

放指示器的位置，如图 2-37 所示。

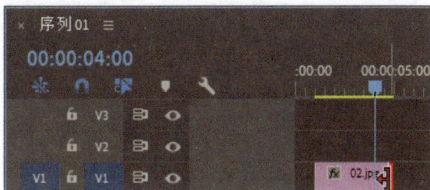

图 2-36

图 2-37

5．导出单帧

单击"节目"面板下方的"导出帧"按钮 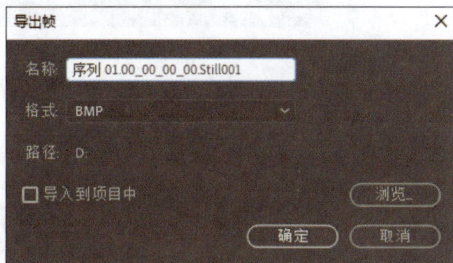，
弹出"导出帧"对话框。在"名称"文本框中输入文
件名称；在"格式"下拉列表框中选择文件格式；单
击"浏览"按钮，在弹出的对话框中选择文件的保存
路径，如图 2-38 所示。设置完成后，单击"确定"按钮，
导出当前时间的单帧图像。

图 2-38

6．改变影片的播放速度

在 Premiere Pro CC 2019 中，用户可以根据需求随意更改影片的
播放速度，具体操作方法如下。

◎ "速度 / 持续时间"命令

在时间轴面板中的某一个文件上单击鼠标右键，在弹出的快捷菜单
中选择"速度 / 持续时间"命令，弹出图 2-39 所示的对话框。设置完成后，
单击"确定"按钮，完成更改。

速度：可以设置播放速度的百分比。

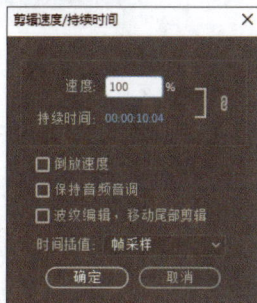

图 2-39

持续时间：单击此选项右侧的时间码，修改时间值。时间值越大，
影片播放的速度越慢；时间值越小，影片播放的速度越快。

倒放速度：勾选此复选框，影片将向反方向播放。

保持音频音调：勾选此复选框，将保持影片的音频播放速度不变。

波纹编辑，移动尾部剪辑：勾选此复选框，剪辑后的影片将跟随其相邻的影片。

时间插值：选择速度改变后的时间插值，包含帧采样、帧混合和光流法。

◎ "比率拉伸"工具

选择"比率拉伸"工具 ，将鼠标指针放置在素材文件的开始位置，当鼠标指针呈 形状时单
击，显示出编辑点，向左拖曳鼠标指针到适当的位置，如图 2-40 所示，调整影片速度。将鼠标指针
放置在素材文件中的结束位置，当鼠标指针呈 形状时单击，显示出编辑点，向右拖曳鼠标指针到
适当的位置，如图 2-41 所示，调整影片速度。

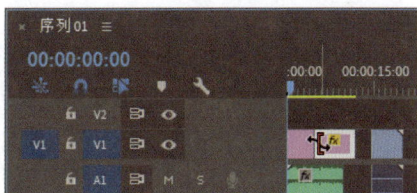

图 2-40

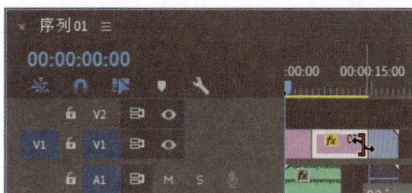

图 2-41

◎ "速度"命令

步骤 1　在时间轴面板中选择素材文件，如图 2-42 所示。在素材文件上单击鼠标右键，在弹出的快捷菜单中选择"显示剪辑关键帧 > 时间重映射 > 速度"命令，素材文件如图 2-43 所示。

图 2-42　　　　　　　　　　　　图 2-43

步骤 2　向下拖曳中心的速度线以调整影片速度，如图 2-44 所示，松开鼠标，效果如图 2-45 所示。

图 2-44　　　　　　　　　　　　图 2-45

步骤 3　按住 Ctrl 键在速度线上单击，生成关键帧，如图 2-46 所示。用相同的方法再次添加关键帧，效果如图 2-47 所示。

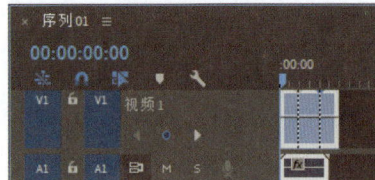

图 2-46　　　　　　　　　　　　图 2-47

步骤 4　向上拖曳关键帧中间的速度线以调整影片速度，如图 2-48 所示。拖曳第 2 个关键帧的右半部分，产生变速效果，如图 2-49 所示。

图 2-48　　　　　　　　　　　　图 2-49

7．创建静止帧

冻结影片中的某一帧的画面，则会以静止帧的方式显示该画面，就好像使用了一张静止的图片。被冻结的帧可以是片段的开始点或结束点。创建静止帧的具体操作步骤如下。

步骤 1　单击时间轴面板中的某一段影片。移动播放指示器到需要冻结的某一帧画面上，如图 2-50 所示。

图 2-50

步骤 2 选择"帧定格选项"命令,弹出图 2-51 所示的对话框。

步骤 3 勾选"定格位置"复选框,在右侧的下拉列表框中可以选择源时间码、序列时间码、入点、出点或者播放指示器位置,如图 2-52 所示。

步骤 4 勾选"定格滤镜"复选框,可以使冻结的帧画面依然保持使用滤镜后的效果。

步骤 5 单击"确定"按钮完成创建。

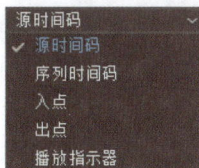

图 2-51　　　　　　　　　　　　　　图 2-52

8. 编辑素材

Premiere Pro CC 2019 提供了标准的 Windows 编辑命令,用于剪切、复制和粘贴素材,这些命令都在"编辑"菜单下。

使用"粘贴插入"命令的具体操作步骤如下。

步骤 1 在时间轴面板中选择影片素材,如图 2-53 所示,选择"编辑 > 复制"命令。

步骤 2 在时间轴面板中将播放指示器移动到需要粘贴影片素材的位置。

步骤 3 选择"编辑 > 粘贴插入"命令,复制的影片素材将被粘贴到播放指示器所在的位置,其后的影片素材将等距离后退,如图 2-54 所示。

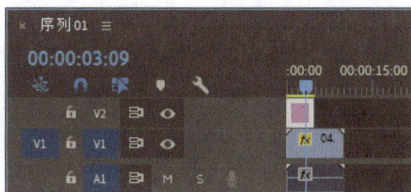

图 2-53　　　　　　　　　　　　　图 2-54

使用"粘贴属性"命令的具体操作步骤如下。

步骤 1 在时间轴面板中选择影片素材,设置"不透明度"选项,并添加视频效果,如图 2-55 所示。在时间轴面板中的影片素材上单击鼠标右键,在弹出的快捷菜单中选择"复制"命令,如图 2-56 所示。

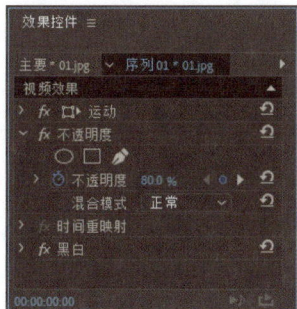
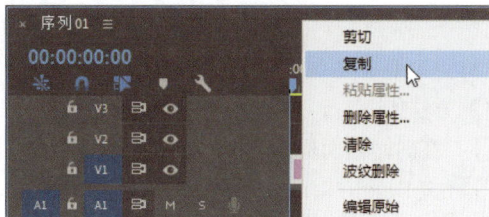

图 2-55　　　　　　　　　　　图 2-56

步骤 2 用框选的方法选择需要粘贴属性的影片素材,如图 2-57 所示。在影片素材上单击鼠标右键，在弹出的快捷菜单中选择"粘贴属性"命令，如图 2-58 所示。

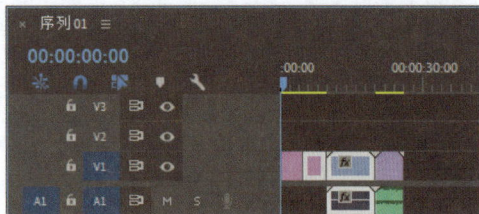

图 2-57

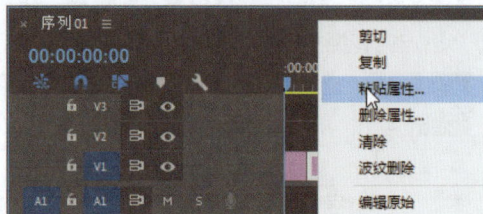

图 2-58

步骤 3   弹出"粘贴属性"对话框，如图 2-59 所示，可以将视频属性（运动、不透明度、时间重映射、效果）及音频属性（音量、声道音量、声像器、效果）粘贴到选中的影片素材上，如图 2-60 和图 2-61 所示。

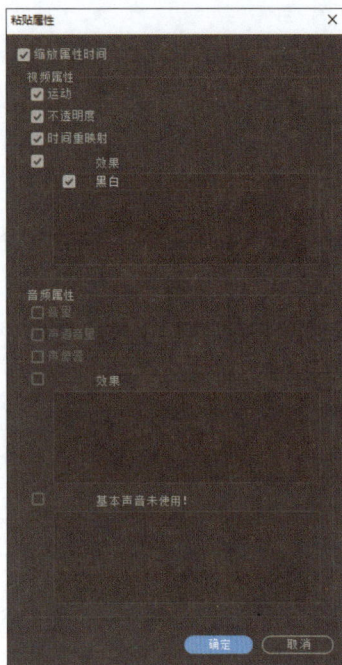

图 2-59

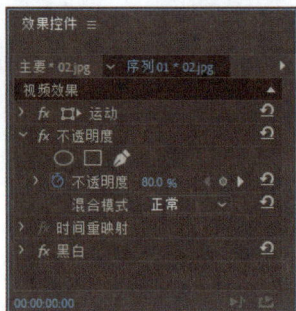

图 2-60

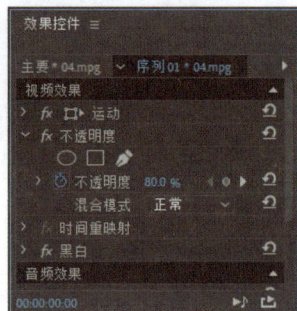

图 2-61

9. 删除素材

如果用户决定不使用时间轴面板中的某个素材，则可以在时间轴面板中将其删除。在时间轴面板中删除的素材并不会在"项目"面板中被删除。当删除一个已经运用于时间轴面板的素材后，时间轴面板的轨道上该素材所在位置留下空位。也可以选择波纹删除，将该素材轨道上的内容向左移动，覆盖被删除素材留下的空位。

删除素材的方法如下。

步骤 1   在时间轴面板中选择一个或多个素材。

步骤 2   按 Delete 键或选择"编辑 > 清除"命令。

波纹删除素材的方法如下。

步骤 1   在时间轴面板中选择一个或多个素材。

步骤 2   如果不希望其他轨道上的素材移动，则可以锁定该轨道。

步骤 3 在素材上单击鼠标右键，在弹出的快捷菜单中选择"波纹删除"命令。

10. 设置标记点

为了查看素材帧与帧之间是否对齐，用户需要在素材或标尺上做一些标记。

◎ 添加标记

为素材添加标记的具体操作步骤如下。

步骤 1 将时间轴面板中的播放指示器移到需要添加标记的位置，单击面板中左上角的"添加标记"按钮 ，将在播放指示器所在的位置添加一个标记，如图 2-62 所示。

步骤 2 如果时间轴面板左上角的"在时间轴中对齐"按钮 处于选中状态，则将一个素材拖动到轨道标记处后，该素材的入点将会自动与标记对齐。

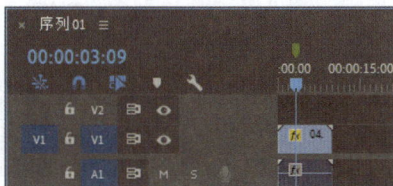

图 2-62

◎ 跳转标记

在时间轴面板的标尺上单击鼠标右键，在弹出的快捷菜单中选择"转到下一个标记"命令，播放指示器会自动跳转到下一个标记。选择"转到上一个标记"命令，播放指示器会自动跳转到上一个标记，如图 2-63 所示。

图 2-63

◎ 删除标记

如果用户在使用标记的过程中发现有不需要的标记，则可以将其删除。在时间轴面板的标尺上单击鼠标右键，在弹出的快捷菜单中选择"清除所选的标记"命令，可删除当前选中的标记。选择"清除所有标记"命令，即可将时间轴面板中的所有标记删除，如图 2-64 所示。

图 2-64

2.1.4 【实战演练】——都市生活宣传片

使用"导入"命令导入素材文件，使用"速度 / 持续时间"命令调整影片的播放速度，使用"切割"工具切割素材文件，使用"基本图形"面板添加文本。最终效果参看云盘中的"Ch02\ 都市生活宣传片 \ 都市生活宣传片 .prproj"文件，如图 2-65 所示。

扫码观看
本案例视频

扫码观看
本案例效果

图 2-65

2.2　春雨时节宣传片

2.2.1　【操作目的】

使用"导入"命令导入素材文件，使用"插入"命令插入素材文件，使用"标记"命令标记素材文件的入点和出点，使用"提取"命令提取不需要的部分。最终效果参看云盘中的"Ch02\ 春雨时节宣传片 \ 春雨时节宣传片 .prproj"文件，如图 2-66 所示。

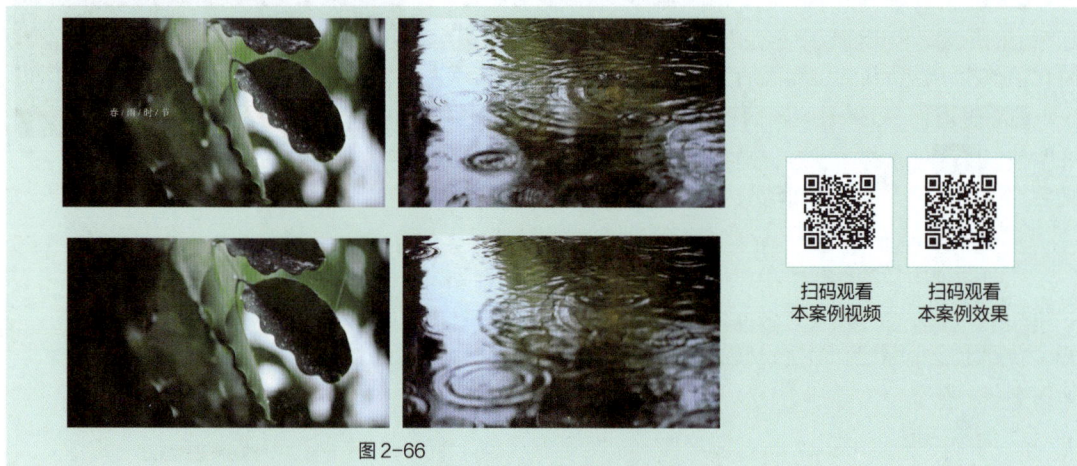

扫码观看
本案例视频

扫码观看
本案例效果

图 2-66

2.2.2　【操作步骤】

步骤 1　启动 Premiere Pro CC 2019，选择"文件 > 新建 > 项目"命令，弹出"新建项目"对话框，如图 2-67 所示，单击"确定"按钮，新建项目。选择"文件 > 新建 > 序列"命令，弹出"新建序列"对话框，单击"设置"选项卡，具体设置如图 2-68 所示，单击"确定"按钮，新建序列。

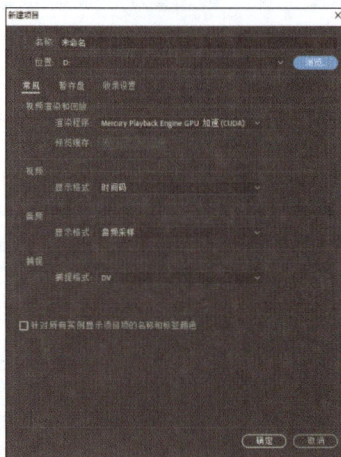

图 2-67

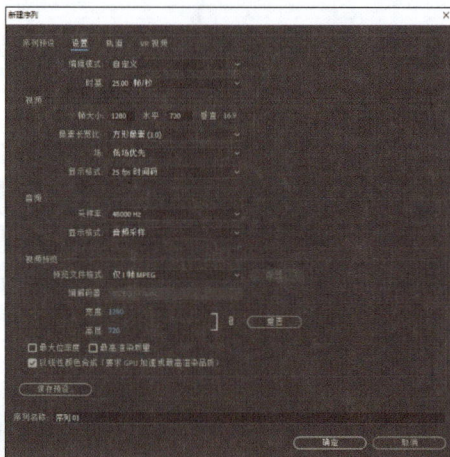

图 2-68

步骤 2　选择"文件 > 导入"命令，弹出"导入"对话框，选择本书云盘中的"Ch02\ 春雨

时节宣传片 \ 素材 \01~04"文件，如图 2-69 所示。单击"打开"按钮，将素材文件导入"项目"面板中，如图 2-70 所示。

步骤 3 在"项目"面板中选中"01"文件并将其拖曳到时间轴面板的"V1"轨道中，弹出"剪辑不匹配警告"对话框，如图 2-71 所示。单击"保持现有设置"按钮，在保持现有序列设置的情况下将文件放置在"V1"轨道中，如图 2-72 所示。

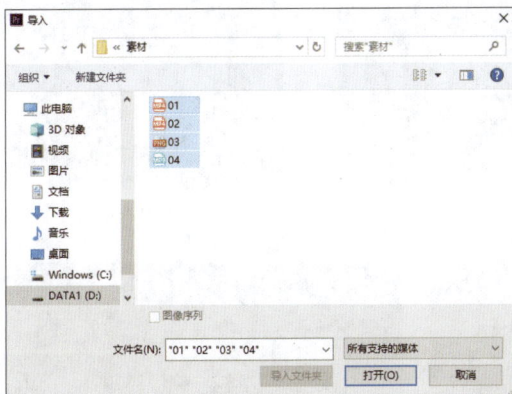

图 2-69

图 2-70

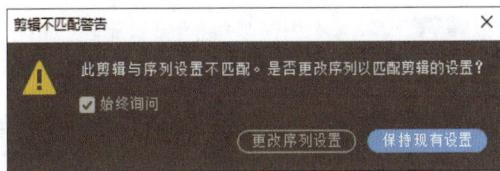

图 2-71

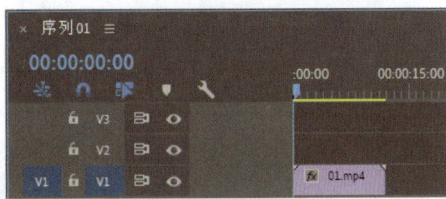

图 2-72

步骤 4 在时间轴面板中选择"01"文件。在"效果控件"面板中展开"运动"选项，将"缩放"选项设置为 67.0，如图 2-73 所示。将播放指示器放置在 05:00s 的位置，如图 2-74 所示。

图 2-73

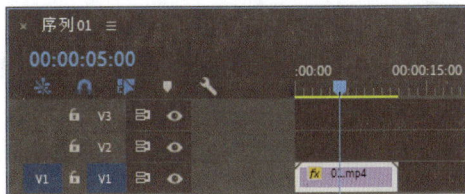

图 2-74

步骤 5 在"项目"面板中选择"02"文件，在"02"文件上单击鼠标右键，在弹出的快捷菜单中选择"插入"命令，将文件插入播放指示器所在的位置，如图 2-75 所示。在时间轴面板中选择"02"文件。在"效果控件"面板中展开"运动"选项，将"缩放"选项设置为 67.0，如图 2-76 所示。

步骤 6 将播放指示器放置在 12:00s 的位置。选择"标记 > 标记入点"命令，创建标记入点，如图 2-77 所示。将播放指示器放置在 19:24s 的位置。选择"标记 > 标记出点"命令，创建标记出点，如图 2-78 所示。

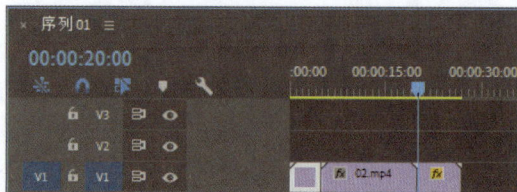

图 2-75

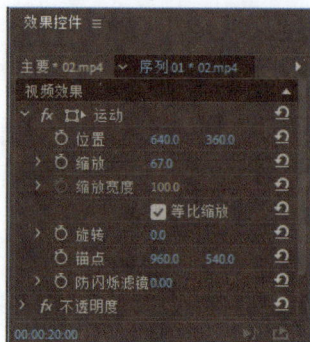

图 2-76

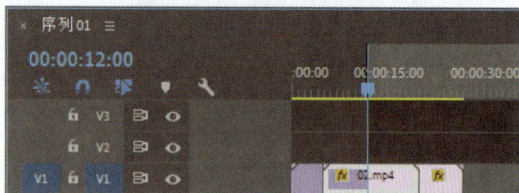

图 2-77

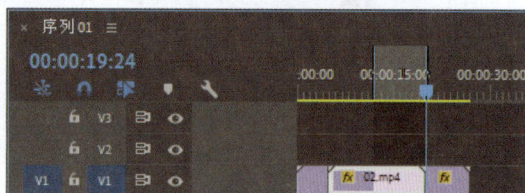

图 2-78

步骤 7 单击"节目"面板下方的"提取"按钮 ，将入点和出点之间的素材删除，如图 2-79 所示。在"项目"面板中选中"02"文件并将其拖曳到时间轴面板的"V1"轨道中，如图 2-80 所示。

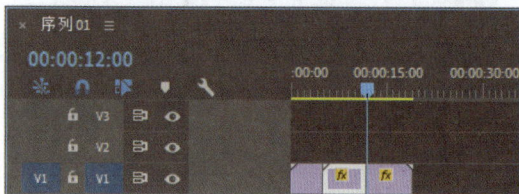

图 2-79

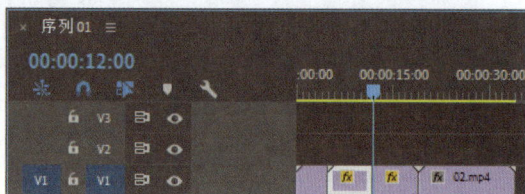

图 2-80

步骤 8 在时间轴面板中选择第 2 个"02"文件。在"效果控件"面板中展开"运动"选项，将"缩放"选项设置为 67.0，如图 2-81 所示。将播放指示器放置在 27:00s 的位置。将鼠标指针放置在"02"文件的结束位置，当鼠标指针呈 形状时单击，显示出编辑点。按 E 键将所选编辑点移到播放指示器所在的位置，如图 2-82 所示。

图 2-81

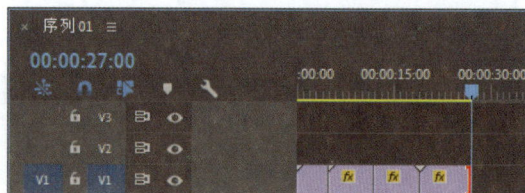

图 2-82

步骤 9 将播放指示器放置在 00:02s 的位置。在"项目"面板中选中"03"文件并将其拖曳到时间轴面板的"V2"轨道中，如图 2-83 所示。在时间轴面板中选择"03"文件。在"效果控件"面板中展开"运动"选项，将"位置"选项设置为 303.0 和 360.0，如图 2-84 所示。

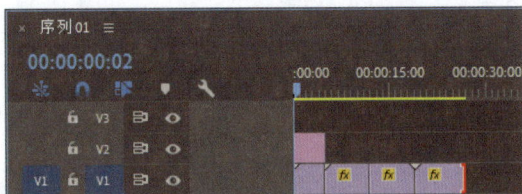

图 2-83   图 2-84

步骤 10 在"项目"面板中选中"04"文件并将其拖曳到时间轴面板的"A1"轨道中，如图 2-85 所示。将播放指示器放置在 27:00s 的位置。将鼠标指针放置在"04"文件的结束位置，当鼠标指针呈 ◄ 形状时单击，显示出编辑点。向左拖曳鼠标指针到"04"文件的结束位置，如图 2-86 所示。春雨时节宣传片制作完成。

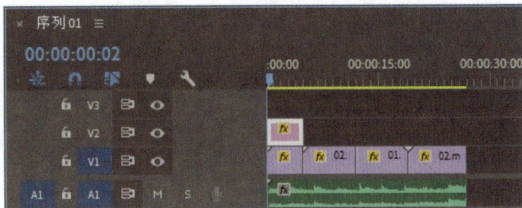

图 2-85   图 2-86

2.2.3 【相关工具】

1. 切割素材

在 Premiere Pro CC 2019 中，当素材被添加到时间轴面板的轨道中后，可以使用工具面板中的"剃刀"工具 对此素材进行切割。具体操作步骤如下。

步骤 1 在时间轴面板中添加要切割的素材。

步骤 2 选择工具面板中的"剃刀"工具 ，将鼠标指针移到需要切割的位置并单击，该素材将被切割为两个素材，每一个素材都有独立的长度及入点与出点，如图 2-87 所示。

步骤 3 如果要将多个轨道上的素材在同一点切割，则按住 Shift 键显示出多重刀片，轨道上未锁定的素材都将在该位置被切割为两段，如图 2-88 所示。

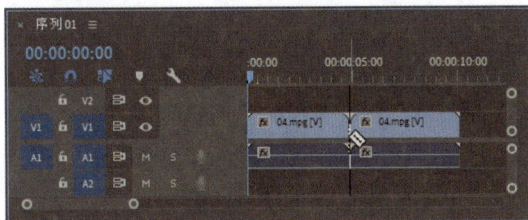
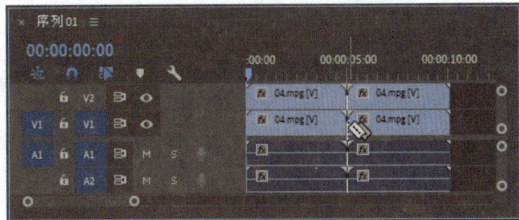

图 2-87   图 2-88

2．插入和覆盖编辑

"插入"按钮 🔛 和"覆盖"按钮 🖵 可以将"源"面板中的片段直接置入时间轴面板中当前轨道上播放指示器所在的位置。

◎ 插入编辑

使用"插入"按钮 🔛 的具体操作步骤如下。

步骤 1 在"源"面板中选中要插入时间轴面板的素材。

步骤 2 在时间轴面板中将播放指示器移动到需要插入素材的时间点，如图 2-89 所示。

步骤 3 单击"源"面板下方的"插入"按钮 🔛，将选择的素材插入时间轴面板中，插入的新素材会将原有素材分为两段，原有素材的后半部分将会向后移动，接在新素材之后，效果如图 2-90 所示。

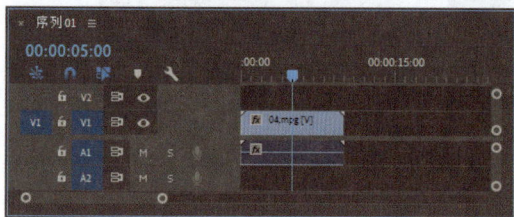
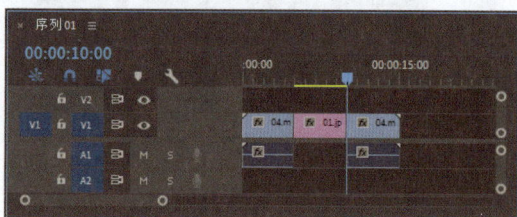

图 2-89   图 2-90

◎ 覆盖编辑

使用"覆盖"按钮 🖵 的具体操作步骤如下。

步骤 1 在"源"面板中选中要插入时间轴面板的素材。

步骤 2 在时间轴面板中将播放指示器移动到需要插入素材的时间点。

步骤 3 单击"源"面板下方的"覆盖"按钮 🖵，将选择的素材插入时间轴面板中，插入的新素材在播放指示器处将覆盖原素材，如图 2-91 所示。

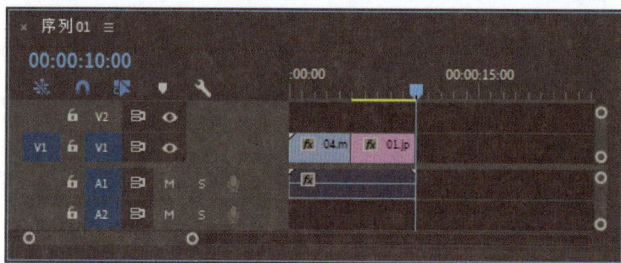

图 2-91

3．提升和提取编辑

使用"提升"按钮 🔛 和"提取"按钮 🔛 可以在时间轴面板的指定轨道上删除指定的素材。

◎ 提升编辑

使用"提升"按钮 🔛 的具体操作步骤如下。

步骤 1 在"节目"面板中为素材需要提升的部分设置入点、出点。设置的入点和出点会同时显示在时间轴面板的标尺上，如图 2-92 所示。

步骤 2 单击"节目"面板下方的"提升"按钮 🔛，时间轴面板中入点和出点之间的素材将被删除，删除素材后的区域内会留下空白，如图 2-93 所示。

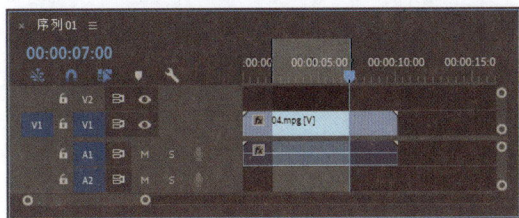

图 2-92

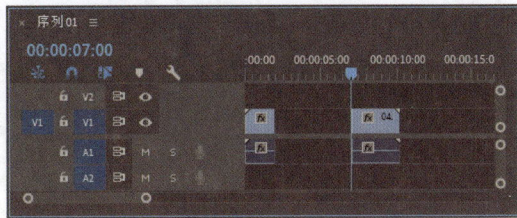

图 2-93

◎ 提取编辑

使用"提取"按钮 的具体操作步骤如下。

步骤 1 在"节目"面板中为素材需要提取的部分设置入点、出点。设置的入点和出点会同时显示在时间轴面板的标尺上。

步骤 2 单击"节目"面板下方的"提取"按钮 ，时间轴面板中入点和出点之间的素材将被删除，其后面的素材会自动前移，填补空白，如图 2-94 所示。

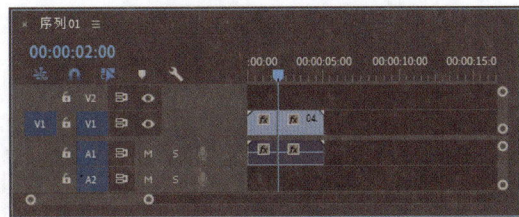

图 2-94

4. 链接和分离素材

链接素材的具体操作步骤如下。

步骤 1 在时间轴面板中框选要进行链接的视频和音频片段。

步骤 2 单击鼠标右键，在弹出的快捷菜单中选择"链接"命令，框选的片段将被链接在一起。

分离素材的具体操作步骤如下。

步骤 1 在时间轴面板中选择已链接的素材。

步骤 2 单击鼠标右键，在弹出的快捷菜单中选择"取消链接"命令，即可分离素材的音频和视频部分。

链接在一起的素材被分离后，分别移动音频和视频部分使它们错位，然后再将它们链接在一起，系统会在素材片段上显示警告标记并标识错位的时间，如图 2-95 所示。负值表示向前偏移，正值表示向后偏移。

图 2-95

5. 编组

在编辑工作中，经常要对多个素材进行整体操作。使用编组命令，可以将多个素材组合为一个整体，以便进行移动和复制等操作。

建立编组素材的具体操作步骤如下。

步骤 1 在时间轴面板中框选要编组的素材。按住 Shift 键单击，可以加选素材。

步骤 2 在选定的素材上单击鼠标右键，在弹出的快捷菜单中选择"编组"命令，选定的素材将被编组。

素材被编组后，在进行移动和复制等操作的时候，就会作为一个整体进行操作。如果要取消编组效果，可以在编组的对象上单击鼠标右键，在弹出的快捷菜单中选择"取消编组"命令。

6. 通用倒计时片头

通用倒计时片头通常用作影片开始前的倒计时。Premiere Pro CC 2019 为用户提供了现成的通用倒计时片头，用户可以非常便捷地创建一个标准的倒计时素材，如图 2-96 所示，用户还可以在

Premiere Pro CC 2019 中随时对其进行修改。创建倒计时素材的具体操作步骤如下。

图 2-96

步骤 `1`   单击"项目"面板下方的"新建项"按钮■，在弹出的下拉列表中选择"通用倒计时片头"选项，弹出"新建通用倒计时片头"对话框，如图 2-97 所示。设置完成后，单击"确定"按钮，弹出"通用倒计时设置"对话框，如图 2-98 所示。

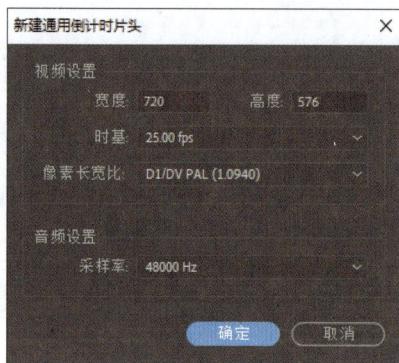

图 2-97

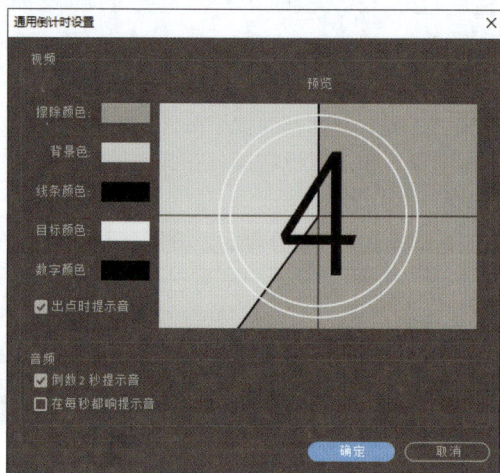

图 2-98

步骤 `2`   设置完成后，单击"确定"按钮，Premiere Pro CC 2019 会自动将该段倒计时影片加入影片中。

步骤 `3`   在"项目"面板或时间轴面板中双击倒计时素材，可以随时打开"通用倒计时设置"对话框对其进行修改。

7.彩条和黑场

◎ 彩条

Premiere Pro CC 2019 可以在影片的开头创建一段彩条，如图 2-99 所示。在"项目"面板下方单击"新建项"按钮■，在弹出的下拉列表中选择"彩条"选项，即可创建彩条。

图 2-99

◎ 黑场

Premiere Pro CC 2019 可以在影片中创建一段黑场画面。在"项目"面板下方单击"新建项"按钮 ，在弹出的下拉列表中选择"黑场视频"选项，即可创建黑场。

8. 彩色蒙版

Premiere Pro CC 2019 还可以为影片创建一个彩色蒙版。可以将彩色蒙版当作背景，也可以利用"透明度"命令来设置与彩色蒙版相关的色彩的透明度。具体操作步骤如下。

步骤 1 在"项目"面板下方单击"新建项"按钮 ，在弹出的下拉列表中选择"颜色遮罩"选项，弹出"新建颜色遮罩"对话框，如图 2-100 所示。进行参数设置后，单击"确定"按钮，弹出"拾色器"对话框，如图 2-101 所示。

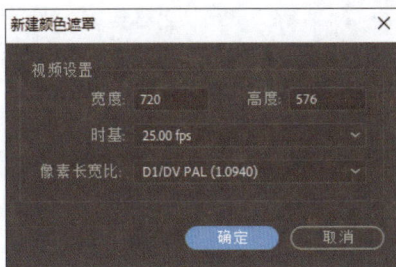

图 2-100

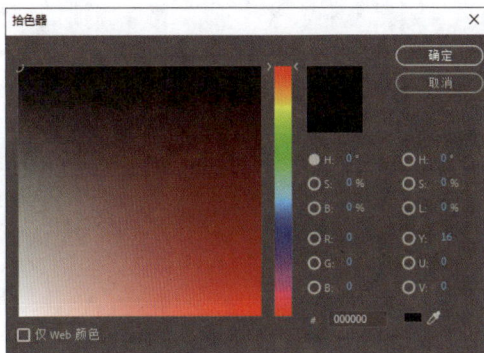

图 2-101

步骤 2 在"拾色器"对话框中选择蒙版要使用的颜色，单击"确定"按钮。

步骤 3 在"项目"面板或时间轴面板中双击彩色蒙版，可以随时打开"拾色器"对话框对其进行修改。

9. 透明视频轨道

在 Premiere Pro CC 2019 中，用户可以创建一个透明的视频轨道，它能够将特效应用到一系列的影片中而无须重复地复制和粘贴属性。只要应用一个特效到透明视频轨道上，特效将自动出现在其下面的所有视频轨道中。

2.2.4 【实战演练】——璀璨烟火宣传片

使用"导入"命令导入视频文件，使用"插入"按钮插入素材文件，使用"剃刀"工具切割视频素材，使用"基本图形"面板添加文本。最终效果参看云盘中的"Ch02\璀璨烟火宣传片\璀璨烟火宣传片.prproj"文件，如图 2-102 所示。

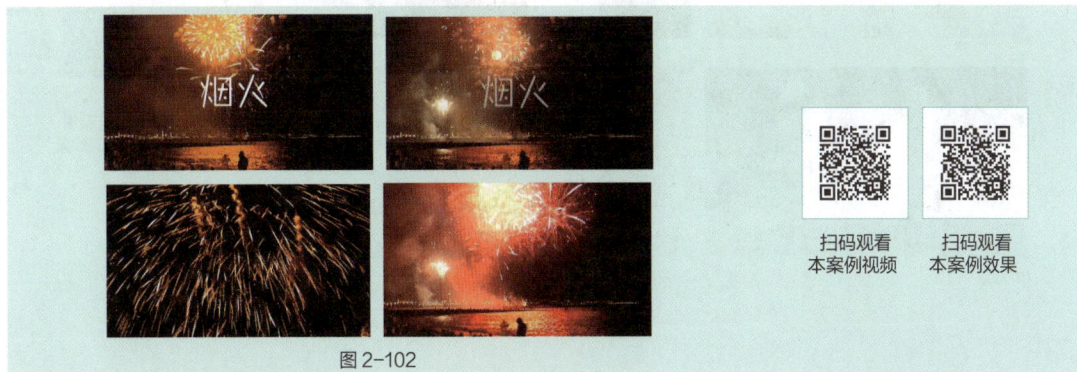

扫码观看
本案例视频

扫码观看
本案例效果

图 2-102

2.3 综合案例——壮丽黄河宣传片

使用"导入"命令导入视频文件，使用"效果控件"面板调整素材大小，使用编辑点剪辑视频素材，使用"插入"命令插入素材文件。最终效果参看云盘中的"Ch02\ 壮丽黄河宣传片 \ 壮丽黄河宣传片 .prproj"文件，如图 2-103 所示。

图 2-103

扫码观看
本案例视频

扫码观看
本案例效果

2.4 综合案例——篮球公园宣传片

使用"导入"命令导入视频文件，使用"剃刀"工具切割视频素材，使用"插入"命令插入素材文件，使用"新建"命令新建 HD 彩条。最终效果参看云盘中的"Ch02\ 篮球公园宣传片 \ 篮球公园宣传片 .prproj"文件，如图 2-104 所示。

图 2-104

扫码观看
本案例视频

扫码观看
本案例效果

03

第3章
制作视频切换效果

本章介绍

本章主要介绍如何在 Premiere Pro CC 2019 的影片素材或静止图片素材之间建立丰富多彩的切换特效。本章内容对影视剪辑中的镜头切换有着非常实用的意义，它可以使剪辑的画面富有变化，更加生动多姿。

知识目标

- 掌握视频切换特效的设置方法
- 掌握视频切换特效的应用技巧

能力目标

- 掌握陶瓷艺术宣传片的制作方法
- 掌握京城韵味电子相册的制作方法
- 掌握花世界电子相册的制作方法
- 掌握美食新品宣传片的制作方法
- 掌握可爱猫咪电子相册的制作方法
- 掌握自驾行宣传片的制作方法
- 掌握中秋纪念电子相册的制作方法
- 掌握霞浦风光短视频的制作方法

素质目标

- 培养能够与他人有效沟通的合作能力
- 培养善于思考勤于练习的业务能力
- 培养应用科学方法完成任务的能力

3.1 陶瓷艺术宣传片

3.1.1 【操作目的】

使用"导入"命令导入素材文件，使用"滑动"特效、"划像"特效、"页面剥落"特效和"沉浸式视频"特效制作图片之间的转场效果，使用"效果控件"面板调整转场特效。最终效果参看云盘中的"Ch03\ 陶瓷艺术宣传片 \ 陶瓷艺术宣传片 .prproj"文件，如图 3-1 所示。

扫码观看
本案例视频

扫码观看
本案例效果

图 3-1

3.1.2 【操作步骤】

步骤 1 启动 Premiere Pro CC 2019，选择"文件 > 新建 > 项目"命令，弹出"新建项目"对话框，如图 3-2 所示，单击"确定"按钮，新建项目。选择"文件 > 新建 > 序列"命令，弹出"新建序列"对话框，单击"设置"选项卡，具体设置如图 3-3 所示，单击"确定"按钮，新建序列。

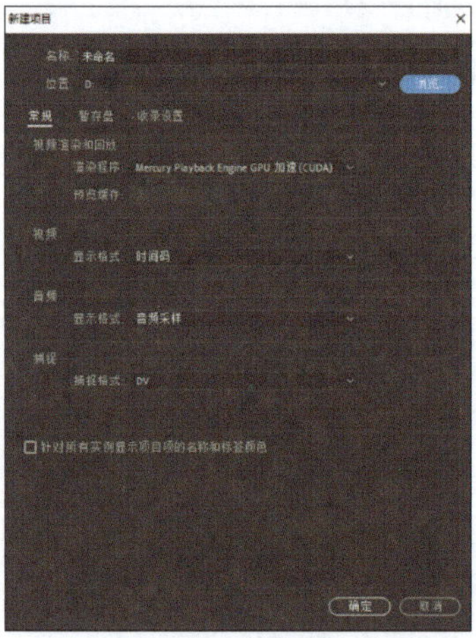

图 3-2

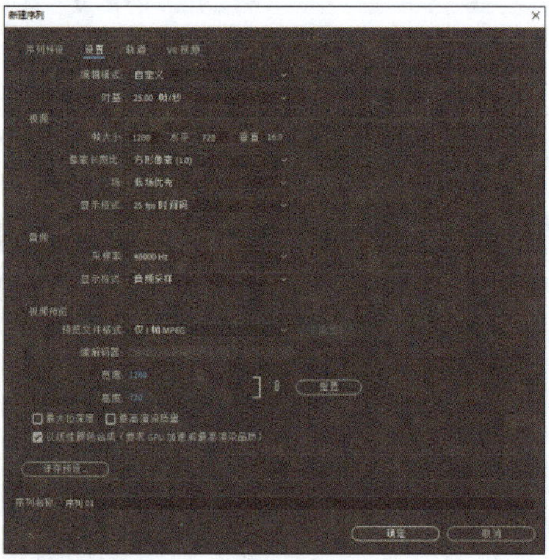

图 3-3

步骤 2 选择"文件 > 导入"命令，弹出"导入"对话框，选择本书云盘中的"Ch03\ 陶瓷艺术宣传片 \ 素材 \01~04"文件，如图 3-4 所示。单击"打开"按钮，将素材文件导入"项目"面板中，如图 3-5 所示。

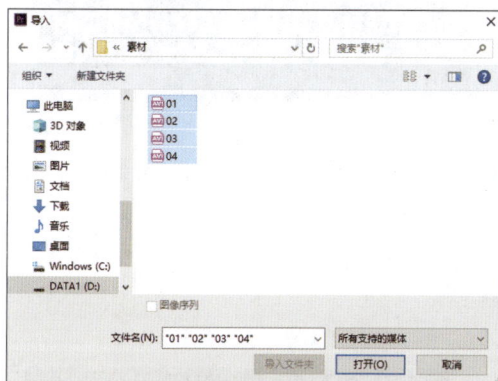

图 3-4

图 3-5

步骤 3 在"项目"面板中选中"01~03"文件并将其拖曳到时间轴面板的"V1"轨道中，弹出"剪辑不匹配警告"对话框。单击"保持现有设置"按钮，在保持现有序列设置的情况下将文件放置在"V1"轨道中，如图 3-6 所示。将播放指示器放置在 41:00s 的位置。将鼠标指针放在"03"文件的结束位置并单击，显示出编辑点。按 E 键将所选编辑点移到播放指示器所在的位置，如图 3-7 所示。

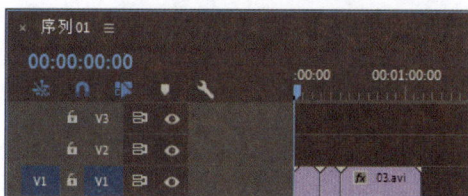

图 3-6

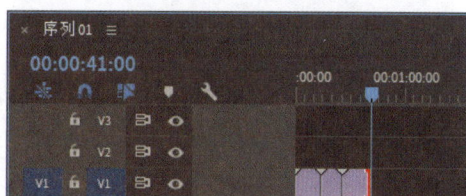

图 3-7

步骤 4 在"项目"面板中选中"04"文件并将其拖曳到时间轴面板的"V1"轨道中，如图 3-8 所示。选择时间轴面板中的"01"文件。在"效果控件"面板中展开"运动"选项，将"缩放"选项设置为 67.0，如图 3-9 所示。用相同的方法调整其他素材文件的缩放效果。

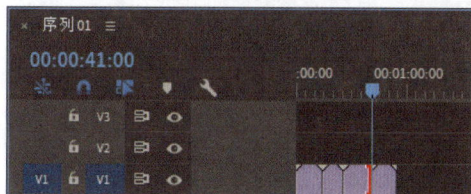

图 3-8

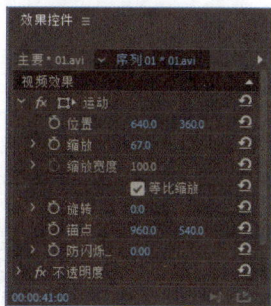

图 3-9

步骤 5 在"效果"面板中展开"视频过渡"特效分类选项，单击"滑动"文件夹左侧的 按钮将其展开，选中"带状滑动"特效，如图 3-10 所示。将"带状滑动"特效拖曳到时间轴面板的"V1"轨道中的"01"文件的开始位置，制作"01"文件的转场效果，如图 3-11 所示。

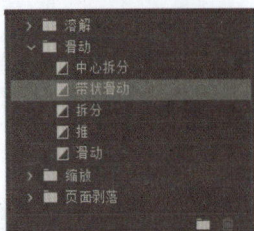

图 3-10

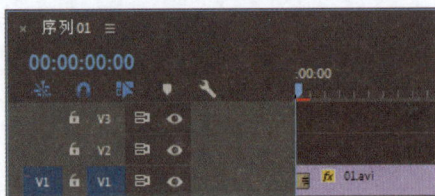

图 3-11

步骤 6 选择时间轴面板中的"带状滑动"特效。在"效果控件"面板中将"持续时间"选项设置为 02:00s,如图 3-12 所示。时间轴面板如图 3-13 所示。

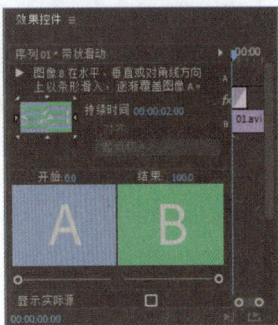

图 3-12

图 3-13

步骤 7 在"效果"面板中展开"视频过渡"特效分类选项,单击"划像"文件夹左侧的 ▷ 按钮将其展开,选中"交叉划像"特效,如图 3-14 所示。将"交叉划像"特效拖曳到时间轴面板"V1"轨道的"01"文件的结束位置和"02"文件的开始位置之间,制作"01"文件和"02"文件之间的转场效果,如图 3-15 所示。

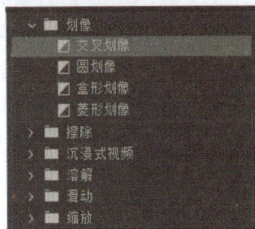

图 3-14

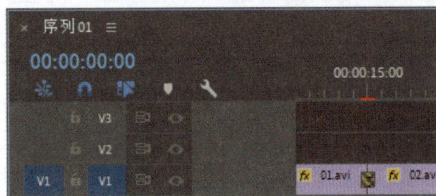

图 3-15

步骤 8 选择时间轴面板中的"交叉划像"特效。在"效果控件"面板中将"持续时间"选项设置为 02:00s,其他选项的设置如图 3-16 所示。时间轴面板如图 3-17 所示。

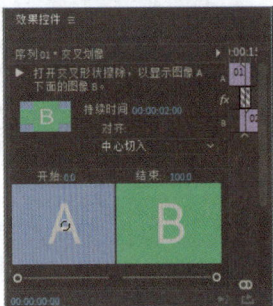

图 3-16

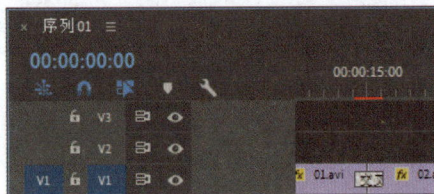

图 3-17

步骤 9 在"效果"面板中展开"视频过渡"特效分类选项，单击"页面剥落"文件夹左侧的▶按钮将其展开，选中"翻页"特效，如图 3-18 所示。将"翻页"特效拖曳到时间轴面板"V1"轨道的"02"文件的结束位置和"03"文件的开始位置之间，制作"02"文件和"03"文件之间的转场效果，如图 3-19 所示。

图 3-18

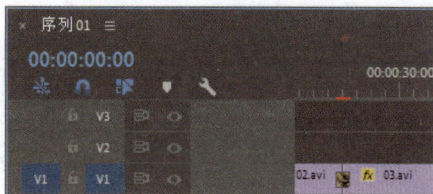

图 3-19

步骤 10 选择时间轴面板中的"翻页"特效。在"效果控件"面板中将"持续时间"选项设置为 03:00s，在切换特效上拖曳鼠标指针调整其位置，如图 3-20 所示。时间轴面板如图 3-21 所示。

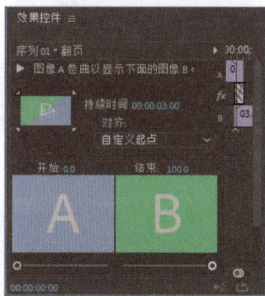

图 3-20

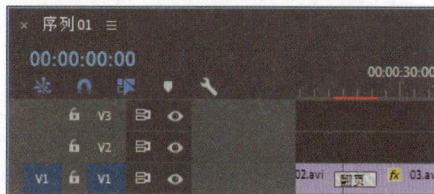

图 3-21

步骤 11 在"效果"面板中展开"视频过渡"特效分类选项，单击"沉浸式视频"文件夹左侧的▶按钮将其展开，选中"VR 渐变擦除"特效，如图 3-22 所示。将"VR 渐变擦除"特效拖曳到时间轴面板"V1"轨道的"04"文件的开始位置，如图 3-23 所示。

图 3-22

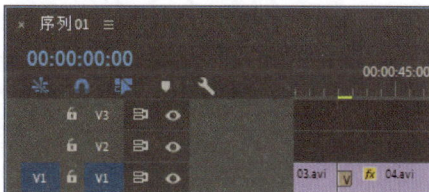

图 3-23

步骤 12 选择时间轴面板中的"VR 渐变擦除"特效。在"效果控件"面板中将"持续时间"选项设置为 01:20s，如图 3-24 所示。时间轴面板如图 3-25 所示。

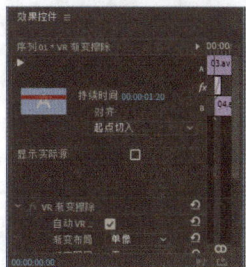

图 3-24

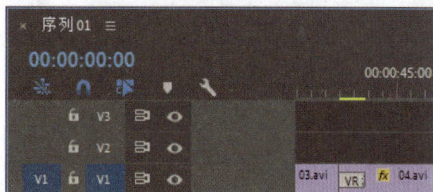

图 3-25

步骤 13　　在"效果"面板中展开"视频过渡"特效分类选项，单击"沉浸式视频"文件夹左侧的▶按钮将其展开，选中"VR 色度泄露"特效，如图 3-26 所示。将"VR 色度泄露"特效拖曳到时间轴面板"V1"轨道的"04"文件的结束位置，如图 3-27 所示。陶瓷艺术宣传片制作完成。

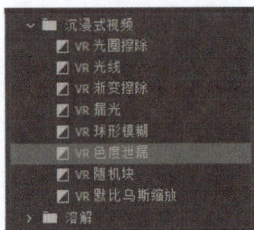

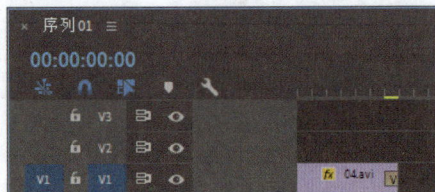

图 3-26　　　　　　　　　　　　　　　　　图 3-27

3.1.3 【相关工具】

1. 使用切换特效

一般情况下，在同一轨道的两个相邻素材之间使用切换特效，如图 3-28 所示。也可以单独为一个素材添加切换特效。此时，素材与其下方的轨道进行切换，但是下方的轨道只作为背景使用，并不会被切换特效控制，如图 3-29 所示。

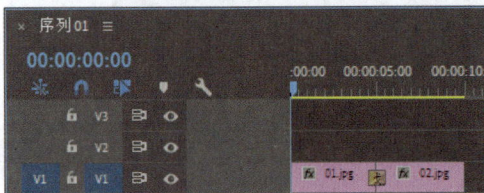

图 3-28　　　　　　　　　　　　　　　　　图 3-29

2. 设置切换特效

在两段影片中加入切换特效后，时间轴上会出现一个重叠区域，这个重叠区域就是发生切换的范围。可以通过"效果控件"面板和时间轴面板对切换特效进行设置。

在"效果控件"面板上方单击▶按钮，可以在小视窗中预览切换效果，如图 3-30 所示。对于某些有方向的切换特效来说，用户可以在小视窗中单击箭头来改变切换特效的方向。例如，单击右上角的箭头改变切换特效的方向，如图 3-31 所示。

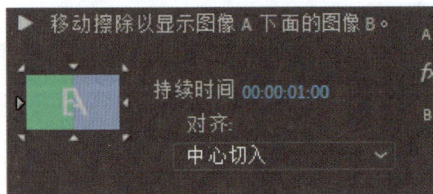

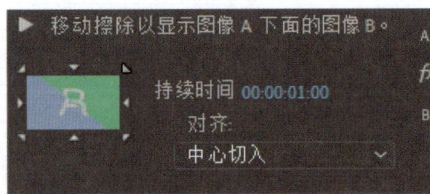

图 3-30　　　　　　　　　　　　　　　　　图 3-31

在"持续时间"选项中可以输入切换特效的持续时间。双击时间轴面板中的切换块，弹出"设置过渡持续时间"对话框，如图 3-32 所示，也可以设置切换特效的持续时间。

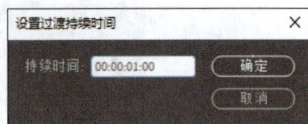

图 3-32

"对齐"下拉列表框中包含"中心切入""起点切入""终点切入""自定义起点"4 种切入对齐方式。

"开始"和"结束"选项可以设置切换特效的开始和结束状态。按住 Shift 键并拖曳滑块，可以使开始和结束滑块以相同的数值变化。

勾选"显示实际源"复选框，可以在"开始"和"结束"视窗中显示切换特效的开始帧和结束帧画面，如图 3-33 所示。

其他选项的设置会根据切换特效的不同而有不同的变化。

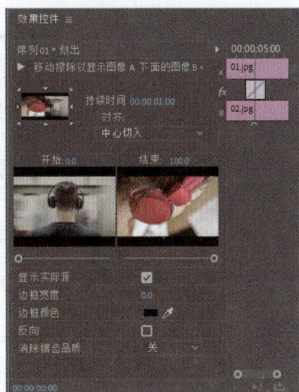

图 3-33

3. 调整切换特效

在"效果控件"面板的右侧和时间轴面板中，可以对切换特效进行进一步的调整。

在"效果控件"面板中，将鼠标指针移动到切换块的中线上，当鼠标指针呈 ⌗ 形状时拖曳鼠标，可以改变素材片段的持续时间和切换特效的影响区域，如图 3-34 所示。将鼠标指针移动到切换块上，当鼠标指针呈 ⬌ 形状时拖曳鼠标，可以改变切换特效的切入位置，如图 3-35 所示。

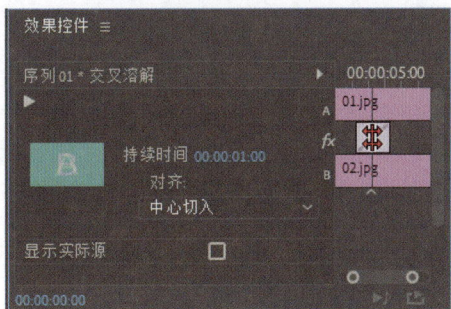

图 3-34

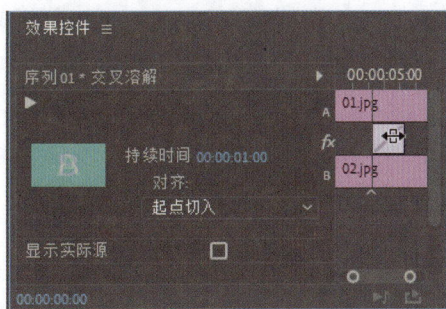

图 3-35

在"效果控件"面板中，将鼠标指针移动到切换块左侧的边缘处，当鼠标指针呈 ▸ 形状时拖曳鼠标，可以改变切换块的长度，如图 3-36 所示。在时间轴面板中，将鼠标指针移动到切换块右侧的边缘处，当鼠标指针呈 ◂ 形状时拖曳鼠标，也可以改变切换块的长度，如图 3-37 所示。

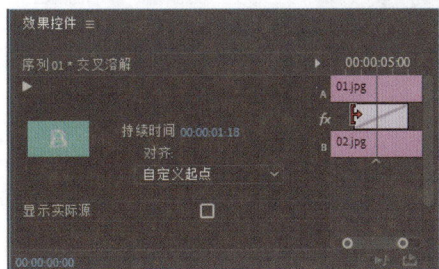

图 3-36

图 3-37

4. 设置默认持续时间

选择"编辑 > 首选项 > 时间轴"命令，弹出"首选项"对话框，可以分别设置视频和音频切换特效的默认持续时间，如图 3-38 所示。

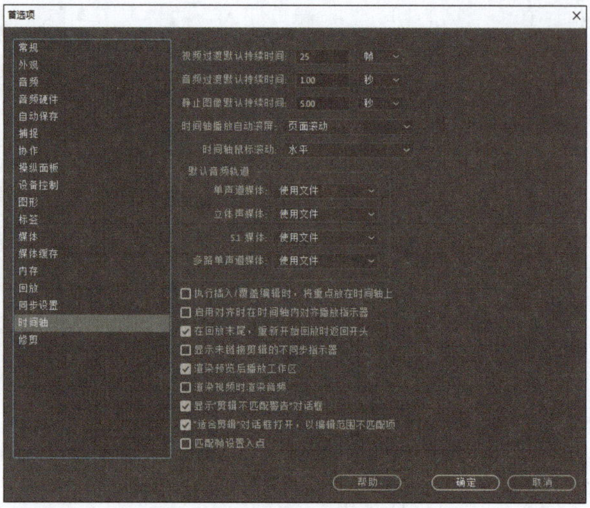

图 3-38

3.1.4　【实战演练】——京城韵味电子相册

　　使用"导入"命令导入素材文件，使用"立方体旋转"特效、"圆划像"特效、"楔形擦除"特效、"百叶窗"特效、"风车"特效和"插入"特效制作素材之间的过渡效果，使用"效果控件"面板调整视频文件的大小。最终效果参看云盘中的"Ch03\ 京城韵味电子相册 \ 京城韵味电子相册 .prproj"文件，如图 3-39 所示。

图 3-39

扫码观看
本案例视频

扫码观看
本案例效果

3.2　花世界电子相册

3.2.1　【操作目的】

　　使用"导入"命令导入素材文件，使用"立方体旋转"特效、"圆划像"特效、"带状擦除"

特效和"VR漏光"特效制作素材之间的切换效果，使用"效果控件"面板调整过渡特效。最终效果参看云盘中的"Ch03\花世界电子相册\花世界电子相册.prproj"文件，如图3-40所示。

图 3-40

扫码观看
本案例视频

扫码观看
本案例效果

3.2.2 【操作步骤】

步骤 1 启动Premiere Pro CC 2019,选择"文件 > 新建 > 项目"命令,弹出"新建项目"对话框,如图3-41所示,单击"确定"按钮,新建项目。选择"文件 > 新建 > 序列"命令,弹出"新建序列"对话框,单击"设置"选项卡,具体设置如图3-42所示,单击"确定"按钮,新建序列。

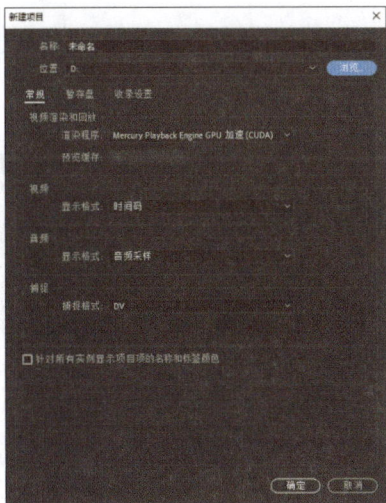

图 3-41

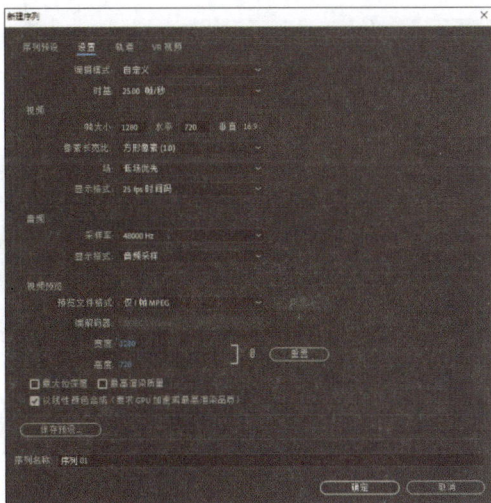

图 3-42

步骤 2 选择"文件 > 导入"命令,弹出"导入"对话框,选择本书云盘中的"Ch03\花世界电子相册\素材\01~05"文件,如图3-43所示。单击"打开"按钮,将素材文件导入"项目"面板中,如图3-44所示。

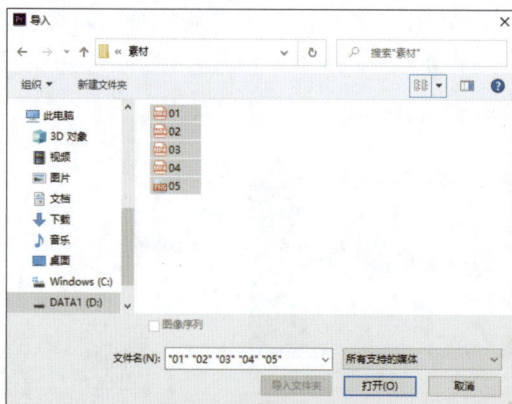

图 3-43

图 3-44

步骤 3　在"项目"面板中选中"01"文件并将其拖曳到时间轴面板的"V1"轨道中，弹出"剪辑不匹配警告"对话框。单击"保持现有设置"按钮，在保持现有序列设置的情况下将"01"文件放置在"V1"轨道中，如图 3-45 所示。

步骤 4　将播放指示器放置在 05:00s 的位置。将鼠标指针放在"01"文件的结束位置并单击，显示出编辑点。按 E 键将所选编辑点移到播放指示器所在的位置，如图 3-46 所示。

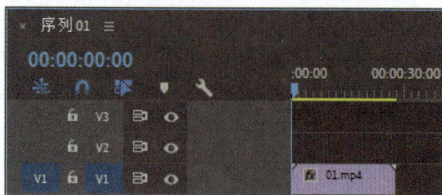

图 3-45

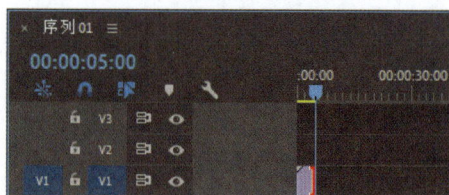

图 3-46

步骤 5　在"项目"面板中选中"02"文件并将其拖曳到时间轴面板的"V1"轨道中，如图 3-47 所示。将播放指示器放置在 10:00s 的位置。将鼠标指针放在"02"文件的结束位置并单击，显示出编辑点。按 E 键将所选编辑点移到播放指示器所在的位置，如图 3-48 所示。

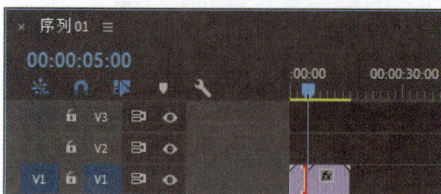

图 3-47

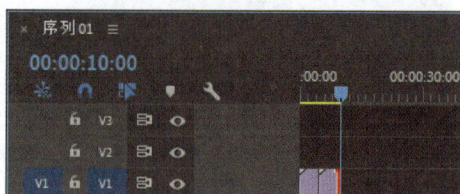

图 3-48

步骤 6　用相同的方法添加"03"和"04"文件，并对它们进行剪辑操作，如图 3-49 所示。选中文件后，在"效果控件"面板中展开"运动"选项，将"缩放"选项设置为 70.0。将播放指示器放置在 00:00s 的位置。在"效果"面板中展开"视频过渡"特效分类选项，单击"3D 运动"文件夹左侧的▷按钮将其展开，选中"立方体旋转"特效，如图 3-50 所示。

步骤 7　将"立方体旋转"特效拖曳到时间轴面板中的"02"文件的开始位置，制作文件的切换效果，如图 3-51 所示。选中时间轴面板中的"立方体旋转"特效，如图 3-52 所示。在"效果控件"面板中将"持续时间"选项设置为 03:00s，"对齐"选项设置为"中心切入"，如图 3-53 所示。时间轴面板如图 3-54 所示。

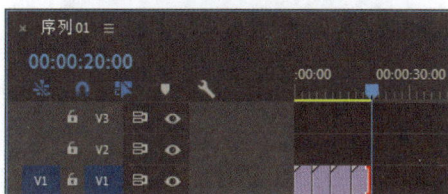
图 3-49

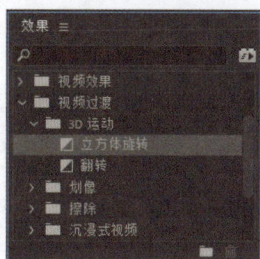
图 3-50

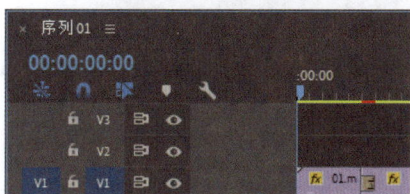
图 3-51

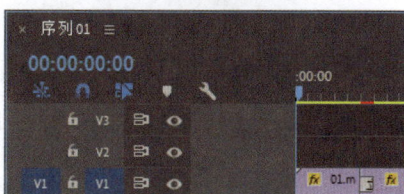
图 3-52

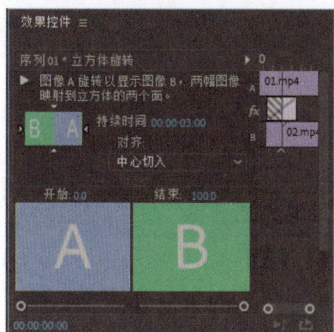
图 3-53

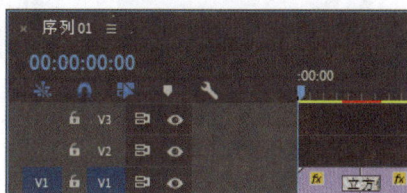
图 3-54

步骤 8 在"效果"面板中单击"划像"文件夹左侧的▶按钮将其展开，选中"圆划像"特效，如图 3-55 所示。将"圆划像"特效拖曳到时间轴面板中的"03"文件的开始位置，制作文件的切换效果。时间轴面板如图 3-56 所示。

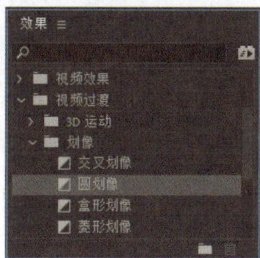
图 3-55

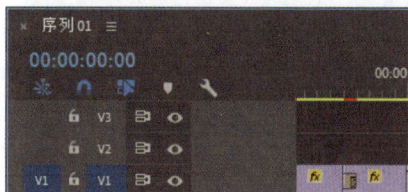
图 3-56

步骤 9 在"效果"面板中单击"擦除"文件夹左侧的▶按钮将其展开，选中"带状擦除"特效，如图 3-57 所示。将"带状擦除"特效拖曳到时间轴面板中的"04"文件的开始位置，制作文件的切换效果。选中时间轴面板中的"带状擦除"特效。在"效果控件"面板中将"持续时间"选项设置为 02:00s，"对齐"选项设置为"中心切入"，如图 3-58 所示。

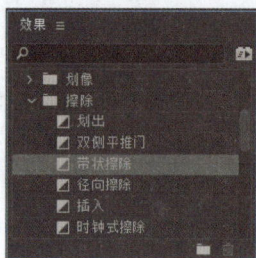

图 3-57

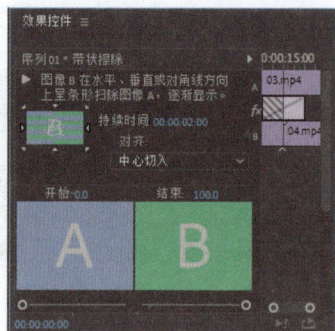

图 3-58

步骤 `10`　在"效果"面板中单击"沉浸式视频"文件夹左侧的 ▶ 按钮将其展开，选中"VR 漏光"特效，如图 3-59 所示。将"VR 漏光"特效拖曳到时间轴面板中的"04"文件的结束位置，制作文件的切换效果。时间轴面板如图 3-60 所示。

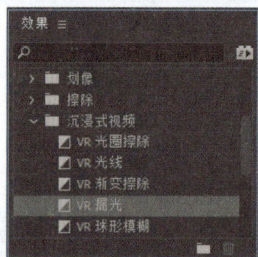

图 3-59

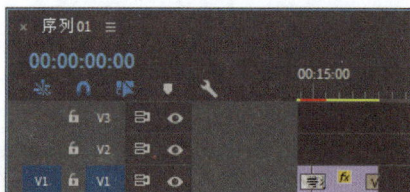

图 3-60

步骤 `11`　在"项目"面板中选中"05"文件并将其拖曳到时间轴面板的"V2"轨道中，如图 3-61 所示。选择时间轴面板中的"05"文件。在"效果控件"面板中展开"运动"选项，将"位置"选项设置为置为 1125.0 和 639.0，"缩放"选项设置为 120.0，如图 3-62 所示。花世界电子相册制作完成。

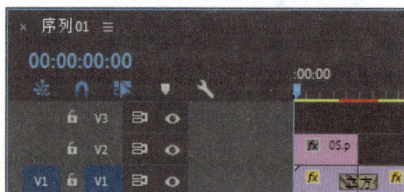

图 3-61

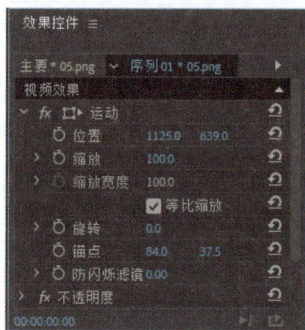

图 3-62

3.2.3　【相关工具】

1. 3D 运动

"3D 运动"文件夹中包含两种具有 3D 运动效果的场景切换特效。

◎ 立方体旋转

"立方体旋转"特效可以使影片 A 和影片 B 如同立方体的两个面一样切换，效果如图 3-63 和图 3-64 所示。

图 3-63

图 3-64

◎ 翻转

"翻转"特效使影片 A 翻转到影片 B，效果如图 3-65 和图 3-66 所示。在"效果控件"面板中单击"自定义"按钮，弹出"翻转设置"对话框，如图 3-67 所示。

带：输入翻转的影片数量，最大数值为 8。

填充颜色：设置空白区域的颜色。

图 3-65

图 3-66

图 3-67

2. 划像

"划像"文件夹中包含 4 种视频切换特效。

◎ 交叉划像

"交叉划像"特效使影片 B 呈"十"字形从影片 A 中展开，效果如图 3-68 和图 3-69 所示。

图 3-68

图 3-69

◎ 圆划像

"圆划像"特效使影片 B 呈圆形从影片 A 中展开，效果如图 3-70 和图 3-71 所示。

图 3-70

图 3-71

◎ 盒形划像

"盒形划像"特效使影片 B 呈矩形从影片 A 中展开，效果如图 3-72 和图 3-73 所示。

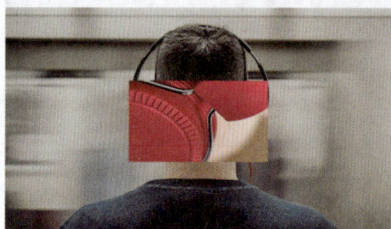

图 3-72

图 3-73

◎ 菱形划像

"菱形划像"特效使影片 B 呈菱形从影片 A 中展开，效果如图 3-74 和图 3-75 所示。

图 3-74

图 3-75

3. 擦除

"擦除"文件夹中包含 17 种视频切换特效。

◎ 划出

"划出"特效使影片 B 逐渐扫过影片 A，效果如图 3-76 和图 3-77 所示。

图 3-76

图 3-77

◎ 双侧平推门

"双侧平推门"特效使影片 B 在影片 A 上以向两侧展开的方式逐渐显示出来，效果如图 3-78 和图 3-79 所示。

图 3-78

图 3-79

◎ 带状擦除

"带状擦除"特效使影片 B 沿水平方向以条形状进入并覆盖影片 A，效果如图 3-80 和图 3-81 所示。

图 3-80

图 3-81

◎ 径向擦除

"径向擦除"特效使影片 B 从影片 A 的右上角进入并覆盖画面，效果如图 3-82 和图 3-83 所示。

图 3-82

图 3-83

◎ 插入

"插入"特效使影片 B 从影片 A 的左上角进入并覆盖画面，效果如图 3-84 和图 3-85 所示。

图 3-84

图 3-85

◎ 时钟式擦除

"时钟式擦除"特效使影片 A 以时针转动方式过渡到影片 B，效果如图 3-86 和图 3-87 所示。

图 3-86

图 3-87

◎ 棋盘

"棋盘"特效使影片 A 以方格形式消失并逐渐过渡到影片 B，效果如图 3-88 和图 3-89 所示。

图 3-88

图 3-89

◎ 棋盘擦除

"棋盘擦除"特效使影片 B 以方格形式逐渐出现并覆盖影片 A，效果如图 3-90 和图 3-91 所示。

图 3-90

图 3-91

◎ 楔形擦除

"楔形擦除"特效使影片 B 呈扇形出现并覆盖影片 A，效果如图 3-92 和图 3-93 所示。

图 3-92

图 3-93

◎ 水波块

"水波块"特效使影片 B 沿"Z"字形交错扫过影片 A，效果如图 3-94 和图 3-95 所示。在"效果控件"面板中单击"自定义"按钮，弹出"水波块设置"对话框，如图 3-96 所示。

水平 / 垂直：输入水平与垂直方向的方格数量。

图 3-94

图 3-95

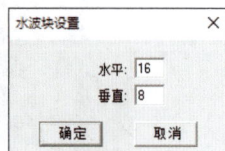

图 3-96

◎ 油漆飞溅

"油漆飞溅"特效使影片 B 以墨点状覆盖影片 A，效果如图 3-97 和图 3-98 所示。

图 3-97

图 3-98

◎ 渐变擦除

"渐变擦除"特效用一张灰度图像制作渐变切换效果。在切换过程中，影片 A 中充满灰度图像的黑色区域，然后根据每一个灰度开始进行切换，直到白色区域完全透明，显示出影片 B，效果如图 3-99 和图 3-100 所示。

图 3-99

图 3-100

在"效果控件"面板中单击"自定义"按钮，弹出"渐变擦除设置"对话框，如图 3-101 所示。

选择图像：单击此按钮，可以选择灰度图像。

柔和度：设置过渡边缘的羽化程度。

◎ 百叶窗

"百叶窗"特效使影片 B 在逐渐加粗的线条中逐渐显示出来，类似于百叶窗的效果，效果如图 3-102 和图 3-103 所示。

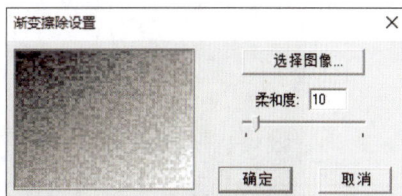

图 3-101

图 3-102

图 3-103

◎ 螺旋框

"螺旋框"特效使影片 B 以螺纹块状旋转出现，效果如图 3-104 和图 3-105 所示。在"效果控件"面板中单击"自定义"按钮，弹出"螺旋框设置"对话框，如图 3-106 所示。

水平：设置水平方向上的方格数量。

垂直：设置垂直方向上的方格数量。

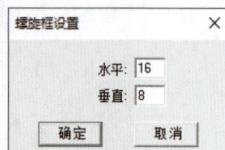

图 3-104　　　　　　　　　　　图 3-105　　　　　　　　　　　图 3-106

◎ 随机块

"随机块"特效使影片 B 以方块形式随意出现并覆盖影片 A，效果如图 3-107 和图 3-108 所示。

图 3-107　　　　　　　　　　　　　图 3-108

◎ 随机擦除

"随机擦除"特效使影片 B 以方块的形式从上到下擦除并覆盖影片 A，效果如图 3-109 和图 3-110 所示。

图 3-109　　　　　　　　　　　　　图 3-110

◎ 风车

"风车"特效使影片 B 以风车轮状旋转覆盖影片 A，效果如图 3-111 和图 3-112 所示。

图 3-111　　　　　　　　　　　　　图 3-112

4. 沉浸式视频

"沉浸式视频"文件夹中包含 8 种视频切换特效。这些特效多用于 VR 环境（即 3D 全景），普通素材也可以应用，但在 3D 全景中的效果更加明显。

◎ VR 光圈擦除

"VR 光圈擦除"特效使影片 A 以光圈擦除的方式显示出影片 B，效果如图 3-113 和图 3-114 所示。

图 3-113

图 3-114

◎ VR 光线

"VR 光线"特效使影片 A 中的光线逐渐变强并显示出影片 B，效果如图 3-115 和图 3-116 所示。

图 3-115

图 3-116

◎ VR 渐变擦除

"VR 渐变擦除"特效使影片 A 以渐变擦除的方式显示出影片 B，效果如图 3-117 和图 3-118 所示。

图 3-117

图 3-118

◎ VR 漏光

"VR 漏光"特效使影片 A 以漏光的方式逐渐显示出影片 B，效果如图 3-119 和图 3-120 所示。

图 3-119

图 3-120

◎ VR 球形模糊

"VR 球形模糊"特效使影片 A 以球形模糊的方式逐渐淡化并显示出影片 B，效果如图 3-121 和图 3-122 所示。

图 3-121

图 3-122

◎ VR 色度泄露

"VR 色度泄露"特效使影片 A 以色度泄露的方式显示出影片 B，效果如图 3-123 和图 3-124 所示。

图 3-123

图 3-124

◎ VR 随机块

"VR 随机块"特效使影片 B 以随机方块的方式出现并覆盖影片 A，效果如图 3-125 和图 3-126 所示。

图 3-125

图 3-126

◎ VR 默比乌斯缩放

"VR 默比乌斯缩放"特效使影片 B 以默比乌斯缩放的方式出现并覆盖影片 A，效果如图 3-127 和图 3-128 所示。

图 3-127

图 3-128

5. *溶解*

"溶解"文件夹中包含 7 种具有溶解效果的视频切换特效。

◎ MorphCut

"MorphCut"特效可以对影片 A、B 进行画面分析，在切换过程中产生无缝衔接的效果。该特效多用于特写镜头，对快速运动、变化复杂的影片效果有限。

◎ 交叉溶解

"交叉溶解"特效使影片 A 渐隐为影片 B，效果如图 3-129 和图 3-130 所示。该特效为标准的淡入淡出特效。

图 3-129

图 3-130

◎ 叠加溶解

"叠加溶解"特效使影片 A 以加亮叠加的方式渐隐为影片 B，效果如图 3-131 和图 3-132 所示。

图 3-131

图 3-132

◎ 白场过渡

"白场过渡"特效使影片 A 以白场过渡的方式渐隐为影片 B，效果如图 3-133 和图 3-134 所示。

图 3-133

图 3-134

◎ 胶片溶解

"胶片溶解"特效使影片 A 以胶片溶解的方式渐隐为影片 B，效果如图 3-135 和图 3-136 所示。

图 3-135

图 3-136

◎ 非叠加溶解

"非叠加溶解"特效使影片 A 与影片 B 的亮度叠加相溶并显示出影片 B，效果如图 3-137 和图 3-138 所示。

图 3-137

图 3-138

◎ 黑场过渡

"黑场过渡"特效使影片 A 以黑场过渡的方式淡化为影片 B，效果如图 3-139 和图 3-140 所示。

图 3-139

3.2.4　【实战演练】——美食新品宣传片

使用"导入"命令导入视频文件，使用"VR 球形模糊"特效、"VR 漏光"特效、"叠加溶解"特效、"非叠加溶解"特效、"VR 默比乌斯缩放"特效和"交叉溶解"特效制作视频之间的过渡效果，使用"效果控件"面板编辑特效。最终效果参看云盘中的"Ch03\ 美食新品宣传片 \ 美食新品宣传片 .prproj"文件，如图 3-141 所示。

图 3-140

图 3-141

扫码观看
本案例视频　　扫码观看
本案例效果

3.3　可爱猫咪电子相册

3.3.1　【操作目的】

使用"导入"命令导入素材文件，使用"带状滑动"特效、"随机块"特效、"翻页"特效和"VR 色度泄漏"特效制作图片之间的转场效果，使用"效果控件"面板调整转场特效。最终效果参看云盘中的"Ch03\ 可爱猫咪电子相册 \ 可爱猫咪电子相册 .prproj"文件，如图 3-142 所示。

图 3-142

扫码观看
本案例视频　　扫码观看
本案例效果

3.3.2 【操作步骤】

步骤 1 启动 Premiere Pro CC 2019，选择"文件 > 新建 > 项目"命令，弹出"新建项目"对话框，如图 3-143 所示，单击"确定"按钮，新建项目。选择"文件 > 新建 > 序列"命令，弹出"新建序列"对话框，单击"设置"选项卡，具体设置如图 3-144 所示，单击"确定"按钮，新建序列。

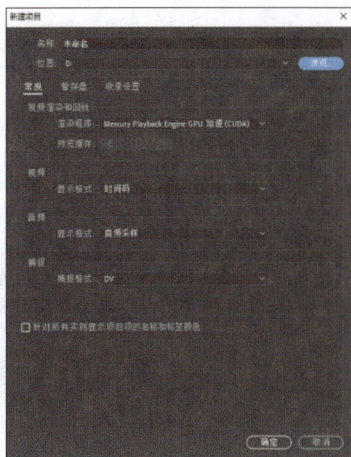

图 3-143

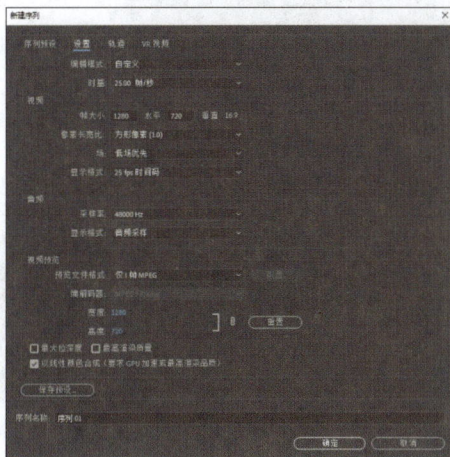

图 3-144

步骤 2 选择"文件 > 导入"命令，弹出"导入"对话框，选择本书云盘中的"Ch03\ 可爱猫咪电子相册 \ 素材 \01~05"文件，如图 3-145 所示。单击"打开"按钮，将素材文件导入"项目"面板中，如图 3-146 所示。

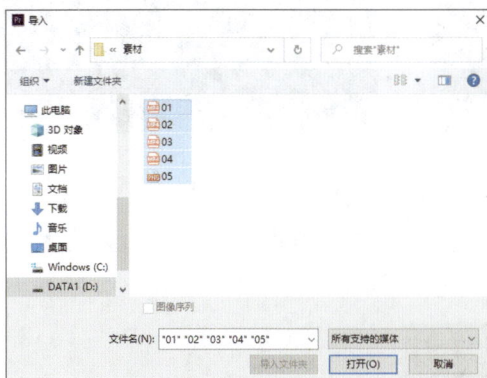

图 3-145

图 3-146

步骤 3 在时间轴面板中，按 M 键创建标记，如图 3-147 所示。用相同的方法分别在 05:00s、10:00s、15:00s 和 20:00s 处添加标记，如图 3-148 所示。

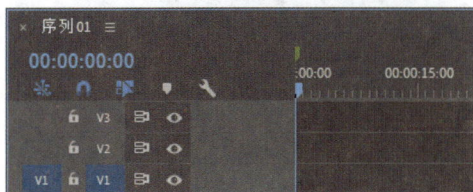

图 3-147

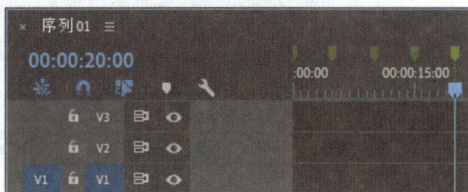

图 3-148

步骤 4 将播放指示器放置在 00:00s 的位置。在"项目"面板中，按顺序选中"01""02""03""04"文件。选择"剪辑 > 自动匹配序列"命令，在弹出的对话框中进行设置，如图 3-149 所示，单击"确定"按钮，系统将自动匹配序列。时间轴面板如图 3-150 所示。

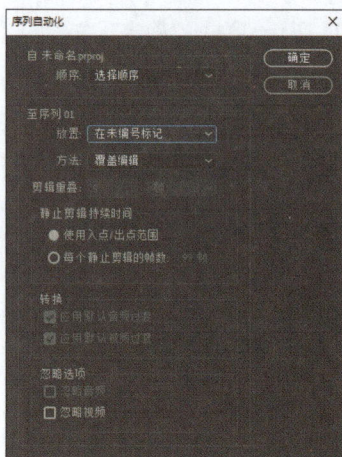

图 3-149

图 3-150

步骤 5 在"项目"面板中，选中"05"文件并将其拖曳到时间轴面板的"V2"轨道中，如图 3-151 所示。将鼠标指针放在"05"文件的结束位置并单击，显示出编辑点，将其拖曳到与"04"文件的结束位置齐平的位置，如图 3-152 所示。

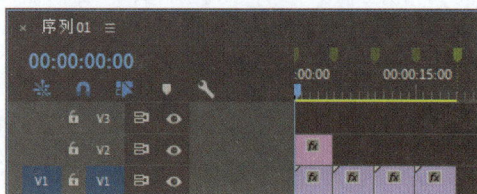

图 3-151

图 3-152

步骤 6 选择时间轴面板中的"05"文件。在"效果控件"面板中展开"运动"选项，将"位置"选项设置为 196.0 和 620.0，如图 3-153 所示。在"效果"面板中展开"视频过渡"特效分类选项，单击"滑动"文件夹左侧的▶按钮将其展开，选中"带状滑动"特效，如图 3-154 所示。

图 3-153

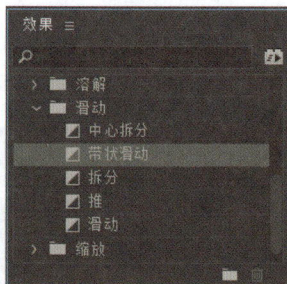

图 3-154

步骤 7 将"带状滑动"特效拖曳到时间轴面板中的"02"文件的开始位置，制作"02"文件的转场效果，如图 3-155 所示。将播放指示器放置在 05:00s 的位置。选中时间轴面板中的"带状滑动"特效。在"效果控件"面板中，将"持续时间"选项设置为 02:00s，"对齐"选项设置为"中心切入"，如图 3-156 所示。

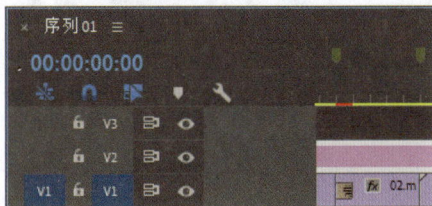

图 3-155

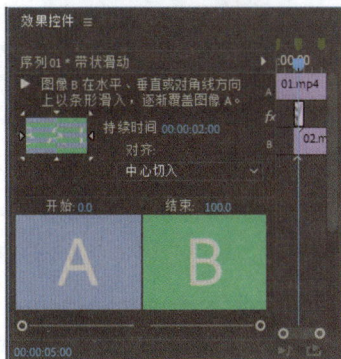

图 3-156

步骤 8 在"效果"面板中单击"擦除"文件夹左侧的▶按钮将其展开，选中"随机块"特效，如图 3-157 所示。将"随机块"特效拖曳到时间轴面板中的"03"文件的开始位置，制作"03"文件的转场效果。将播放指示器放置在 10:00s 的位置。选中时间轴面板中的"随机块"特效。在选择"效果控件"面板中，将"持续时间"选项设置为 03:00s，"对齐"选项设置为"中心切入"，如图 3-158所示。

步骤 9 在"效果"面板中单击"页面剥落"文件夹左侧的▶按钮将其展开，选中"翻页"特效，如图 3-159 所示。将"翻页"特效拖曳到时间轴面板中的"04"文件的开始位置，制作"04"文件的转场效果。将播放指示器放置在 15:00s 的位置。选中时间轴面板中的"翻页"特效。在"效果控件"面板中将"持续时间"选项设置为 02:00s，如图 3-160 所示。

步骤 10 在"效果"面板中单击"沉浸式视频"文件夹左侧的▶按钮将其展开，选中"VR 色度泄漏"特效，如图 3-161 所示。将"VR 色度泄漏"特效分别拖

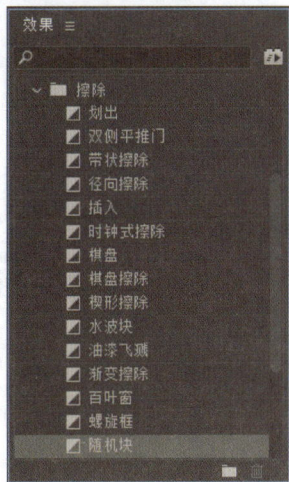

图 3-157

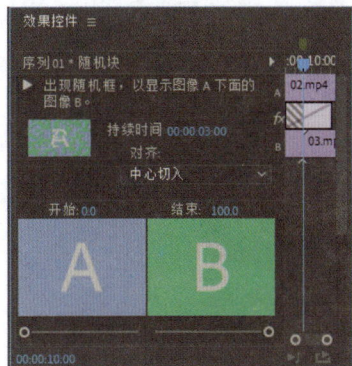

图 3-158

图 3-159

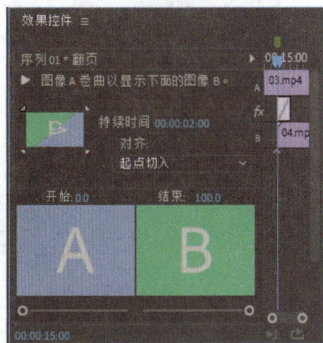

图 3-160

曳到时间轴面板中的"04"文件的结束位置和"05"文件的结束位置，制作"05"文件的转场效果如图 3-162 所示。可爱猫咪电子相册制作完成。

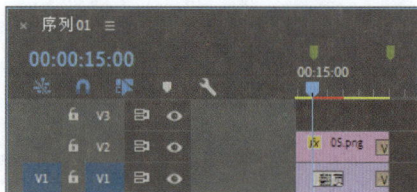

图 3-161　　　　　　　　　　　　　图 3-162

3.3.3　【相关工具】

1. *滑动*

"滑动"文件夹中包含 5 种视频切换特效。

◎ 中心拆分

"中心拆分"特效使影片 A 从中心分裂为 4 块并向四角滑出，显示出影片 B，效果如图 3-163 和图 3-164 所示。

图 3-163　　　　　　　　　　　　图 3-164

◎ 带状滑动

"带状滑动"特效使影片 B 以条形状进入并逐渐覆盖影片 A，效果如图 3-165 和图 3-166 所示。在"效果控件"面板中单击"自定义"按钮，弹出"带状滑动设置"对话框，如图 3-167 所示。

带数量：设置切换带的数目。

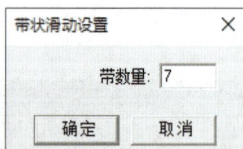

图 3-165　　　　　　　　图 3-166　　　　　　　　图 3-167

◎ 拆分

"拆分"特效使影片 B 在影片 A 上像自动门一样展开并显示出来，效果如图 3-168 和图 3-169 所示。

图 3-168　　　　　　　　　　　　图 3-169

◎ 推

"推"特效使影片 B 将影片 A 推出屏幕，效果如图 3-170 和图 3-171 所示。

图 3-170

图 3-171

◎ 滑动

"滑动"特效使影片 B 滑入并覆盖影片 A，效果如图 3-172 和图 3-173 所示。

图 3-172

图 3-173

2．缩放

"缩放"文件夹中包含 1 种视频切换特效。"交叉缩放"特效使影片 A 放大冲出，影片 B 缩小进入，效果如图 3-174 和图 3-175 所示。

图 3-174

图 3-175

3．页面剥落

"页面剥落"文件夹中有以下两种视频切换特效。

◎ 翻页

"翻页"特效使影片 A 从左上角向右下角翻动，露出影片 B，效果如图 3-176 和图 3-177 所示。

图 3-176

图 3-177

◎ 页面剥落

"页面剥落"特效使影片 A 像纸一样卷起，露出影片 B，效果如图 3-178 和图 3-179 所示。

图 3-178

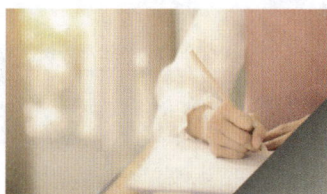

图 3-179

3.3.4 【实战演练】——自驾行宣传片

　　使用"导入"命令导入视频文件，使用"带状内滑"特效、"推"特效、"交叉缩放"特效和"翻页"特效制作视频之间的转场效果，使用"效果控件"面板编辑特效。最终效果参看云盘中的"Ch03\ 自驾行宣传片 \ 自驾行宣传片 .prproj"文件，如图 3-180 所示。

扫码观看
本案例视频

扫码观看
本案例效果

图 3-180

3.4　综合案例——中秋纪念电子相册

　　使用"导入"命令导入视频文件，使用"滑动"特效、"拆分"特效、"翻页"特效和"交叉缩放"特效制作视频之间的转场效果，使用"效果控件"面板编辑特效。最终效果参看云盘中的"Ch03\ 中秋纪念电子相册 \ 中秋纪念电子相册 .prproj"文件，如图 3-181 所示。

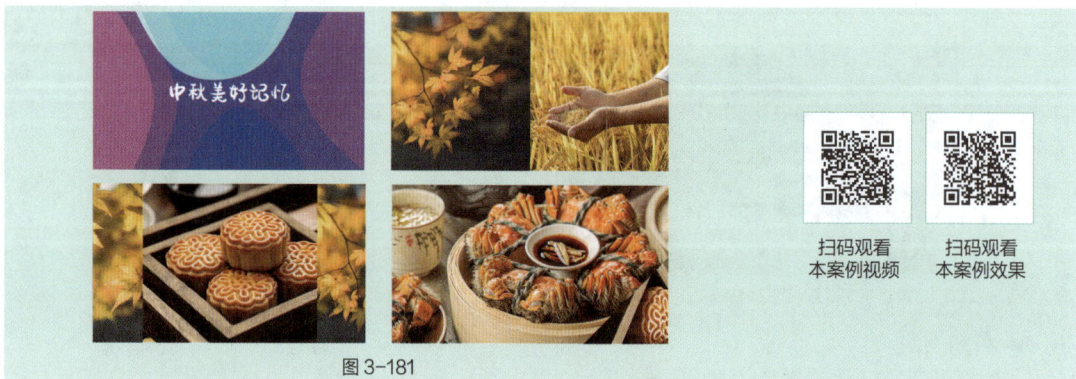

扫码观看
本案例视频

扫码观看
本案例效果

图 3-181

3.5 综合案例——霞浦风光短视频

　　使用"导入"命令导入素材文件，使用"菱形划像"特效、"时钟式擦除"特效和"带状内滑"特效制作图片之间的过渡效果。最终效果参看云盘中的"Ch03\霞浦风光短视频\霞浦风光短视频.prproj"文件，如图 3-182 所示。

扫码观看
本案例视频

扫码观看
本案例效果

图 3-182

04

第 4 章
应用视频特效

本章介绍

本章主要介绍 Premiere Pro CC 2019 中的视频特效，这些特效可以应用在视频、图像和文字上。通过对本章的学习，读者可以快速了解并掌握视频特效的应用技巧，随心所欲地创造出丰富多彩的视觉效果。

知识目标

- 掌握使用关键帧控制效果的方法
- 掌握视频特效的应用方法

能力目标

- 掌握森林美景宣传片的制作方法
- 掌握海滨城市宣传片的制作方法
- 掌握城市风光宣传片的制作方法
- 掌握汤圆短视频的制作方法
- 掌握健康出行宣传片的制作方法
- 掌握峡谷风光宣传片的制作方法

素质目标

- 培养能够有效解决问题的科学思维能力
- 培养能够履行职责，为团队服务的责任意识
- 培养能够不断改进学习方法的自主学习能力

4.1 森林美景宣传片

4.1.1 【操作目的】

使用"导入"命令导入素材文件，使用"位置""缩放""旋转"选项编辑图像并制作动画效果，使用"自动色阶"特效和"颜色平衡"特效调整画面颜色。最终效果参看云盘中的"Ch04\ 森林美景宣传片 \ 森林美景宣传片 .prproj"文件，如图 4-1 所示。

图 4-1

扫码观看
本案例视频

扫码观看
本案例效果

4.1.2 【操作步骤】

步骤 1 启动 Premiere Pro CC 2019，选择"文件 > 新建 > 项目"命令，弹出"新建项目"对话框，如图 4-2 所示，单击"确定"按钮，新建项目。选择"文件 > 新建 > 序列"命令，弹出"新建序列"对话框，单击"设置"选项卡，具体设置如图 4-3 所示，单击"确定"按钮，新建序列。

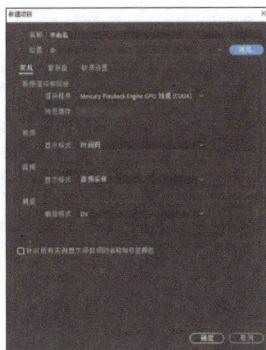

图 4-2

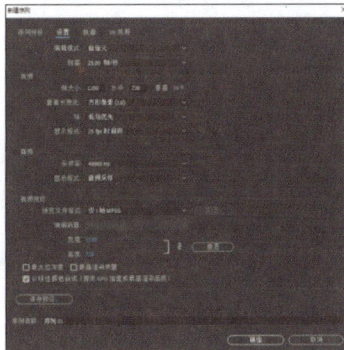

图 4-3

步骤 2 选择"文件 > 导入"命令，弹出"导入"对话框，选择本书云盘中的"Ch04\ 森林美景宣传片 \ 素材 \01、02"文件，如图 4-4 所示。单击"打开"按钮，将素材文件导入"项目"面板中，如图 4-5 所示。

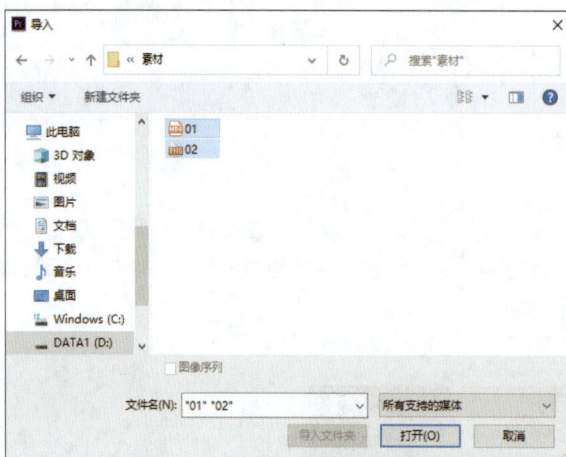

图 4-4

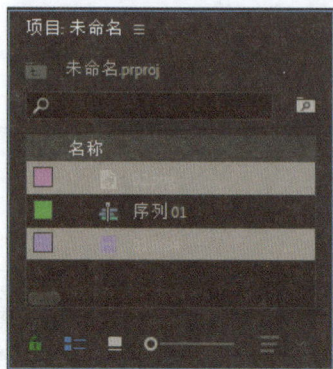

图 4-5

步骤 ③ 在"项目"面板中,选中"01"文件并将其拖曳到时间轴面板的"V1"轨道中,弹出"剪辑不匹配警告"对话框。单击"保持现有设置"按钮,在保持现有序列设置的情况下将"01"文件放置在"V1"轨道中,如图 4-6 所示。将播放指示器放置在 00:01s 的位置。将鼠标指针放置在"01"文件的开始位置,当鼠标指针呈 形状时单击,显示出编辑点。按 E 键将所选编辑点移到播放指示器所在的位置,如图 4-7 所示。

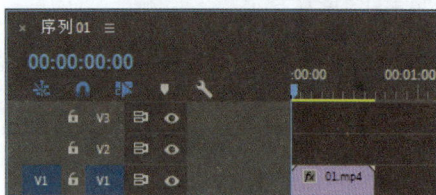

图 4-6

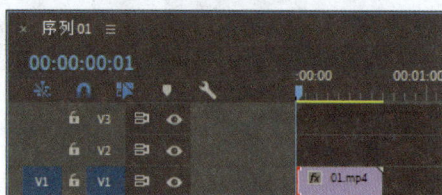

图 4-7

步骤 ④ 将播放指示器放置在 00:00s 的位置。将"01"文件向左拖曳到播放指示器所在的位置,如图 4-8 所示。将播放指示器放置在 05:00s 的位置。将鼠标指针放置在"01"文件的结束位置,当鼠标指针呈 形状时单击,显示出编辑点。按 E 键将所选编辑点移到播放指示器所在的位置,如图 4-9 所示。

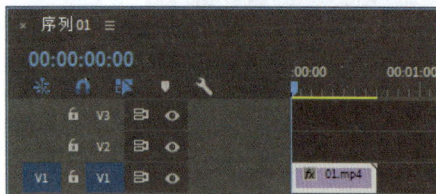

图 4-8

图 4-9

步骤 ⑤ 将播放指示器放置在 00:00s 的位置。在时间轴面板中选择"01"文件。在"效果控件"面板中展开"运动"选项,将"缩放"选项设置为 67.0,如图 4-10 所示。在"效果"面板中展开"视频效果"特效分类选项,单击"过时"文件夹左侧的 按钮将其展开,选中"自动色阶"特效,如图 4-11 所示。将"自动色阶"特效拖曳到时间轴面板的"V1"轨道中的"01"文件上,调整画面颜色。

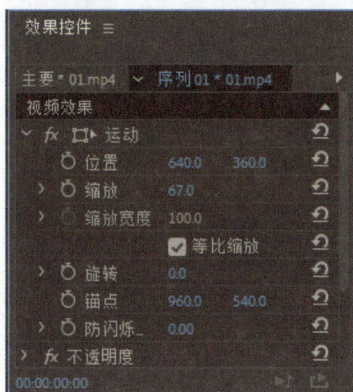

图 4-10

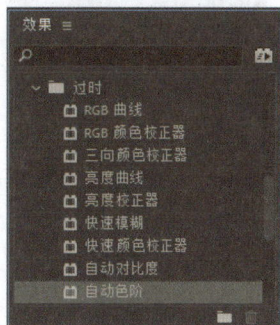

图 4-11

步骤 6 在"效果"面板中展开"视频效果"特效分类选项，单击"颜色校正"文件夹左侧的按钮将其展开，选中"颜色平衡"特效，如图 4-12 所示。将"颜色平衡"特效拖曳到时间轴面板的"V1"轨道中的"01"文件上，调整画面颜色。在"效果控件"面板中展开"颜色平衡"选项，将"阴影绿色平衡"选项设置为 18.0，如图 4-13 所示。

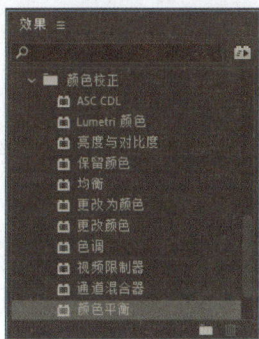

图 4-12

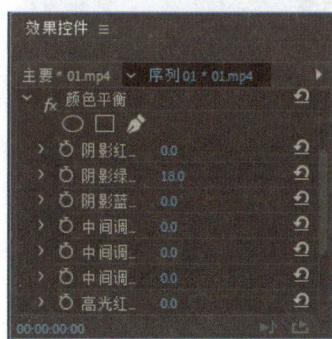

图 4-13

步骤 7 将播放指示器放置在 00:10s 的位置。在"项目"面板中，选中"02"文件并将其拖曳到时间轴面板的"V2"轨道中，如图 4-14 所示。将鼠标指针放置在"02"文件的结束位置，当鼠标指针呈形状时单击，显示出编辑点，将其拖曳到与"01"文件的结束位置齐平的位置，如图 4-15 所示。

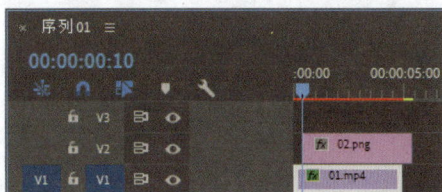

图 4-14

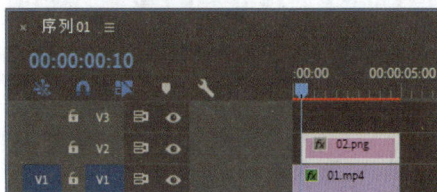

图 4-15

步骤 8 在"效果"面板中展开"视频效果"特效分类选项，单击"颜色校正"文件夹左侧的按钮将其展开，选中"颜色平衡"特效，如图 4-16 所示。将"颜色平衡"特效拖曳到时间轴面板的"V1"轨道中的"02"文件上，调整图像颜色。在"效果控件"面板中展开"颜色平衡"选项，将"阴影红色平衡"选项设置为 58.0，"阴影绿色平衡"选项设置为 -24.0，如图 4-17 所示。

图 4-16

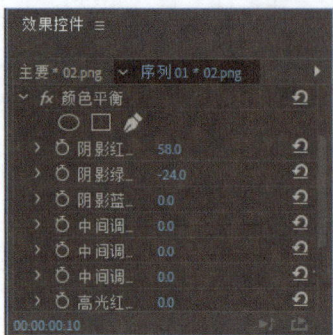
图 4-17

步骤 9　在"效果控件"面板中展开"运动"选项，将"位置"选项设置为770.5和-39.3，"缩放"选项设置为38.0，"旋转"选项设置为51.0°，单击"位置"和"旋转"选项左侧的"切换动画"按钮，如图4-18所示，记录第1个动画关键帧。将播放指示器放置在01:10s的位置。在"效果控件"面板中，将"位置"选项设置为649.6和78.7，如图4-19所示，记录第2个动画关键帧。

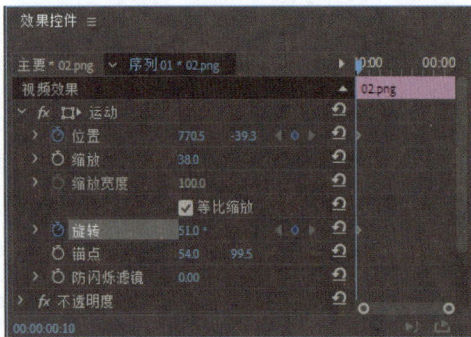
图 4-18

图 4-19

步骤 10　将播放指示器放置在02:10s的位置。在"效果控件"面板中，将"位置"选项设置为791.8和220.8，"旋转"选项设置为-51.0°，如图4-20所示，记录第3个动画关键帧。将播放指示器放置在03:07s的位置。在"效果控件"面板中，将"位置"选项设置为630.0和407.0，如图4-21所示，记录第4个动画关键帧。

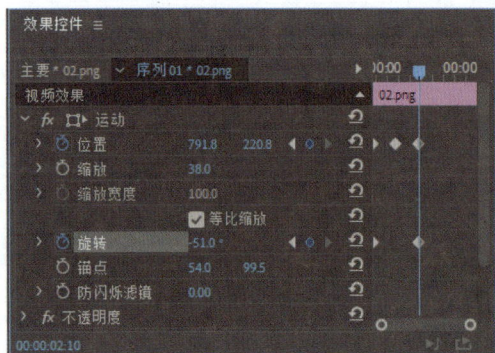
图 4-20

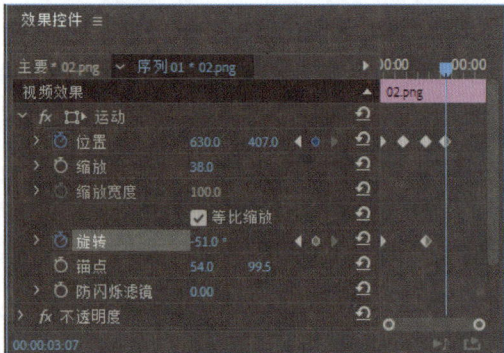
图 4-21

步骤 11　将播放指示器放置在04:05s的位置。在"效果控件"面板中，将"位置"选项设置为818.3和595.2，"旋转"选项设置为90.0°，如图4-22所示，记录第5个动画关键帧。将播放指示器放置在 04:23s 的位置。在"效果控件"面板中，将"位置"选项设置为 688.5 和 749.7，如图 4-23 所示，记录第 6 个动画关键帧。

图 4-22

图 4-23

步骤 12　在"效果控件"面板中，用框选的方法选择"位置"选项的所有关键帧，如图 4-24 所示。在关键帧上单击鼠标右键，在弹出的快捷菜单中选择"临时插值 > 自动贝塞尔曲线"命令，效果如图 4-25 所示。

图 4-24

图 4-25

步骤 13　将播放指示器放置在 00:21s 的位置。在"项目"面板中，选中"02"文件并将其拖曳到时间轴面板的"V3"轨道中，如图 4-26 所示。将鼠标指针放置在"02"文件的结束位置，当鼠标指针呈 形状时单击，显示出编辑点，将其拖曳到与"01"文件的结束位置齐平的位置，如图 4-27 所示。

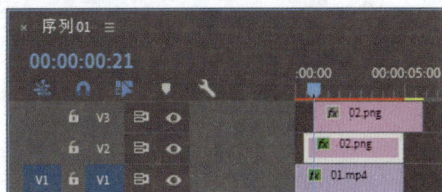
图 4-26

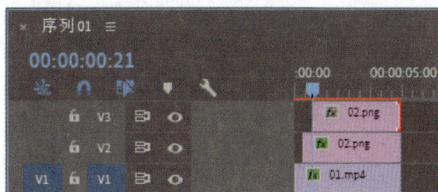
图 4-27

步骤 14　在时间轴面板中选择"V2"轨道中的"02"文件。在"效果控件"面板中选择"颜色平衡"选项，调整画面颜色，如图 4-28 所示，按 Ctrl+C 组合键进行复制。在时间轴面板中选择"V3"轨道中的"02"文件。在"效果控件"面板中，按 Ctrl+V 组合键进行粘贴，如图 4-29 所示。

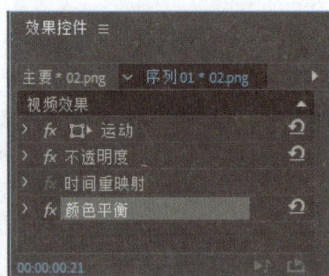
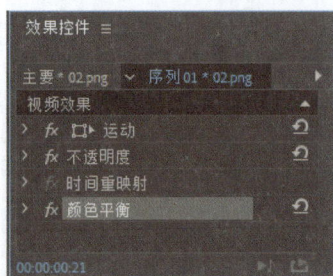

图 4-28　　　　　　　　　　图 4-29

步骤 15　在"效果控件"面板中展开"运动"选项，将"位置"选项设置为 392.1 和 −49.9，"缩放"选项设置为 23.0，"旋转"选项设置为 58.8°，单击"位置"和"旋转"选项左侧的"切换动画"按钮 ，如图 4-30 所示，记录第 1 个动画关键帧。将播放指示器放置在 01:21s 的位置。在"效果控件"面板中，将"位置"选项设置为 478.6 和 51.8，如图 4-31 所示，记录第 2 个动画关键帧。

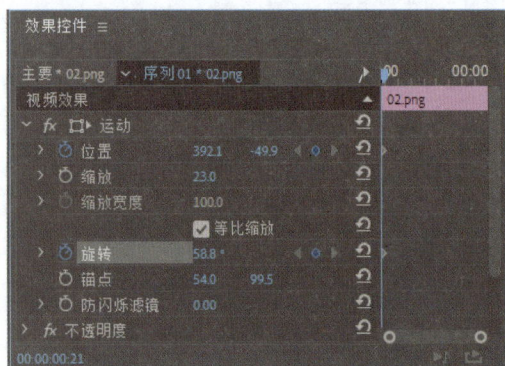
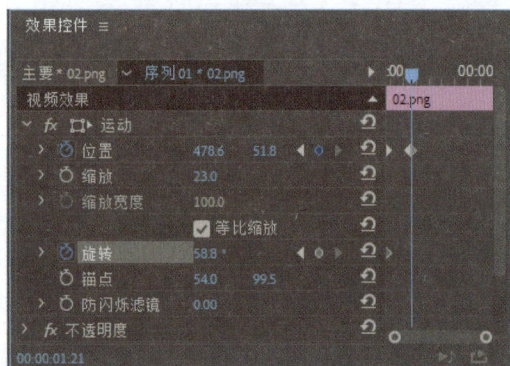

图 4-30　　　　　　　　　　图 4-31

步骤 16　将播放指示器放置在 02:21s 的位置。在"效果控件"面板中，将"位置"选项设置为 367.1 和 199.7，"旋转"选项设置为 −58.8°，如图 4-32 所示，记录第 3 个动画关键帧。将播放指示器放置在 03:18s 的位置。在"效果控件"面板中，将"位置"选项设置为 524.7 和 351.4，如图 4-33 所示，记录第 4 个动画关键帧。

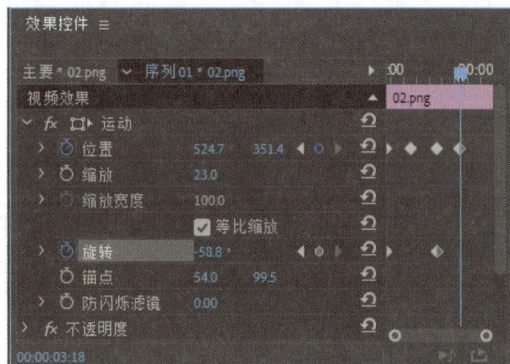

图 4-32　　　　　　　　　　图 4-33

步骤 17　将播放指示器放置在 04:16s 的位置。在"效果控件"面板中，将"位置"选项设置为 401.7 和 737.3，"旋转"选项设置为 180.0°，如图 4-34 所示，记录第 5 个动画关键帧。用框选的方法选择"位置"选项的所有关键帧。在关键帧上单击鼠标右键，在弹出的快捷菜单中选择"临时插值 > 自动贝塞尔曲线"命令，效果如图 4-35 所示。森林美景宣传片制作完成。

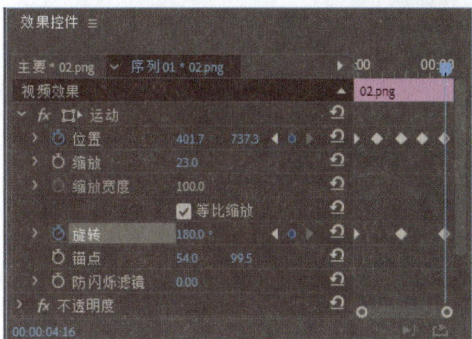

图 4-34

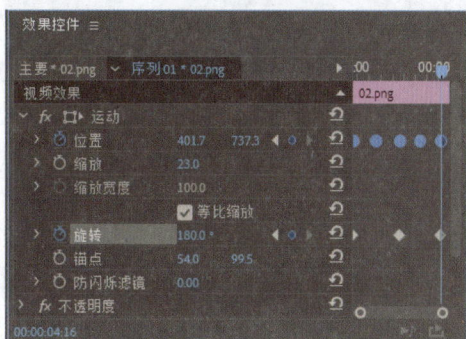

图 4-35

4.1.3 【相关工具】

1. 应用视频特效

为素材添加一个视频特效很简单，只需从"效果"面板中拖曳一个特效到时间轴面板中的素材上即可。如果素材处于选中状态，也可以双击"效果"面板中的特效或直接将特效拖曳到该素材的"效果控件"面板中。

2. 关于关键帧

若需要使效果随时间而改变，则可以使用关键帧技术。设置了一个关键帧后，就可以指定效果属性在确切的时间点上的值。当为多个关键帧赋予不同的值时，Premiere Pro CC 2019 会自动计算关键帧之间的值，这个处理过程称为"插补"。大多数标准效果都可以在素材的整个时间长度中设置关键帧。固定效果(如位置和缩放)可以设置关键帧，使素材产生动画，也可以移动、复制或删除关键帧和改变插补的模式。

3. 激活关键帧

为了设置动画效果的属性，必须激活效果属性的关键帧，任何支持关键帧的效果属性都有"切换动画"按钮，单击该按钮可插入一个关键帧。插入关键帧（即激活关键帧）后，就可以添加和调整素材需要的效果属性，效果如图 4-36 所示。

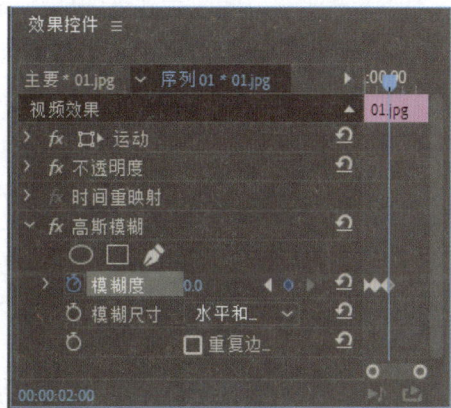

图 4-36

4.1.4 【实战演练】——海滨城市宣传片

使用"导入"命令导入素材文件，使用"亮度与对比度"特效调整画面的亮度与对比度，使用"均衡"特效均衡画面颜色，使用"颜色平衡"特效调整画面的颜色，使用"效果控件"面板调整特效并制作动画。最终效果参看云盘中的"Ch04\海滨城市宣传片\海滨城市宣传片.prproj"文件，如图 4-37 所示。

图 4-37

扫码观看
本案例视频

扫码观看
本案例效果

城市风光宣传片

4.2.1 【操作目的】

使用"导入"命令导入素材文件，使用"效果控件"面板调整图像大小，使用"速度 / 持续时间"命令调整视频速度，使用"百叶窗"特效制作视频过渡效果，使用"镜像"特效制作视频的镜像效果，使用"彩色浮雕"特效和"投影"特效制作文字立体效果。最终效果参看云盘中的"Ch04\ 城市风光宣传片 \ 城市风光宣传片 .prproj"文件，如图 4-38 所示。

图 4-38

扫码观看
本案例视频

扫码观看
本案例效果

4.2.2 【操作步骤】

步骤 **1** 启动 Premiere Pro CC 2019，选择"文件 > 新建 > 项目"命令，弹出"新建项目"对话框，如图 4-39 所示，单击"确定"按钮，新建项目。选择"文件 > 新建 > 序列"命令，弹出"新建序列"对话框，单击"设置"选项卡，具体设置如图 4-40 所示，单击"确定"按钮，新建序列。

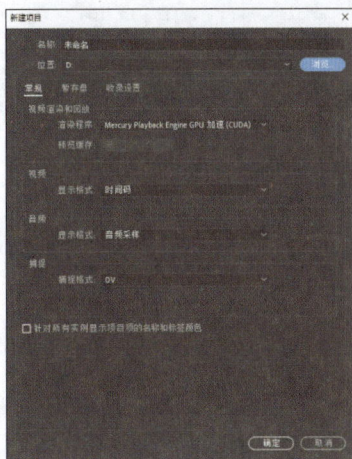

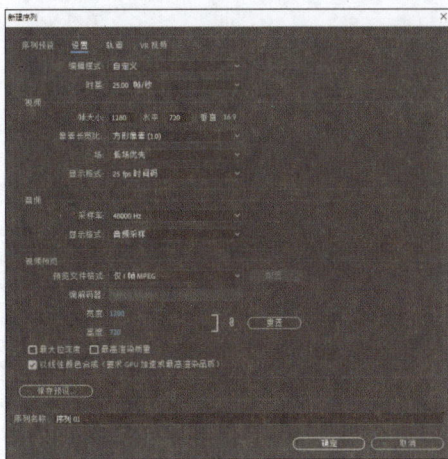

图 4-39   图 4-40

步骤 2 选择"文件 > 导入"命令，弹出"导入"对话框，选择本书云盘中的"Ch04\ 城市风光宣传片 \ 素材 \01~03"文件，如图 4-41 所示。单击"打开"按钮，将素材文件导入"项目"面板中，如图 4-42 所示。

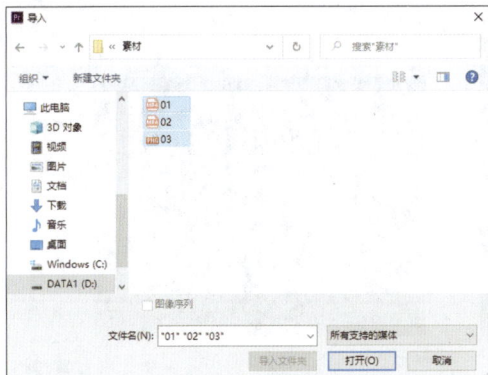

图 4-41   图 4-42

步骤 3 在"项目"面板中，选中"01"文件并将其拖曳到时间轴面板的"V2"轨道中，弹出"剪辑不匹配警告"对话框。单击"保持现有设置"按钮，在保持现有序列设置的情况下将"01"文件放置在"V2"轨道中，如图 4-43 所示。选择时间轴面板中的"01"文件。在"效果控件"面板中展开"运动"选项，将"缩放"选项设置为 67.0，调整图像大小，如图 4-44 所示。

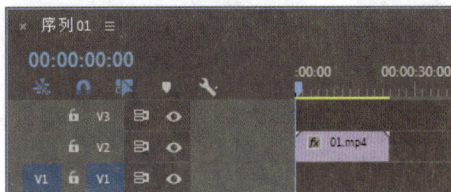

图 4-43   图 4-44

步骤 **4** 选择"剪辑 > 速度 / 持续时间"命令，在弹出的对话框中进行设置，调整视频速度，如图 4-45 所示。单击"确定"按钮，效果如图 4-46 所示。

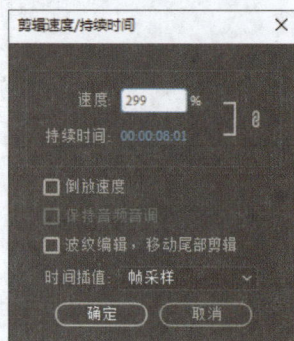
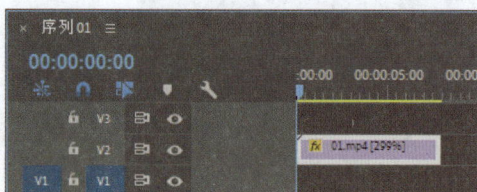

图 4-45 图 4-46

步骤 **5** 在"效果"面板中展开"视频效果"特效分类选项，单击"扭曲"文件夹左侧的 按钮将其展开，选中"镜像"特效，如图 4-47 所示。将"镜像"特效拖曳到时间轴面板的"V2"轨道中的"01"文件上，制作"镜像"效果。在"效果控件"面板中展开"镜像"选项，将"反射中心"选项设置为 1920.0 和 640.0，"反射角度"选项设置为 90.0°，如图 4-48 所示。

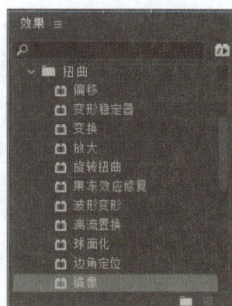
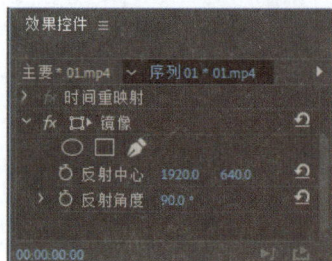

图 4-47 图 4-48

步骤 **6** 将播放指示器放置在 06:04s 的位置。在"项目"面板中，选中"02"文件并将其拖曳到时间轴面板的"V1"轨道中，如图 4-49 所示。选择时间轴面板中的"02"文件。在"效果控件"面板中展开"运动"选项，将"缩放"选项设置为 67.0，调整图像大小，如图 4-50 所示。

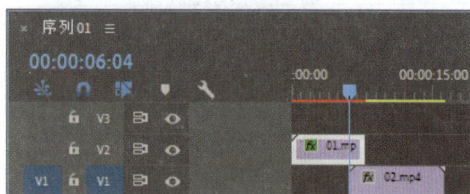

图 4-49 图 4-50

步骤 **7** 选择"剪辑 > 速度 / 持续时间"命令，在弹出的对话框中进行设置，调整视频速度，如图 4-51 所示。单击"确定"按钮，效果如图 4-52 所示。

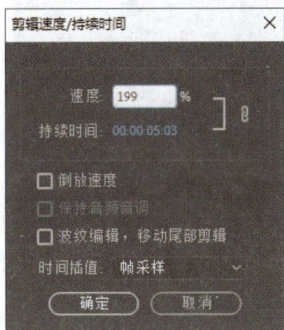

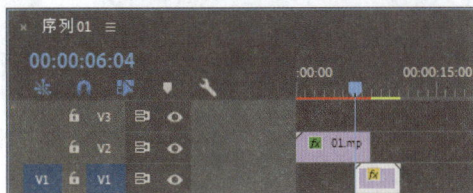

图 4-51   图 4-52

步骤 8   在"效果"面板中单击"过渡"文件夹左侧的▶按钮将其展开，选中"百叶窗"特效，如图 4-53 所示。将"百叶窗"特效拖曳到时间轴面板的"V2"轨道中的"01"文件上，制作视频过渡效果。将播放指示器放置在 06:13s 的位置。在"效果控件"面板中展开"百叶窗"选项，单击"过渡完成"选项左侧的"切换动画"按钮💿，如图 4-54 所示，记录第 1 个动画关键帧。

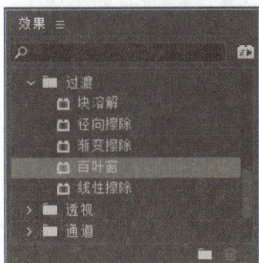

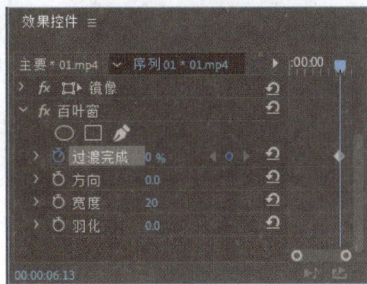

图 4-53   图 4-54

步骤 9   将播放指示器放置在 07:24s 的位置。在"效果控件"面板中将"过渡完成"选项设置为 100%，如图 4-55 所示，记录第 2 个动画关键帧。将播放指示器放置在 00:00s 的位置。在"项目"面板中，选中"03"文件并将其拖曳到时间轴面板的"V3"轨道中，如图 4-56 所示。

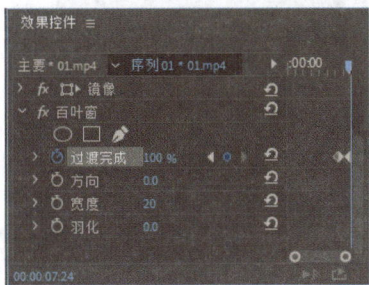

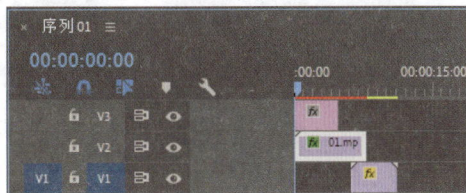

图 4-55   图 4-56

步骤 10   选择时间轴面板中的"03"文件。在"效果控件"面板中展开"不透明度"选项，将"不透明度"选项设置为 0.0%，如图 4-57 所示，记录第 1 个动画关键帧。将播放指示器放置在 00:19s 的位置。在"效果控件"面板中将"不透明度"选项设置为 100.0%，如图 4-58 所示，记录第 2 个动画关键帧。

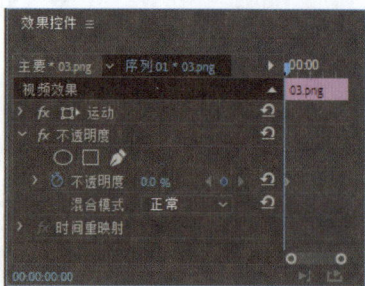
图 4-57

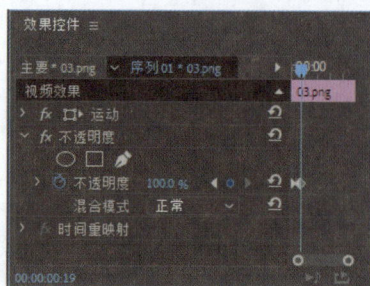
图 4-58

步骤 11 在"效果"面板中单击"风格化"文件夹左侧的▶按钮将其展开，选中"彩色浮雕"特效，如图 4-59 所示。将"彩色浮雕"特效拖曳到时间轴面板的"V3"轨道中的"03"文件上，制作文字立体效果。在"效果控件"面板中展开"彩色浮雕"选项，将"与原始图像混合"选项设置为 50%，如图 4-60 所示。

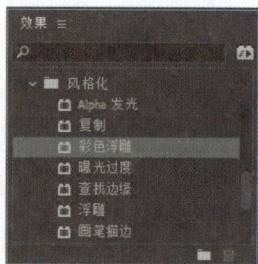
图 4-59

图 4-60

步骤 12 在"效果"面板中单击"透视"文件夹左侧的▶按钮将其展开，选中"投影"特效，如图 4-61 所示。将"投影"特效拖曳到时间轴面板的"V3"轨道中的"03"文件上，制作文字立体效果，如图 4-62 所示。城市风光宣传片制作完成。

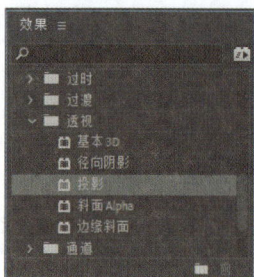
图 4-61

图 4-62

4.2.3 【相关工具】

1. 变换

"变换"特效主要通过对图像进行变换来制作出翻转、羽化和裁剪等效果，其中包含 4 种特效。

◎ 垂直翻转

该特效可以将图像沿水平轴垂直翻转。应用"垂直翻转"特效前、后的效果如图 4-63 和图 4-64 所示。

图 4-63　　　　　　　　　　　　　图 4-64

◎ 水平翻转

　　该特效可以将图像沿垂直轴水平翻转。应用"水平翻转"特效前、后的效果如图 4-65 和图 4-66 所示。

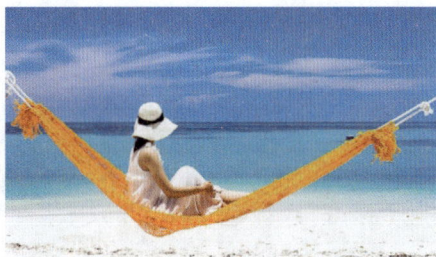

图 4-65　　　　　　　　　　　　　图 4-66

◎ 羽化边缘

　　该特效可以对图像的边缘进行虚化。应用该特效后，其参数面板如图 4-67 所示。

　　数量：用于设置羽化边缘的大小。

　　应用"羽化边缘"特效前、后的效果如图 4-68 和图 4-69 所示。

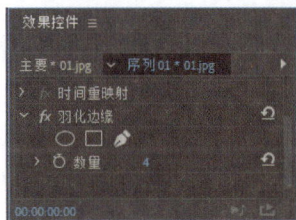

图 4-67　　　　　　　　　　图 4-68　　　　　　　　　　图 4-69

◎ 裁剪

　　该特效用于裁剪图像。应用该特效后，其参数面板如图 4-70 所示。

　　左侧：用于设置左侧的裁剪数值。

　　顶部：用于设置顶部的裁剪数值。

　　右侧：用于设置右侧的裁剪数值。

　　底部：用于设置底部的裁剪数值。

　　缩放：勾选此复选框，可缩放图像。

　　羽化边缘：用于设置图像边缘的羽化值。

　　应用"裁剪"特效前、后的效果如图 4-71 和图 4-72 所示。

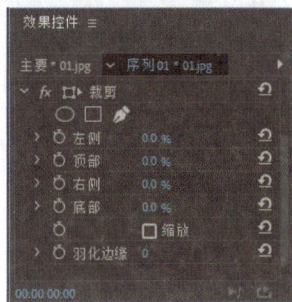

图 4-70

图 4-71　　　　　　　　　　　　　图 4-72

2. 实用程序

"实用程序"特效只包含"Cineon 转换器"一种特效，该特效主要使用 Cineon 转换器对图像色调进行调整和设置。应用该特效后，其参数面板如图 4-73 所示。应用"Cineon 转换器"特效前、后的效果如图 4-74 和图 4-75 所示。

图 4-73　　　　　　　　　图 4-74　　　　　　　　　图 4-75

3. 扭曲

"扭曲"特效主要通过对图像进行几何扭曲变形来制作出各种画面变形效果，其中包含 12 种特效。

◎ 偏移

该特效可以根据设置的偏移量对图像进行位移。应用该特效后，其参数面板如图 4-76 所示。

将中心移位至：设置偏移的中心点坐标值。

与原始图像混合：设置偏移的程度，数值越大，偏移效果越明显。

应用"偏移"特效前、后的效果如图 4-77 和图 4-78 所示。

图 4-76　　　　　　　　　图 4-77　　　　　　　　　图 4-78

◎ 变形稳定器

该特效会对需要稳定的素材自动进行分析，操作简单方便，并且在稳定的同时还能够使图像在剪裁、缩放等方面得到较好的控制。

◎ 变换

该特效用于对图像的位置、尺寸、不透明度及倾斜度等进行综合设置。应用该特效后，其参数面板如图 4-79 所示。

锚点：用于设置定位点的坐标值。

位置：用于设置素材在屏幕中的位置。

等比缩放：勾选此复选框，将只能成比例地缩放素材；不勾选此复选框，将显示"缩放宽度"和"缩放高度"选项，用于设置素材的宽度和高度。

倾斜：用于设置素材的倾斜度。

倾斜轴：用于设置倾斜轴的角度。

旋转：用于设置素材的放置角度。

不透明度：用于设置素材的不透明度。

快门角度：用于设置素材的遮挡角度。

采样：用于选择采样方式，包含"双线性"和"双立方"。

应用"变换"特效前、后的效果如图 4-80 和图 4-81 所示。

图 4-79

图 4-80

图 4-81

◎ 放大

该特效可以将素材的某一区域放大，并可以调整放大区域的不透明度，羽化放大区域的边缘。应用该特效后，其参数面板如图 4-82 所示。

形状：用于设置放大区域的形状。

中央：用于设置放大区域中心点的坐标值。

放大率：用于设置放大区域的放大倍数。

链接：用于选择放大区域的放大模式。

大小：用于设置放大区域的尺寸。

羽化：用于设置放大区域的羽化值。

不透明度：用于设置放大区域的不透明度。

缩放：用于设置放大区域的缩放方式。

混合模式：用于设置放大区域颜色与原图颜色的混合模式。

图 4-82

调整图层大小：只有在"链接"下拉列表框中选择了"无"选项，才能勾选该复选框。

应用"放大"特效前、后的效果如图 4-83 和图 4-84 所示。

图 4-83

图 4-84

◎ 旋转扭曲

该特效可以使图像产生沿中心点旋转的效果。应用该特效后，其参数面板如图 4-85 所示。

角度：用于设置旋涡的旋转角度。

旋转扭曲半径：用于设置旋涡的半径。

旋转扭曲中心：用于设置旋涡的中心点位置。

应用"旋转扭曲"特效前、后的效果如图 4-86 和图 4-87 所示。

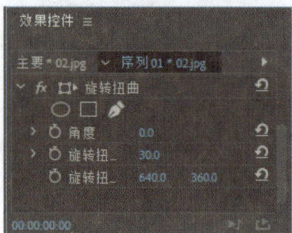

图 4-85　　　　　　　　　图 4-86　　　　　　　　　图 4-87

◎ 果冻效应修复

该特效可以修复因摄像机或拍摄对象移动而产生的延迟时间形成的扭曲。应用该特效后，其参数面板如图 4-88 所示。

果冻效应比率：指定帧速率（扫描时间）的百分比。

扫描方向：指定产生果冻效应扫描的方向。

方法：指定是否使用光流分析和像素运动重定时来生成变形的帧（像素运动），或者是否使用稀疏点跟踪及变形方法（变形）。

详细分析：在变形中进行更详细的分析。

像素运动细节：指定光流矢量场计算的详细程度。

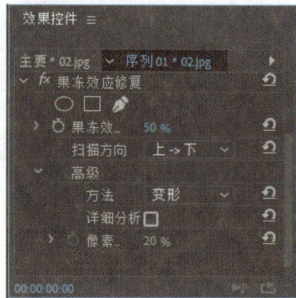

图 4-88

◎ 波形变形

该特效的效果类似于波纹效果。该特效可以对波纹的形状、方向及宽度等进行设置。应用该特效后，其参数面板如图 4-89 所示。

波形类型：用于选择波形的类型。

波形高度 / 波形宽度：用于设置波形的高度（振幅）与宽度（波长）。

方向：用于设置波形旋转的角度。

波形速度：用于设置波形的运动速度。

固定：用于选择波形的固定区域。

相位：用于设置波形的角度。

消除锯齿（最佳品质）：用于选择"波形变形"特效的质量。

应用"波形变形"特效前、后的效果如图 4-90 和图 4-91 所示。

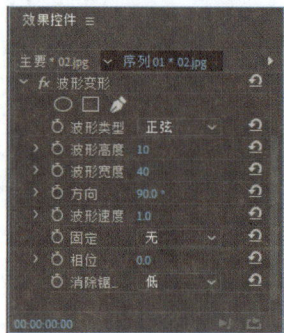

图 4-89

图 4-90　　　　　　　　　　　　　　图 4-91

◎ 湍流置换

该特效可以使素材产生类似于流水、旗帜飘动和"哈哈镜"等的扭曲效果。应用该特效后，其参数面板如图 4-92 所示。

置换：用于设置湍流的类型，包含湍流、凸出、扭转、湍流较平滑、凸出较平滑、扭转较平滑、垂直置换、水平置换和交叉置换。

数量：用于设置湍流的数量。

大小：用于设置湍流区域的大小。

偏移（湍流）：用于设置湍流的分形部分。

复杂度：用于设置湍流的细节部分。

演化：用于设置随时间变化的湍流效果。

演化选项：用于设置湍流在短周期内的演化效果。

固定：用于设置湍流固定的范围。

消除锯齿（最佳品质）：用于设置"湍流置换"特效的质量。

应用"湍流置换"特效前、后的效果如图 4-93 和图 4-94 所示。

图 4-92

图 4-93

图 4-94

◎ 球面化

应用该特效可以在图像中制作出球面效果。应用该特效后，其参数面板如图 4-95 所示。

半径：用于设置球形的半径值。

球面中心：用于设置产生的球面效果的中心点位置。

应用"球面化"特效前、后的效果如图 4-96 和图 4-97 所示。

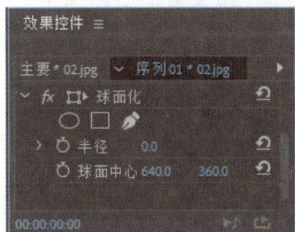
图 4-95

图 4-96

图 4-97

◎ 边角定位

应用该特效，可以使图像的 4 个顶点发生变化，以达到变形效果。应用该特效后，其参数面板如图 4-98 所示。单击"边角定位"按钮，"节目"面板中图像的 4 个角上将出现 4 个控制柄，调整控制柄的位置就可以改变图像的形状。

左上：用于调整图像左上角的位置。

右上：用于调整图像右上角的位置。

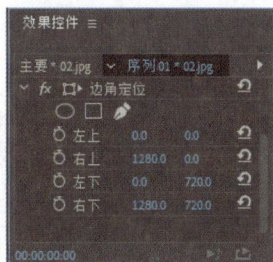
图 4-98

左下：用于调整图像左下角的位置。

右下：用于调整图像右下角的位置。

应用"边角定位"特效前、后的效果如图 4-99 和图 4-100 所示。

图 4-99

图 4-100

◎ 镜像

应用该特效可以将图像沿一条直线分割为两个部分，制作出镜像效果。应用该特效后，其参数面板如图 4-101 所示。

反射中心：用于设置镜像效果中心点的坐标值。

反射角度：用于设置镜像效果的角度。

应用"镜像"特效前、后的效果如图 4-102 和图 4-103 所示。

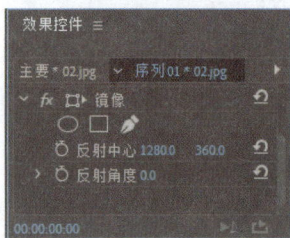

图 4-101

图 4-102

图 4-103

◎ 镜头扭曲

该特效可以模拟出从变形透镜中观看图像的效果。应用该特效后，其参数面板如图 4-104 所示。

曲率：用于设置图像的弯曲程度，值为 0 以上时将缩小图像，值为 0 以下时将放大图像。

垂直偏移：用于设置弯曲中心点在垂直方向上的位置。

水平偏移：用于设置弯曲中心点在水平方向上的位置。

垂直棱镜效果：用于设置图像左、右两边的弧度。

水平棱镜效果：用于设置图像上、下两边的弧度。

填充 Alpha：勾选此复选框，可使背景变透明。

填充颜色：用于设置背景颜色。

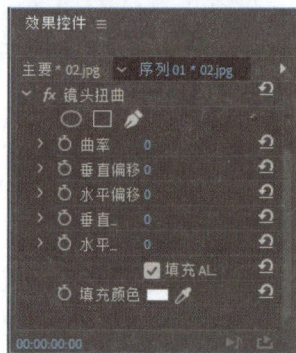

图 4-104

应用"镜头扭曲"特效前、后的效果如图 4-105 和图 4-106 所示。

图 4-105

图 4-106

4．时间

"时间"特效用于对素材的时间特性进行控制，其中包含 4 种特效。

◎ 像素运动模糊

该特效可以使素材产生运动模糊效果。应用该特效后，其参数面板如图 4-107 所示。

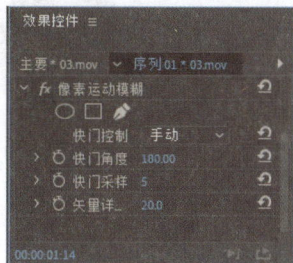

图 4-107

快门控制：用于设置运动模糊的快门控制方式。

快门角度：用于设置运动模糊的快门角度。

快门采样：用于设置运动模糊的快门采样率。

矢量详细信息：用于设置矢量详细信息的数量。

◎ 时间扭曲

该特效可以使素材产生时间扭曲的效果。应用该特效后，其参数面板如图 4-108 所示。

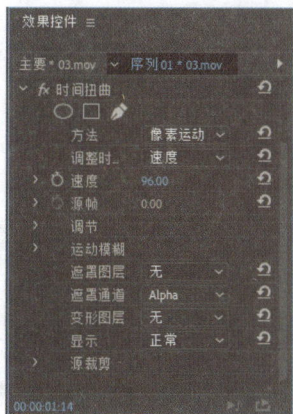

图 4-108

方法：用于设置时间扭曲的方法。

调整时间方式：用于设置时间扭曲的调整方式。

速度：用于设置时间扭曲的速度。

源帧：用于设置时间扭曲的源帧。

调节：用于调整平滑、滤镜、块大小等选项。

运动模糊：用于启用和设置运动模糊效果。

遮罩图层 / 遮罩通道：用于设置遮罩的图层和通道。

变形图层：用于设置扭曲变形的图层。

显示：用于设置时间扭曲的显示方式。

源裁剪：用于设置时间扭曲的裁剪方法。

应用"时间扭曲"特效前后的效果如图 4-109 和图 4-110 所示。

图 4-109

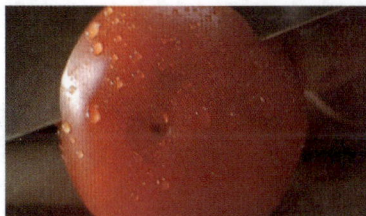

图 4-110

◎ 残影

该特效可以使素材中不同时间的多个帧同时播放，从而产生条纹和反射的效果。应用该特效后，其参数面板如图 4-111 所示。

图 4-111

残影时间（秒）：用于设置两个混合图像之间的时间间隔。

残影数量：用于设置重复帧的数量。

起始强度：用于设置素材的亮度。

衰减：用于设置组合素材强度减弱的比例。

残影运算符：用于设置回声与素材之间的模式。

应用"残影"特效前后的效果如图 4-112 和图 4-113 所示。

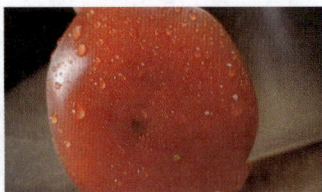

图 4-112　　　　　　　　　　　　图 4-113

◎ 色调分离时间

该特效可以为素材设定一个帧率进行播放，从而产生跳帧的效果。应用该特效后，其参数面板如图 4-114 所示。

该特效只有"帧速率"一项参数可以设置，当修改素材默认的帧速率后，素材就会按照指定的帧速率进行播放，从而产生跳帧播放的效果。

5. 杂色与颗粒

"杂色与颗粒"特效主要用于去除素材画面中的擦痕及噪点，其中包含 6 种特效。

◎ 中间值

该特效用于将图像中的每一个像素都用它周围像素的 RGB 平均值来代替，从而达到平均整个画面的色值、得到艺术效果的目的。应用"中间值"特效前、后的效果如图 4-115 和图 4-116 所示。

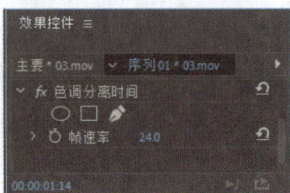

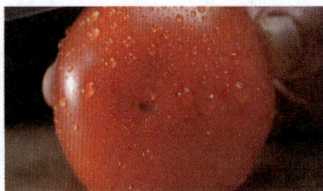

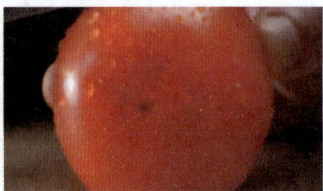

图 4-114　　　　　　　　　图 4-115　　　　　　　　　图 4-116

◎ 杂色

应用该特效后，将在画面中添加模拟的噪点效果。应用"杂色"特效前、后的效果如图 4-117 和图 4-118 所示。

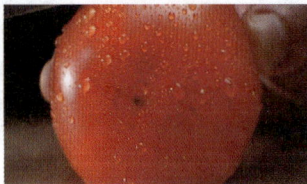

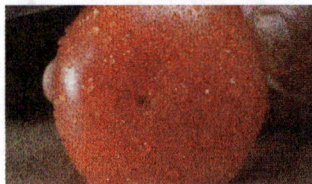

图 4-117　　　　　　　　　　　　图 4-118

◎ 杂色 Alpha

该特效可以在一个素材的通道中添加均匀或方形的噪波。应用"杂色 Alpha"特效前、后的效果如图 4-119 和图 4-120 所示。

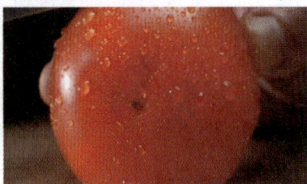

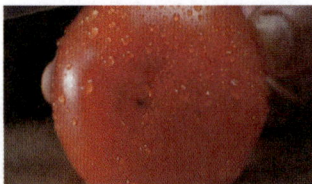

图 4-119　　　　　　　　　　　　图 4-120

◎ 杂色 HLS

该特效可以根据图像的色相、亮度和饱和度添加不规则的噪点。
应用该特效后，其参数面板如图 4-121 所示。

杂色：用于设置颗粒的类型。

色相：用于设置色相通道产生杂质的强度。

亮度：用于设置亮度通道产生杂质的强度。

饱和度：用于设置饱和度通道产生杂质的强度。

颗粒大小：用于设置在图像中添加的杂质的颗粒大小。

杂色相位：用于设置杂质的相位。

应用"杂色 HLS"特效前、后的效果如图 4-122 和图 4-123 所示。

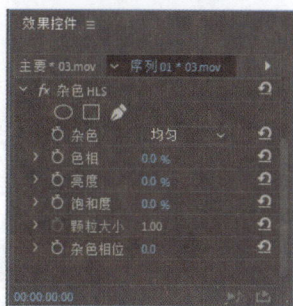
图 4-121

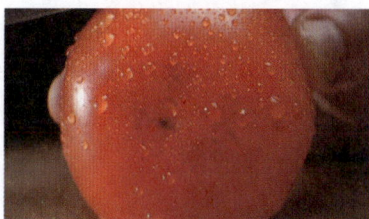
图 4-122

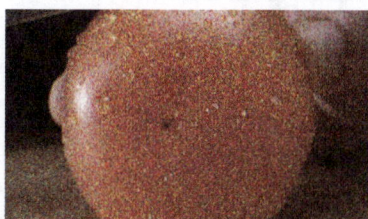
图 4-123

◎ 杂色 HLS 自动

该特效可以为图像添加杂色，并可以设置这些杂色的色彩、亮度、颗粒大小和饱和度，以及杂
质的运动速率。应用"杂色 HLS 自动"特效前、后的效果如图 4-124 和图 4-125 所示。

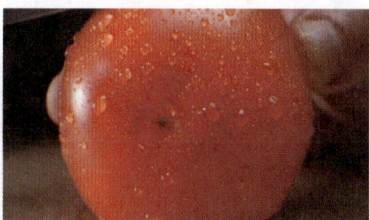
图 4-124

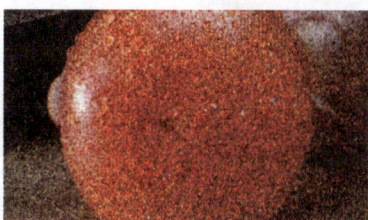
图 4-125

◎ 蒙尘与划痕

该特效可以减少图像中的杂色，以达到平衡整个图像色彩的效果。应用该特效后，其参数面板
如图 4-126 所示。

半径：用于设置产生的柔化效果的半径范围。

阈值：用于设置柔化的强度。

应用"蒙尘与划痕"特效前、后的效果如图 4-127 和图 4-128 所示。

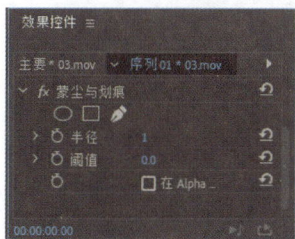
图 4-126

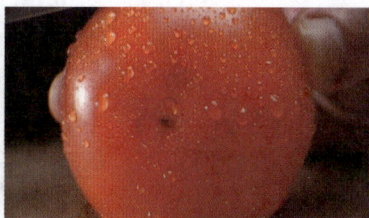
图 4-127

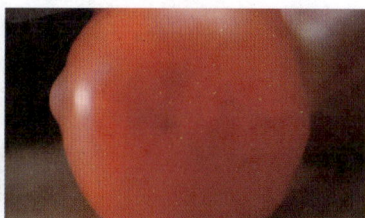
图 4-128

6. 模糊与锐化

"模糊与锐化"特效主要用于对画面进行模糊或锐化处理，其中包含8种特效。

◎ 减少交错闪烁

该特效主要通过减少交错闪烁来产生模糊效果。应用该特效后，其参数面板如图 4-129 所示。应用"减少交错闪烁"特效前、后的效果如图 4-130 和图 4-131 所示。

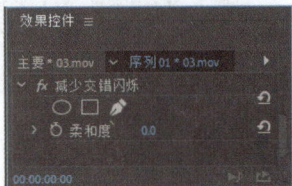  

图 4-129　　　　　　　图 4-130　　　　　　　图 4-131

◎ 复合模糊

该特效主要通过模拟摄像机快速变焦和旋转镜头的效果来产生具有视觉冲击力的模糊效果。应用该特效后，其参数面板如图 4-132 所示。

模糊图层：用于选择要模糊的视频轨道。

最大模糊：用于对模糊的数值进行调节。

伸缩对应图以适应：勾选此复选框，可以对使用了模糊效果的素材进行拉伸处理。

反转模糊：用于反转当前设置的效果。

应用"复合模糊"特效前、后的效果如图 4-133 和图 4-134 所示。

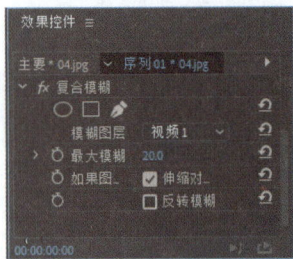  

图 4-132　　　　　　　图 4-133　　　　　　　图 4-134

◎ 方向模糊

该特效可以在图像中产生一个有方向的模糊效果，使图像产生一种运动效果。应用该特效后，其参数面板如图 4-135 所示。

方向：用于设置模糊方向。

模糊长度：用于设置图像模糊的程度，拖曳滑块调整数值，其数值范围为 0 ~ 20；当需要用到大于 20 的数值时，可以单击选项右侧带下划线的数值，将参数文本框激活，然后输入需要的数值。

应用"方向模糊"特效前、后的效果如图 4-136 和图 4-137 所示。

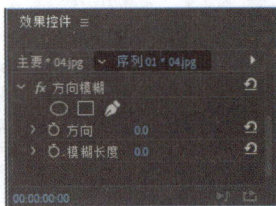  

图 4-135　　　　　　　图 4-136　　　　　　　图 4-137

◎ 相机模糊

该特效可以使图像产生离开摄像机焦点范围时的"虚焦"效果。应用该特效后，其参数面板如图 4-138 所示。

应用"相机模糊"特效前、后的图像效果如图 4-139 和图 4-140 所示。

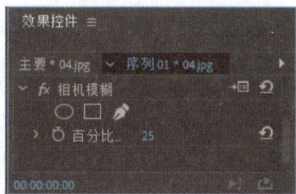  

图 4-138　　　　　　　图 4-139　　　　　　　图 4-140

◎ 通道模糊

该特效可以对图像的红色、绿色、蓝色和 Alpha 通道分别进行模糊，还可以指定模糊的方向是水平、垂直还是双向。使用这个特效可以产生辉光效果，或将图像的边缘周围变得透明。应用该特效后，其参数面板如图 4-141 所示。

红色模糊度：设置红色通道的模糊程度。

绿色模糊度：设置绿色通道的模糊程度。

蓝色模糊度：设置蓝色通道的模糊程度。

Alpha 模糊度：设置 Alpha 通道的模糊程度。

边缘特性：勾选"重复边缘像素"复选框，可以使图像的边缘透明化。

模糊维度：设置图像的模糊方向，包括水平和垂直、水平及垂直 3 种方式。

应用"通道模糊"特效前、后的效果如图 4-142 和图 4-143 所示。

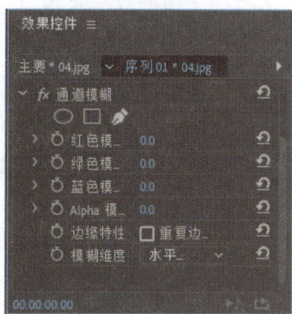

图 4-141

◎ 钝化蒙版

该特效可以调整图像中色彩的锐化程度。应用该特效后，其参数面板如图 4-144 所示。

数量：用于设置颜色边缘的差别值。

半径：用于设置颜色边缘产生差别的范围。

阈值：用于设置颜色边缘之间允许的差别范围，值越小，锐化效果越明显。

应用"钝化蒙版"特效前、后的效果如图 4-145 和图 4-146 所示。

图 4-142

图 4-143

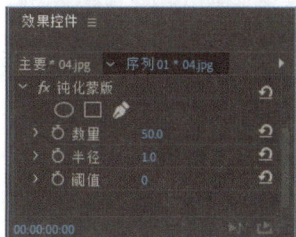  

图 4-144　　　　　　　图 4-145　　　　　　　图 4-146

◎ 锐化

该特效通过增强相邻像素间的对比度使图像变清晰。应用该特效后，其参数面板如图 4-147 所示。

锐化量：用于调整画面的锐化程度。

应用"锐化"特效前、后的效果如图 4-148 和图 4-149 所示。

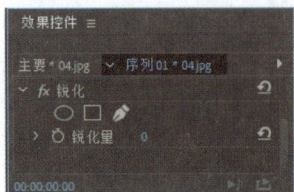

图 4-147

图 4-148

图 4-149

◎ 高斯模糊

该特效可以大幅度地模糊图像，使其产生虚化效果。应用该特效后，其参数面板如图 4-150 所示。

模糊度：用于调节图像的模糊程度。

模糊尺寸：用于控制图像的模糊尺寸，包括水平和垂直、水平、垂直 3 种方式。

应用"高斯模糊"特效前、后的效果如图 4-151 和图 4-152 所示。

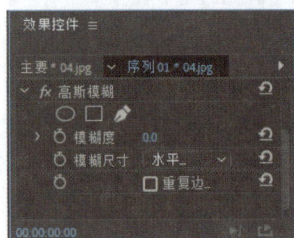

图 4-150

图 4-151

图 4-152

7. 沉浸式视频

"沉浸式视频"特效是一种通过虚拟现实技术实现的特效，与"沉浸过渡"特效相同，其中包含 11 种特效。

◎ VR 分形杂色

该特效可以在素材中添加不同类型和不同布局的分形杂色。应用该特效后，其参数面板如图 4-153 所示。

分形类型：用于设置分形杂色的类型。

对比度：用于调整分形杂色的对比度。

亮度：用于调整分形杂色的亮度。

反转：用于反转分形杂色的颜色通道。

复杂度：用于设置分形杂色的复杂程度。

演化：用于设置分形杂色的演化效果。

变换：用于设置分形杂色的缩放、倾斜、平移和滚动的值。

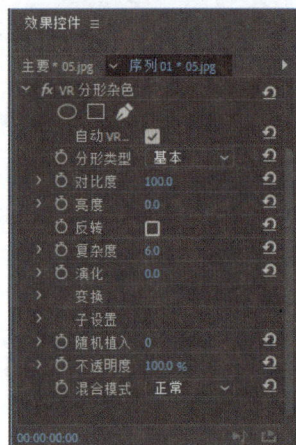

图 4-153

子设置：用于设置分形杂色的自影响、子缩放、子倾斜、子平移和子滚动的值。

随机植入：用于设置分形杂色的随机速度。

不透明度：用于调整效果的不透明度。

混合模式：用于设置分形杂色与原始图像的混合模式。

应用 "VR 分形杂色" 特效前、后的效果如图 4-154 和图 4-155 所示。

图 4-154

图 4-155

◎ VR 发光

该特效可以在素材中添加发光效果。其发光颜色可以和色调颜色混合。应用该特效后，其参数面板如图 4-156 所示。

亮度阈值：用于设置图像中的发光区域。

发光半径：用于设置光晕的半径。

发光亮度：用于设置发光的亮度。

发光饱和度：设置发光的饱和。

使用色调颜色：勾选此复选框，可以混合色调颜色与生成的发光颜色。

色调颜色：用于设置色调的颜色。

应用 "VR 发光" 特效前、后的效果如图 4-157 和图 4-158 所示。

图 4-156

图 4-157

图 4-158

◎ VR 平面到球面

该特效可以让素材产生由平面到球面的变化效果，多用于文本、徽标、图形和其他 2D 元素。应用 "VR 平面到球面" 特效前、后的效果如图 4-159 和图 4-160 所示。

图 4-159

图 4-160

◎ VR 投影

该特效可以调整素材的布局、倾斜、平移和滚动参数以产生投影效果。应用 "VR 投影" 特效前、后的效果如图 4-161 和图 4-162 所示。

图 4-161

图 4-162

◎ VR 数字故障

该特效可以让素材产生被数字信号故障干扰的效果。应用"VR 数字故障"特效前、后的效果如图 4-163 和图 4-164 所示。

图 4-163

图 4-164

◎ VR 旋转球面

该特效可以调整素材的倾斜、平移和滚动参数以产生旋转球面效果。应用"VR 旋转球面"特效前、后的效果如图 4-165 和图 4-166 所示。

图 4-165

图 4-166

◎ VR 模糊

该特效可以让素材产生无缝、精确的模糊效果。应用"VR 模糊"特效前、后的效果如图 4-167 和图 4-168 所示。

图 4-167

图 4-168

◎ VR 色差

该特效可以调整素材中通道的色差以产生色相分离的效果。应用"VR 色差"特效前、后的效果如图 4-169 和图 4-170 所示。

图 4-169

图 4-170

◎ VR 锐化

该特效可以调整素材的锐化程度。应用"VR 锐化"特效前、后的效果如图 4-171 和图 4-172 所示。

图 4-171

图 4-172

◎ VR 降噪

该特效可以减少素材的噪点。应用"VR 降噪"特效前、后的效果如图 4-173 和图 4-174 所示。

图 4-173

图 4-174

◎ VR 颜色渐变

该特效可以为素材添加渐变色点。应用"VR 颜色渐变"特效前、后的效果如图 4-175 和图 4-176 所示。

图 4-175

图 4-176

8. 生成

"生成"特效主要用来生成一些特殊效果，其中包含 12 种特效。

◎ 书写

该特效用于在图像上进行随意绘制。应用"书写"特效前、后的效果如图 4-177 和图 4-178 所示。

图 4-177

图 4-178

◎ 单元格图案

该特效可以创建多种类似细胞的单元格图案拼合效果。应用该特效后，其参数面板如图 4-179 所示。

单元格图案：选择图案的类型，包括"气泡""晶体""印板""静态板""晶格化""枕状""晶体 HQ""印板 HQ""静态板 HQ""晶格化 HQ""混合晶体""管状"。

反转：勾选此复选框，可以反转图案效果。

对比度：设置单元格颜色的对比度。

溢出：用于重新映射位于灰度范围 0~255 之外的值；如果选择了基于锐度的单元格图案，则"溢出"选项不可用。

分散：设置图案的分散程度。

大小：设置单个图案的大小。

偏移：设置图案偏离中心点的量。

平铺选项：在该选项下勾选"启用平铺"复选框后，可以设置水平单元格和垂直单元格的数值。

演化：设置单元格图案的角度。

演化选项：设置循环演化的旋转次数和随机植入速度。

应用"单元格图案"特效前、后的效果如图 4-180 和图 4-181 所示。

图 4-179

图 4-180

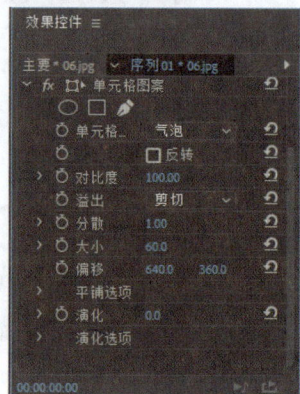

图 4-181

◎ 吸管填充

该特效可以将采样的颜色应用于整个图像。应用"吸管填充"特效前、后的效果如图 4-182 和图 4-183 所示。

图 4-182

图 4-183

◎ 四色渐变

该特效可以使用 4 种颜色填充整个图像。应用"四色渐变"特效前、后的效果如图 4-184 和图 4-185 所示。

图 4-184

图 4-185

◎ 圆形

该特效可以在图像中绘制圆形。应用"圆形"特效前、后的效果如图 4-186 和图 4-187 所示。

图 4-186

图 4-187

◎ 棋盘

该特效能在图像上创建棋盘格图案效果。应用"棋盘"特效前、后的效果如图 4-188 和图 4-189 所示。

图 4-188

图 4-189

◎ 椭圆

该特效可以在图像中绘制一个椭圆形的圆环。应用"椭圆"特效前、后的效果如图 4-190 和图 4-191 所示。

图 4-190

图 4-191

◎ 油漆桶

该特效可以将一种颜色填充到图像中的某种颜色范围内。应用"油漆桶"特效前、后的效果如图 4-192 和图 4-193 所示。

图 4-192

图 4-193

◎ 渐变

该特效可以在图像中创建渐变效果。应用"渐变"特效前、后的效果如图 4-194 和图 4-195 所示。

图 4-194

图 4-195

◎ 网格

该特效可以在图像中创建网格图形。应用"网格"特效前、后的效果如图 4-196 和图 4-197 所示。

图 4-196

图 4-197

◎ 镜头光晕

该特效可以模拟用镜头拍摄到发光物体时，光线经过多片镜头而产生很多个光环的效果。它是后期制作中经常使用的特效，用于改善画面效果。应用该特效后，其参数面板如图 4-198 所示。

光晕中心：设置发光点的中心位置。

光晕亮度：设置光晕的亮度。

镜头类型：选择镜头的类型，包含"50 ～ 300"毫米变焦"35 毫米定焦""105 毫米定焦"。

与原始图像混合：设置光环和原图像的混合程度。

应用"镜头光晕"特效前、后的效果如图 4-199 和图 4-200 所示。

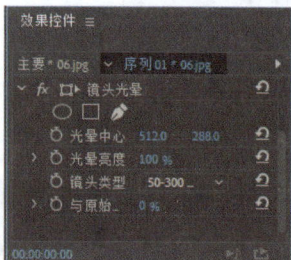
图 4-198

图 4-199

图 4-200

◎ 闪电

该特效可以用来模拟真实的闪电和放电效果。应用该特效后，其参数面板如图 4-201 所示。

起始点：用于设置闪电的起始位置。

结束点：用于设置闪电的结束位置。

分段：用于设置闪电的线条数量。

振幅：用于设置闪电的波动幅度。

细节级别 / 细节振幅：用于设置添加到闪电主干和闪电任意分支的细节。

分支：设置闪电的分支数量。

再分支：设置闪电的分支的分支的数量。

分支角度：用于设置闪电分支和闪电主干之间的角度。

分支段长度：用于设置每个分支段的平均长度。

分支段：用于设置每个分支的最大分段数。

分支宽度：用于设置每个分支的宽度。

速度：用于设置闪电的变化速度。

稳定性：用于设置闪电的起始点和结束点之间的接近程度。

固定端点：用于设置闪电的结束点是否保持在固定位置。

宽度：用于设置闪电主干的宽度。

宽度变化：用于设置闪电主干的宽度变化。

核心宽度：用于设置闪电的内发光的宽度。

外部颜色：用于设置闪电的外发光颜色。

内部颜色：用于设置闪电的内发光颜色。

拉力：用于设置拉动闪电的力的大小。

拖拉方向：用于设置拖拉闪电的方向。

随机植入：用于设置闪电随机生成杂色的级别。

混合模式：用于设置闪电和原图像的混合模式。

在每一帧处重新运行：用于设置在每一帧处重新生成闪电。

应用"闪电"特效前、后的效果如图 4-202 和图 4-203 所示。

图 4-201

图 4-202

图 4-203

9. 视频

"视频"特效用于对视频特性进行控制，其中包含 4 种特效。

◎ SDR 遵从情况

该特效可以调整素材的亮度、对比度和软阈值。应用"SDR 遵从情况"特效前、后的效果如图 4-204

和图 4-205 所示。

图 4-204

图 4-205

◎ 剪辑名称

该特效可以在素材画面上显示出素材名称。应用"剪辑名称"特效前、后的效果如图 4-206 和图 4-207 所示。

图 4-206

图 4-207

◎ 时间码

该特效可以在素材画面中插入时间码信息。应用"时间码"特效前、后的效果如图 4-208 和图 4-209 所示。

图 4-208

图 4-209

◎ 简单文本

该特效可以在素材画面中插入介绍性文字。应用"简单文本"特效前、后的效果如图 4-210 和图 4-211 所示。

图 4-210

图 4-211

10. 过渡

"过渡"特效主要用于进行两个图像之间的切换，其中包含 5 种特效。

◎ 块溶解

该特效通过随机产生的板块对图像进行溶解。应用该特效后，其参数面板如图 4-212 所示。

过渡完成：用于设置切换完成的百分比，数值为 100% 时完全显示切换后的图像。

块宽度 / 块高度：用于设置板块的宽度与高度。

羽化：用于设置板块边缘的羽化程度。

柔化边缘：勾选此复选框，将对板块边缘进行柔化处理。

应用"块溶解"特效前、后的效果如图 4-213 和图 4-214 所示。

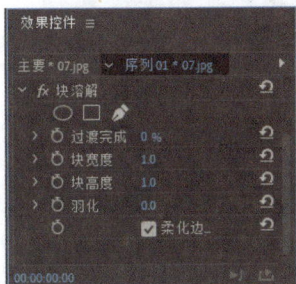
图 4-212

图 4-213

图 4-214

◎ 径向擦除

应用该特效，可以围绕中心点以旋转的方式进行图像的擦除。应用该特效后，其参数面板如图 4-215 所示。

过渡完成：用于设置切换完成的百分比。

起始角度：用于设置切换效果的起始角度。

擦除中心：用于设置擦除的中心点位置。

擦除：用于设置擦除的类型。

羽化：用于设置擦除边缘的羽化程度。

应用"径向擦除"特效前、后的效果如图 4-216 和图 4-217 所示。

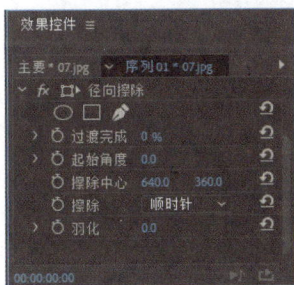
图 4-215

图 4-216

图 4-217

◎ 渐变擦除

该特效可以根据两个图层（指定图层和原图层）的亮度值建立一个渐变图层，在指定图层和原图层之间进行渐变切换。应用该特效后，其参数面板如图 4-218 所示。

过渡完成：用于设置切换完成的百分比。

过渡柔和度：用于设置切换边缘的柔和程度。

渐变图层：用于选择作为参考的渐变图层。

渐变放置：用于设置放置渐变图层的位置。

反转渐变：勾选此复选框，将对渐变图层进行反转。

应用"渐变擦除"特效前、后的效果如图 4-219 和图 4-220 所示。

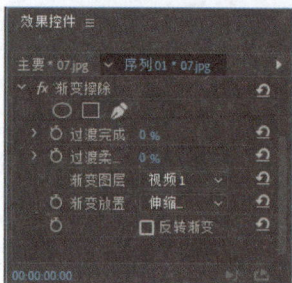
图 4-218

图 4-219

图 4-220

◎ 百叶窗

该特效通过对图像进行百叶窗式的分割，形成图层之间的切换效果。应用该特效后，其参数面板如图 4-221 所示。

过渡完成：用于设置切换完成的百分比。

方向：用于设置分割图像的角度。

宽度：用于设置分割的宽度。

羽化：用于设置分割边缘的羽化程度。

应用"百叶窗"特效前、后的效果如图 4-222 和图 4-223 所示。

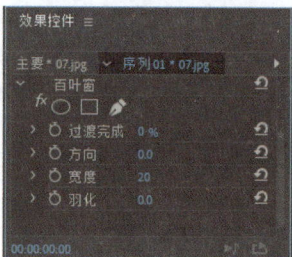
图 4-221

图 4-222

图 4-223

◎ 线性擦除

该特效以线条划过的方式形成擦除效果。应用该特效后，其参数面板如图 4-224 所示。

过渡完成：用于设置切换完成的百分比。

擦除角度：用于设置图像被擦除的角度。

羽化：用于设置擦除边缘的羽化程度。

应用"线性擦除"特效前、后的效果如图 4-225 和图 4-226 所示。

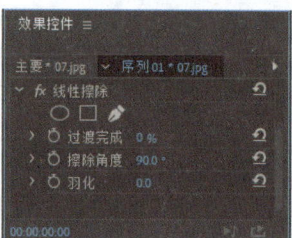
图 4-224

图 4-225

图 4-226

11. 透视

"透视"特效主要用于制作三维透视效果，使素材产生立体感或空间感，其中包含 5 种特效。

◎ 基本 3D

该特效可以模拟平面素材在三维空间中的运动效果，能够使素材绕水平和垂直的轴旋转，或者沿着虚拟的 z 轴移动，以靠近或远离屏幕。此外，使用该特效可以为旋转的素材表面添加反光效果。应用该特效后，其参数面板如图 4-227 所示。

旋转：设置素材水平旋转的角度，当旋转角度大于 90° 时，可以看到素材的背面。

倾斜：设置素材垂直旋转的角度。

与图像的距离：设置素材与屏幕的距离，数值越大，素材距离屏幕越远，看起来越小；数值越小，素材距离屏幕越近，看起来就越大；当数值为负时，素材会被放大并超出屏幕。

镜面高光：用于为素材添加反光效果。

预览：用于设置素材以线框的形式显示。

应用"基本 3D"特效前、后的效果如图 4-228 和图 4-229 所示。

◎ 径向阴影

该特效可以为素材添加阴影，并可通过原素材的 Alpha 值影响阴影的颜色。应用该特效后，其参数面板如图 4-230 所示。

阴影颜色：用于设置阴影的颜色。

不透明度：用于设置阴影的不透明度。

光源：用于调整阴影的位置。

投影距离：用于调整阴影与原素材之间的距离。

柔和度：用于设置阴影边缘的柔和程度。

渲染：用于选择阴影的类型。

颜色影响：原素材在阴影中的彩色值。如果这个素材没有透明元素，那么彩色值将不会受到影响，而且彩色值决定了阴影的颜色。

仅阴影：勾选此复选框，"节目"面板中将只显示素材的阴影。

调整图层大小：设置阴影可以超出原素材的界线。如果不勾选此复选框，阴影将只能在原素材的界线内显示。

应用"径向阴影"特效前、后的效果如图 4-231 和图 4-232 所示。

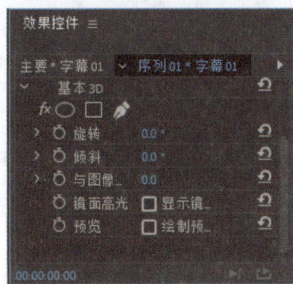
图 4-227

图 4-228

图 4-229

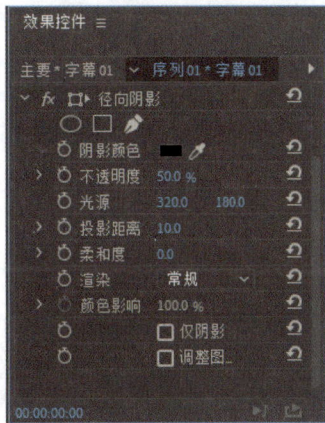
图 4-230

图 4-231

图 4-232

◎ 投影

该特效可以为素材添加阴影。应用该特效后，其参数面板如图
4-233 所示。

阴影颜色：用于设置阴影的颜色。

不透明度：用于设置阴影的不透明度。

方向：用于设置阴影的角度。

距离：用于设置阴影与原素材之间的距离。

柔和度：用于设置阴影边缘的柔和程度。

仅阴影：勾选此复选框，"节目"面板中将只显示素材的阴影。

应用"投影"特效前、后的效果如图 4-234 和图 4-235 所示。

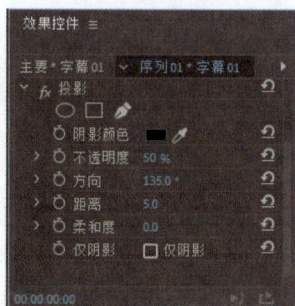

图 4-233

图 4-234

图 4-235

◎ 斜面 Alpha

该特效能够产生一个边缘斜面效果，并使素材的 Alpha 通道边界变亮；通常用于为一个二维图像赋予三维效果，如果素材没有 Alpha 通道或它的 Alpha 通道是完全不透明的，那么这个效果就会全应用到素材边缘。应用该特效后，其参数面板如图 4-236 所示。

边缘厚度：用于设置素材边缘的厚度。

光照角度：用于设置光线照射的角度。

光照颜色：用于选择光线的颜色。

光照强度：用于设置光线的强度。

应用"斜面 Alpha"特效前、后的效果如图 4-237 和图 4-238 所示。

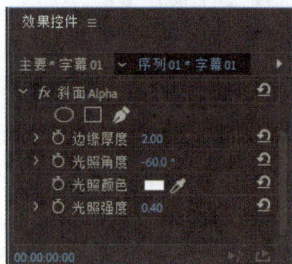

图 4-236

图 4-237

图 4-238

◎ 边缘斜面

该特效能够使素材边缘产生凿刻的、高亮的三维效果。边缘的位置由原素材的 Alpha 通道确定。与"斜面 Alpha"特效产生的边缘不同，该特效产生的边缘总是成直角的。应用该特效后，其参数面板如图 4-239 所示。

边缘厚度：设置素材边缘凿刻的厚度。

光照角度：设置光线照射的角度。

光照颜色：选择光线的颜色。

光照强度：设置光线的强度。

应用"边缘斜面"特效前、后的效果如图 4-240 和图 4-241 所示。

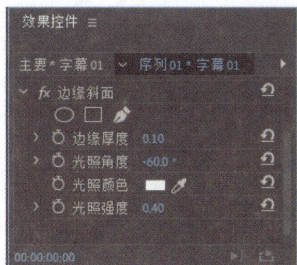

图 4-239　　　　　　　　图 4-240　　　　　　　　图 4-241

12. 通道

"通道"特效可以对素材的通道进行处理，实现对素材颜色、色调、饱和度和亮度等颜色属性的改变，其中包含 7 种特效。

◎ 反转

该特效将素材进行反色显示，使处理后的素材看起来像照片的底片。应用该特效前、后的效果如图 4-242 和图 4-243 所示。

图 4-242　　　　　　　　图 4-243

◎ 复合运算

该特效与"混合"特效类似，都是将两个重叠素材的颜色相互组合在一起。应用该特效后，其参数面板如图 4-244 所示。

第二个源图层：用于在当前操作中指定原始的图层。

运算符：用于选择两个素材的混合模式。

在通道上运算：用于选择对混合素材进行操作的通道。

溢出特性：用于选择两个素材混合后允许的颜色范围。

伸缩第二个源以适合：当原素材与混合素材大小不同时，若不勾选该复选框，混合素材与原素材将无法重合。

"与原始图像混合"：用于设置混合素材的透明值。

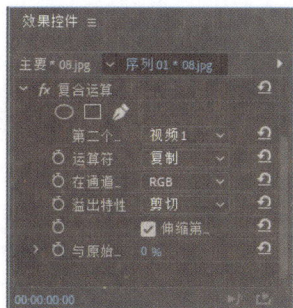

图 4-244

应用"复合运算"特效前、后的效果如图 4-245、图 4-246 和图 4-247 所示。

图 4-245　　　　　　　　图 4-246　　　　　　　　图 4-247

◎ 混合

该特效将两个通道中的素材按指定方式进行混合，从而达到改变素材色彩的目的。应用该特效后，其参数面板如图 4-248 所示。

与图层混合：选择混合素材所在的视频轨道。

模式：选择两个素材混合的模式。

与原始图像混合：设置所选素材与原素材的混合值，值越小效果越明显。

如果图层大小不同：当两个图层的尺寸不同时，该选项可对图层的对齐方式进行设置。

应用"混合"特效前、后的效果如图 4-249、图 4-250 和图 4-251 所示。

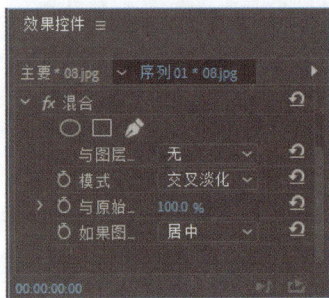
图 4-248

图 4-249

图 4-250

图 4-251

◎ 算术

该特效提供了各种用于图像通道的简单数学运算。应用该特效后，其参数面板如图 4-252 所示。

运算符：用于选择一种计算方式。

红色值：用于设置图像要进行计算的红色值。

绿色值：用于设置图像要进行计算的绿色值。

蓝色值：用于设置图像要进行计算的蓝色值。

剪切结果值：勾选此复选框后，可以防止得到超出有效范围的颜色值。

应用"算术"特效前、后的效果如图 4-253 和图 4-254 所示。

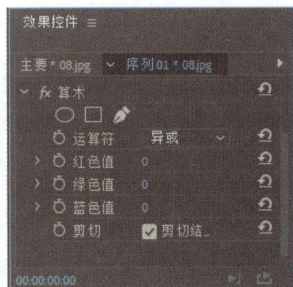
图 4-252

图 4-253

图 4-254

◎ 纯色合成

该特效可以用一种颜色填充合成图像，并将其放置在原素材的后面。应用该特效后，其参数面板如图 4-255 所示。

　　源不透明度：用于指定素材层的不透明度。

　　颜色：用于设置新填充图像的颜色。

　　不透明度：用于控制新填充图像的不透明度。

　　混合模式：用于设置素材层和新填充图像以何种方式进行混合。

　　应用"纯色合成"特效前、后的效果如图 4-256 和图 4-257 所示。

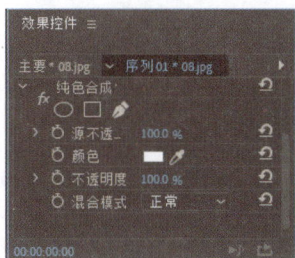
图 4-255

图 4-256

图 4-257

◎ 计算

　　该特效通过通道混合方式进行颜色的调整。应用该特效后，其参数面板如图 4-258 所示。

　　输入：用于设置原素材的显示方式。

　　第二个源：用于设置与原素材混合的素材。

　　混合模式：用于设置原素材与第二信号源的多种混合模式。

　　保持透明度：用于确保被影响素材的透明度不被修改。

　　应用"计算"特效前、后的效果如图 4-259、图 4-260 和图 4-261 所示。

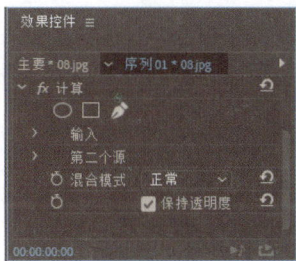
图 4-258

图 4-259

图 4-260

图 4-261

◎ 设置遮罩

　　该特效用当前图层的 Alpha 通道取代指定图层的 Alpha 通道，使之产生运动屏蔽的效果。应用该特效后，其参数面板如图 4-262 所示。

　　从图层获取遮罩：用于指定作为蒙版的图层。

用于遮罩：选择指定的蒙版图层中用于处理效果的通道。

反转遮罩：反转蒙版图层的透明度。

伸缩遮罩以适合：用于放大或缩小屏蔽图层，使之与当前图层适配。

将遮罩与原始图像合成：用于将遮罩与当前层的图像合成，而不是替换当前层的图像。

预乘遮罩图层：勾选该复选框，将软化蒙版图层的边缘。

应用"设置遮罩"特效前、后的效果如图 4-263、图 4-264 和图 4-265 所示。

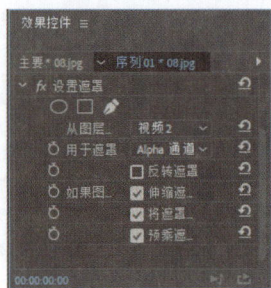

图 4-262

图 4-263

图 4-264

图 4-265

13. 风格化

"风格化"特效主要用来模拟一些美术风格，实现丰富的画面效果，其中包含 13 种特效。

◎ Alpha 发光

该特效对含有通道的素材起作用，会在通道的边缘处产生一圈渐变的辉光效果，可以在单色的边缘处或者在边缘运动时产生两种颜色。应用该特效后，其参数面板如图 4-266 所示。

发光：用于设置光晕从素材的 Alpha 通道边缘扩散的距离。

亮度：用于设置辉光的强度。

起始颜色 / 结束颜色：用于设置辉光内部与外部的颜色。

应用"Alpha 发光"特效前、后的效果如图 4-267 和图 4-268 所示。

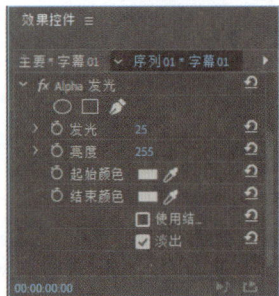

图 4-266

图 4-267

图 4-268

◎ 复制

该特效可以将素材复制指定的数量，并同时在每一个单元中显示出来。在"效果控件"面板中拖曳"计数"选项的滑块，可以设置每行或每列的分块数目。应用"复制"特效前、后的效果如图 4-269 和图 4-270 所示。

图 4-269

图 4-270

◎ 彩色浮雕

该特效通过锐化素材中物体的轮廓，使其产生彩色的浮雕效果。应用该特效后，其参数面板如图 4-271 所示。

方向：设置浮雕的方向。

起伏：设置浮雕压制的明显高度，实际上是设置浮雕边缘的最大加亮宽度。

对比度：设置素材中物体的边缘锐利程度，如果增加参数值，加亮区域就会变得更明显。

与原始图像混合：该参数值越小，上述设置的效果越明显。

应用"彩色浮雕"特效前、后的效果如图 4-272 和图 4-273 所示。

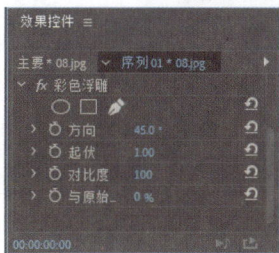

图 4-271

图 4-272

图 4-273

◎ 曝光过度

该特效可以沿着画面的正反方向进行混合，从而产生类似于底片在显影时的快速曝光效果。应用"曝光过度"特效前、后的效果如图 4-274 和图 4-275 所示。

图 4-274

图 4-275

◎ 查找边缘

该特效通过强化素材中物体的边缘，使其产生类似于素描或底片的效果。而且构图越简单、明暗对比越强烈的素材，描出的线条越清楚。应用该特效后，其参数面板如图 4-276 所示。

反转：取消勾选此复选框，素材边缘会出现如在白色背景上的黑色线；勾选此复选框，素材边缘会出现如在黑色背景上的明亮线。

与原始图像混合：用于设置效果与原素材混合的程度。

应用"查找边缘"特效前、后的效果如图 4-277 和图 4-278 所示。

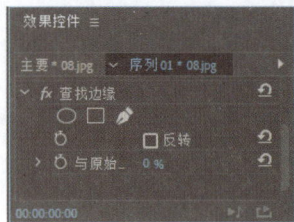

图 4-276

图 4-277

图 4-278

◎ 浮雕

该特效的效果与"彩色浮雕"特效的效果相似，只是没有色彩。它们的参数面板相同，即通过锐化素材中物体的轮廓，使画面产生浮雕效果。应用"浮雕"特效前、后的效果如图 4-279 和图 4-280 所示。

图 4-279

图 4-280

◎ 画笔描边

该特效会使素材产生一种用美术画笔描绘的效果。应用"画笔描边"特效前、后的效果如图 4-281 和图 4-282 所示。

图 4-281

图 4-282

◎ 粗糙边缘

该特效可以使素材 Alpha 通道的边缘粗糙化，从而使素材或者栅格化文本产生一种自然的粗糙效果。应用"粗糙边缘"特效前、后的效果如图 4-283 和图 4-284 所示。

图 4-283

图 4-284

◎ 纹理

该特效可以使一个素材显示另一个素材的纹理。应用该特效后，其参数面板如图 4-285 所示。

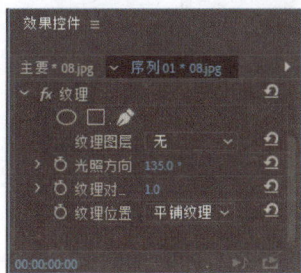
图 4-285

纹理图层：用于选择放置混合素材的视频轨道。

光照方向：用于设置光照的方向，该选项决定纹理图案的亮部。

纹理对比度：用于设置纹理的强度。

纹理位置：用于指定纹理的应用方式。

应用"纹理"特效前、后的效果如图 4-286 和图 4-287 所示。

图 4-286

图 4-287

◎ 色调分离

该特效可以将素材的色调进行分离，以制作特殊效果。应用"色调分离"特效前、后的效果如图 4-288 和图 4-289 所示。

图 4-288

图 4-289

◎ 闪光灯

该特效能以一定的周期或随机地对一个素材进行算术运算，例如，每隔 5s 就将素材变成白色并显示 0.1s，或将素材颜色以随机的时间间隔进行反转。此特效常用来模拟摄像机的瞬间强烈闪光效果。应用该特效后，其参数面板如图 4-290 所示。

闪光色：设置频闪瞬间屏幕上呈现的颜色。

与原始图像混合：设置效果与原素材混合的程度。

闪光持续时间（秒）：设置频闪持续的时间。

　　闪光周期（秒）：以 s 为单位，设置频闪效果出现的间隔时间；它是从相邻两个频闪效果的开始时间算起的，因此，该选项的数值大于"闪光持续时间（秒）"选项的数值时，才会出现频闪效果。

　　随机闪光机率：设置素材中每一帧产生频闪效果的概率。

　　闪光：设置频闪效果的不同类型。

　　闪光运算符：设置频闪时使用的运算方法。

　　随机植入：设置闪光植入特定帧的概率。

　　应用"闪光灯"特效前、后的效果如图 4-291 和图 4-292 所示。

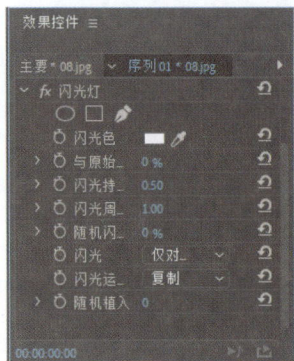

图 4-290　　　　　　　　　　图 4-291　　　　　　　　　　图 4-292

◎ 阈值

该特效可以将图像变成灰度模式。应用"阈值"特效前、后的效果如图 4-293 和图 4-294 所示。

图 4-293　　　　　　　　　　图 4-294

◎ 马赛克

该特效用若干方形色块填充素材，使素材产生马赛克效果。应用该特效后，其参数面板如图 4-295 所示。

水平块 / 垂直块：用于设置水平与垂直方向上的分割色块的数量。

锐化颜色：勾选此复选框，可以锐化素材。

应用"马赛克"特效前、后的效果如图 4-296 和图 4-297 所示。

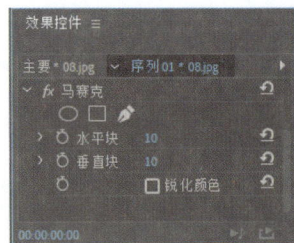

图 4-295　　　　　　　　　　图 4-296　　　　　　　　　　图 4-297

4.2.4 【实战演练】——汤圆短视频

使用"导入"命令导入素材文件,使用"不透明度"选项制作文字动画,使用"高斯模糊"特效和"方向模糊"特效制作素材文件的模糊效果和动画效果。最终效果参看云盘中的"Ch04\ 汤圆短视频 \ 汤圆短视频 .prproj"文件,如图 4-298 所示。

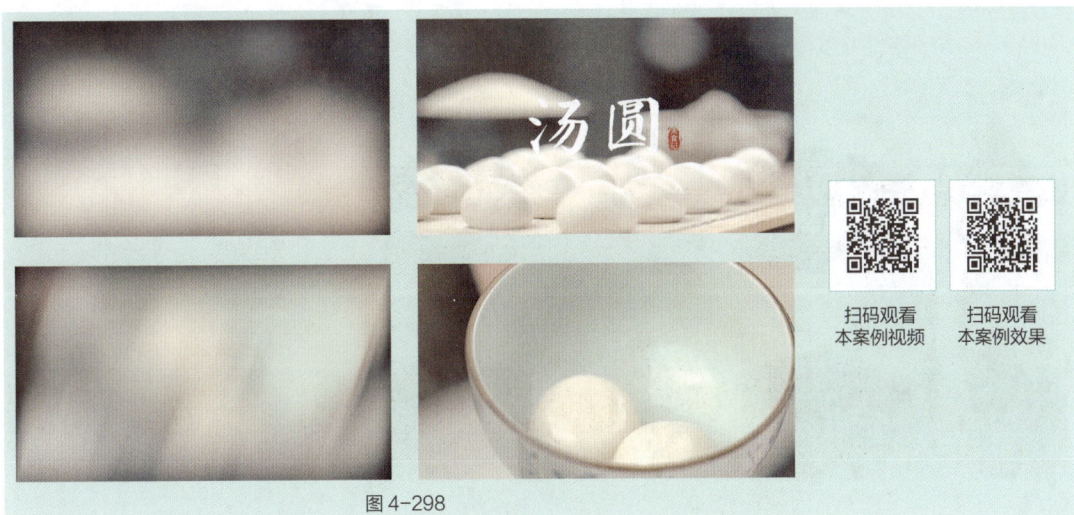

扫码观看
本案例视频

扫码观看
本案例效果

图 4-298

4.3 综合案例——健康出行宣传片

使用"边角定位"特效调整视频的位置和大小,使用"亮度与对比度"特效调整图像的亮度与对比度,使用"颜色平衡"特效调整图像的颜色。最终效果参看云盘中的"Ch04\ 健康出行宣传片 \ 健康出行宣传片 .prproj"文件,如图 4-299 所示。

扫码观看
本案例视频

扫码观看
本案例效果

图 4-299

4.4 综合案例——峡谷风光宣传片

使用"缩放"选项改变图像的大小，使用"镜像"特效制作镜像图像，使用"裁剪"命令剪切图像，使用"不透明度"选项改变图像的不透明度，使用"光照效果"特效改变图像的亮度。最终效果参看云盘中的"Ch04\ 峡谷风光宣传片 \ 峡谷风光宣传片 .prproj"文件，如图 4-300 所示。

图 4-300

扫码观看
本案例视频

扫码观看
本案例效果

05

第 5 章
调色、叠加与抠像

本章介绍

本章主要介绍 Premiere Pro CC 2019 中的调色、叠加与抠像技术的基础应用方法。调色、叠加和抠像技术属于剪辑中较高级的技术，这些技术可以使影片产生丰富的画面合成效果。通过对本章的学习，读者可以掌握 Premiere Pro CC 2019 中的调色、叠加和抠像技术。

知识目标

- 掌握视频调色技术详解
- 掌握叠加和抠像技术

能力目标

- 掌握湖边美景宣传片的制作方法
- 掌握古镇宣传片的制作方法
- 掌握体育运动宣传片的制作方法
- 掌握折纸世界栏目片头的制作方法
- 掌握花开美景宣传片的制作方法
- 掌握助农产品宣传片的制作方法

素质目标

- 培养能够合理制订学习计划的能力
- 培养应用设计方法恰当表现效果的能力
- 培养在学习和工作中勇于质疑和表达观点的批判性思维

5.1 湖边美景宣传片

5.1.1 【操作目的】

使用"黑白"特效将彩色图像转换为灰度图像，使用"查找边缘"特效制作图像的边缘，使用"色阶"特效调整图像的亮度和对比度，使用"高斯模糊"特效制作图像的模糊效果，使用"旧版标题"命令添加与编辑文字，使用"擦除"特效制作文字过渡效果。最终效果参看云盘中的"Ch05\ 湖边美景宣传片 \ 湖边美景宣传片 .prproj"文件，如图 5-1 所示。

扫码观看
本案例视频

扫码观看
本案例效果

图 5-1

5.1.2 【操作步骤】

步骤 1 启动 Premiere Pro CC 2019，选择"文件 > 新建 > 项目"命令，弹出"新建项目"对话框，如图 5-2 所示，单击"确定"按钮，新建项目。选择"文件 > 新建 > 序列"命令，弹出"新建序列"对话框，单击"设置"选项卡，具体设置如图 5-3 所示，单击"确定"按钮，新建序列。

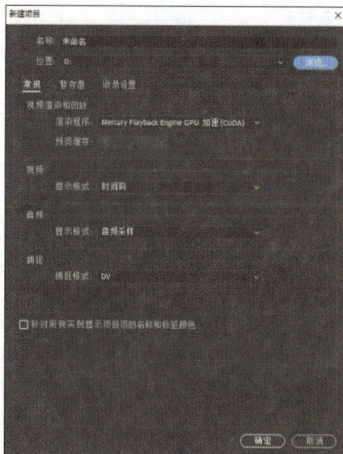

图 5-2

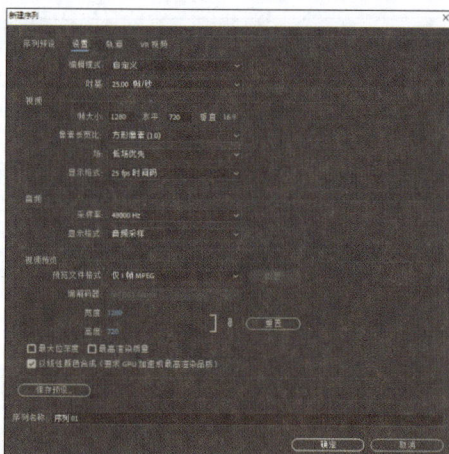

图 5-3

步骤 2 选择"文件 > 导入"命令，弹出"导入"对话框，选择本书云盘中的"Ch05\ 湖边美景宣传片 \ 素材 \01"文件，如图 5-4 所示。单击"打开"按钮，将素材文件导入"项目"面板中，如图 5-5 所示。

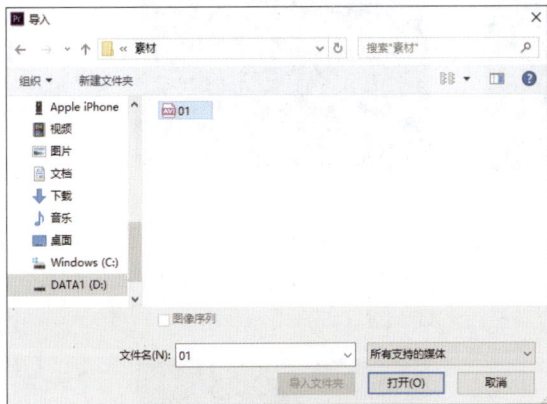

图 5-4

图 5-5

步骤 3 在"项目"面板中，选中"01"文件并将其拖曳到时间轴面板的"V1"轨道中，弹出"剪辑不匹配警告"对话框。单击"保持现有设置"按钮，在保持现有序列设置的情况下将"01"文件放置在"V1"轨道中，如图 5-6 所示。

步骤 4 将播放指示器放置在 05:00s 的位置，将鼠标指针放在"01"文件的结束位置并单击，显示出编辑点。当鼠标指针呈形状时，向左拖曳鼠标指针到 05:00s 的位置，如图 5-7 所示。

步骤 5 将播放指示器放置在 00:00s 的位置。在"效果"面板中展开"视频效果"分类选项，单击"图像控制"文件夹左侧的按钮将其展开，选中"黑白"特效，如图 5-8 所示，将彩色图像转换为灰度图像。将"黑白"特效拖曳到时间轴面板中的"01"文件上，如图 5-9 所示。

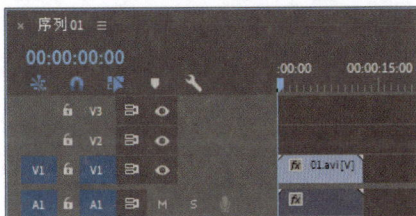

图 5-6

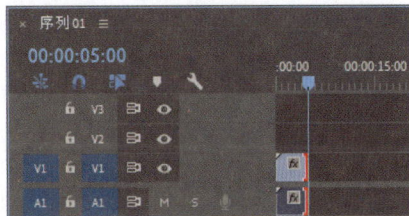

图 5-7

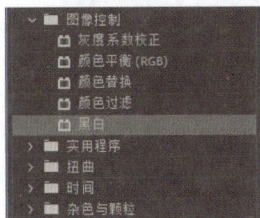

图 5-8

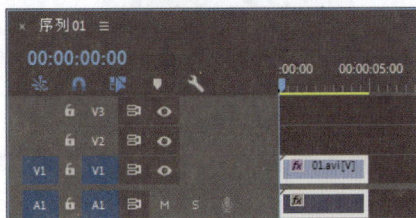

图 5-9

步骤 6 在"效果"面板中单击"风格化"文件夹左侧的按钮将其展开，选中"查找边缘"特效，如图 5-10 所示。将"查找边缘"特效拖曳到时间轴面板中的"01"文件上。在"效果控件"面板中展开"查找边缘"选项，将"与原始图像混合"选项设置为 12%，如图 5-11 所示。

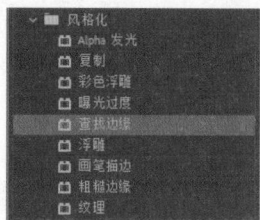

图 5-10

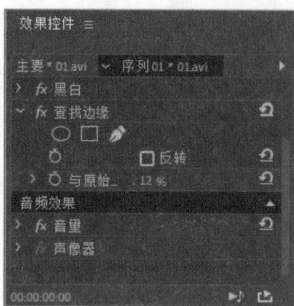

图 5-11

步骤 7 在"效果"面板中，单击"调整"文件夹左侧的▶按钮将其展开，选中"色阶"特效，如图 5-12 所示。将"色阶"特效拖曳到时间轴面板中的"01"文件上，调整图像的亮度和对比度。在"效果控件"面板中展开"色阶"选项并进行参数设置，如图 5-13 所示。

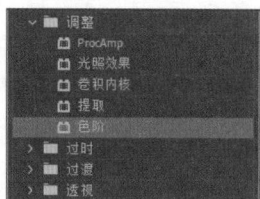

图 5-12

图 5-13

步骤 8 在"效果"面板中，单击"模糊与锐化"文件夹左侧的▶按钮将其展开，选中"高斯模糊"特效，如图 5-14 所示。将"高斯模糊"特效拖曳到时间轴面板中的"01"文件上，制作图像的模糊效果。在"效果控件"面板中展开"高斯模糊"选项，将"模糊度"选项设置为 3.2，如图 5-15 所示。

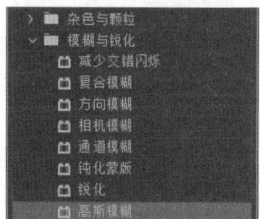

图 5-14

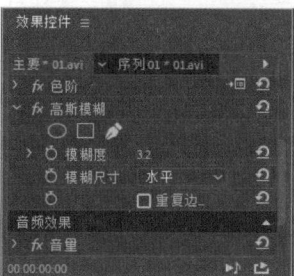

图 5-15

步骤 9 选择"文件 > 新建 > 旧版标题"命令，弹出"新建字幕"对话框，其中的设置如图 5-16 所示，单击"确定"按钮。选择工具面板中的"垂直文字"工具 IT ，在"字幕"面板中单击插入光标，输入需要的文字。

步骤 10 在"旧版标题属性"面板中展开"变换"选项，具体设置如图 5-17 所示；展开"属性"选项，具体设置如图 5-18 所示。"字幕"面板如图 5-19 所示。新建的字幕文件会自动保存到"项目"面板中。

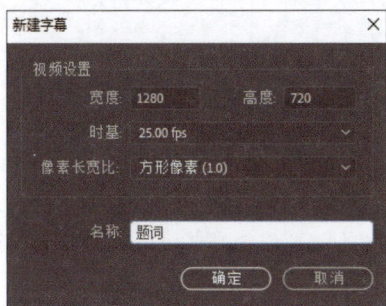
图 5-16

图 5-17

图 5-18

图 5-19

步骤 11 在"项目"面板中选中"题词"文件并将其拖曳到时间轴面板的"V2"轨道中，如图 5-20 所示。在"效果"面板中，单击"擦除"文件夹左侧的▶按钮将其展开，选中"划出"特效，制作文字过渡效果，如图 5-21 所示。

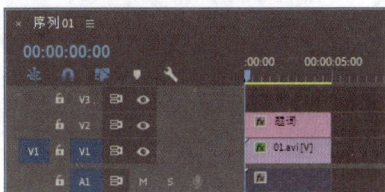
图 5-20

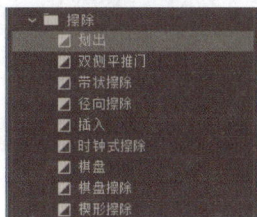
图 5-21

步骤 12 将"划出"特效拖曳到时间轴面板中的"题词"文件的开始位置，如图 5-22 所示。选择时间轴面板中的"划出"特效。在"效果控件"面板中将"持续时间"选项设置为 04:00s，单击小视窗右侧的"自东向西"按钮◀，如图 5-23 所示。湖边美景宣传片制作完成。

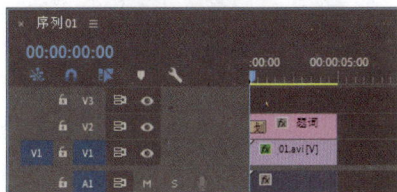
图 5-22

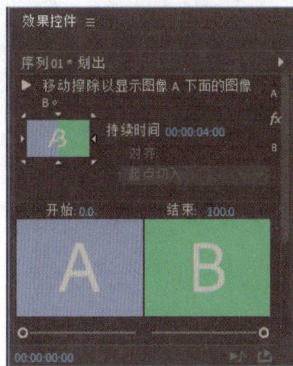
图 5-23

5.1.3 【相关工具】

1. 图像控制

"图像控制"特效主要用于对素材的色彩进行处理，广泛运用于视频编辑中。这类特效多用来处理一些前期拍摄中留下的缺陷，或使素材达到某种预想的效果，其中包含 5 种特效。

◎ 灰度系数校正

该特效通过改变素材中间色调的亮度，实现在不改变素材整体亮度和阴影的情况下，使素材变得更明亮或更灰暗。应用"灰度系数校正"特效前、后的效果如图 5-24 和图 5-25 所示。

图 5-24   图 5-25

◎ 颜色平衡（RGB）

该特效通过对素材的红色、绿色和蓝色进行调整，以达到改变素材色彩效果的目的。应用"颜色平衡（RGB）"特效前、后的效果如图 5-26 和图 5-27 所示。

图 5-26   图 5-27

◎ 颜色替换

该特效可以指定某种颜色，然后使用一种新的颜色替换指定的颜色。应用"颜色替换"特效前、后的效果如图 5-28 和图 5-29 所示。

图 5-28   图 5-29

◎ 颜色过滤

该特效可以将素材中除指定颜色以外的其他颜色转换成灰度颜色（黑色、白色），即保留指定的颜色。应用"颜色过滤"特效前、后的效果如图 5-30 和图 5-31 所示。

图 5-30   图 5-31

◎ 黑白

该特效用于将彩色影像直接转换成灰度影像，它没有参数。应用"黑白"特效前、后的效果如图 5-32 和图 5-33 所示。

图 5-32   图 5-33

2. 调整

"调整"特效用于调整素材的亮度、对比度、色彩及通道，修复素材的偏色或者曝光不足等缺陷，提高素材画面的亮度，从而实现特殊的色彩效果，其中包含 5 种特效。

◎ ProcAmp

该特效用于调整素材的亮度、对比度、色相和饱和度。应用"ProcAmp"特效前、后的效果如图 5-34 和图 5-35 所示。

图 5-34   图 5-35

◎ 光照效果

该特效可以最多为素材添加 5 个灯光，以模拟舞台上追光灯的效果。应用"光照效果"特效前、后的效果如图 5-36 和图 5-37 所示。

图 5-36   图 5-37

◎ 卷积内核

该特效通过运算改变素材中每个像素的颜色和亮度值，从而改变素材的质感。应用"卷积内核"特效前、后的效果如图 5-38 和图 5-39 所示。

图 5-38   图 5-39

◎ 提取

该特效会从素材画面中吸取颜色，然后通过设置灰度的范围来控制素材的显示效果。应用"提取"特效前、后的效果如图 5-40 和图 5-41 所示。

图 5-40   图 5-41

◎ 色阶

该特效可以调整素材的亮度和对比度。应用"色阶"特效前、后的效果如图 5-42 和图 5-43 所示。

图 5-42   图 5-43

3. 过时

"过时"特效主要用于对图像的亮度和对比度进行调整，其中包含 12 种特效。

◎ RGB 曲线

该特效通过曲线调整红色、绿色和蓝色通道的数值，以达到改变图像颜色的目的。应用"RGB 曲线"特效前、后的效果如图 5-44 和图 5-45 所示。

图 5-44   图 5-45

◎ RGB 颜色校正器

该特效通过修改红色、绿色、蓝色这 3 个通道中的参数来改变图像的颜色。应用"RGB 颜色校正器"特效前、后的效果如图 5-46 和图 5-47 所示。

图 5-46

图 5-47

◎ 三向颜色校正器

该特效通过旋转 3 个色盘来调整图像颜色。应用"三向颜色校正器"特效前、后的效果如图 5-48 和图 5-49 所示。

图 5-48

图 5-49

◎ 亮度曲线

该特效通过亮度波形图实现对图像亮度的调整。应用"亮度曲线"特效前、后的效果如图 5-50 和图 5-51 所示。

图 5-50

图 5-51

◎ 亮度校正器

该特效可以校正图像的颜色。应用"亮度校正器"特效前、后的效果如图 5-52 和图 5-53 所示。

图 5-52

图 5-53

◎ 快速模糊

该特效可以指定画面的模糊程度，同时可以指定水平方向、垂直方向或水平和垂直方向上的模糊程度。该特效处理图像的速度比 "高斯模糊" 特效的处理速度快。应用 "快速模糊" 特效前、后的效果如图 5-54 和图 5-55 所示。

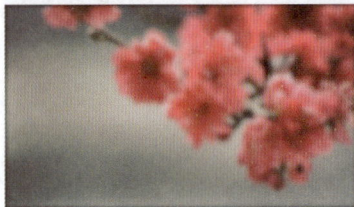

图 5-54　　　　　　　　　　　　　　图 5-55

◎ 快速颜色校正器

该特效能够快速地进行图像颜色的校正。应用 "快速颜色校正器" 特效前、后的效果如图 5-56 和图 5-57 所示。

图 5-56　　　　　　　　　　　　　　图 5-57

◎ 自动颜色、自动对比度和自动色阶

使用 "自动颜色" "自动对比度" "自动色阶" 3 个特效可以快速、全面地修整图像，可以调整图像的中间色调、暗部和高亮区的颜色。

"自动颜色" 特效主要用于调整图像的颜色。应用 "自动颜色" 特效前、后的效果如图 5-58 和图 5-59 所示。

图 5-58　　　　　　　　　　　　　　图 5-59

"自动对比度" 特效主要用于调整所有颜色的亮度和对比度。应用 "自动对比度" 特效前、后的效果如图 5-60 和图 5-61 所示。

图 5-60　　　　　　　　　　　　　　图 5-61

"自动色阶"特效主要用于调整暗部和高亮区的颜色。应用"自动色阶"特效前、后的效果如图 5-62 和图 5-63 所示。

图 5-62

图 5-63

◎ 视频限幅器（旧版）

该特效利用视频限制器对图像的颜色进行调整。应用"视频限幅器（旧版）"特效前、后的效果如图 5-64 和图 5-65 所示。

图 5-64

图 5-65

◎ 阴影 / 高光

该特效用于调整图像的阴影和高光区域。应用"阴影 / 高光"特效前、后的效果如图 5-66 和图 5-67 所示。该特效不应用于调暗或增亮整个图像，但可以基于图像周围的像素单独调整图像的阴影和高光区域。

图 5-66

图 5-67

4. 颜色校正

"颜色校正"特效主要用于对素材画面进行颜色校正，其中包含 12 种特效。

◎ ASC CDL

该特效用于校正素材的红色、绿色、蓝色及调整颜色的饱和度。应用"ASC CDL"特效前、后的效果如图 5-68 和图 5-69 所示。

图 5-68

图 5-69

◎ Lumetri 颜色

该特效可以快速完成素材的白平衡、颜色分级等高级调整。

◎ 亮度与对比度

该特效用于调整素材的亮度和对比度，并同时调节素材的所有亮部、暗部和中间色。应用"亮度与对比度"特效前、后的效果如图 5-70 和图 5-71 所示。

图 5-70

图 5-71

◎ 保留颜色

该特效用于准确地指定颜色或者删除图层中的颜色。应用该特效后，其参数面板如图 5-72 所示。

脱色量：用于设置指定图层中需要删除的颜色数量。

要保留的颜色：用于设置图像中需保留的颜色。

容差：用于设置颜色的容差度。

边缘柔和度：用于设置颜色分界线的柔化程度。

匹配颜色：用于设置颜色的对应模式。

应用"保留颜色"特效前、后的效果如图 5-73 和图 5-74 所示。

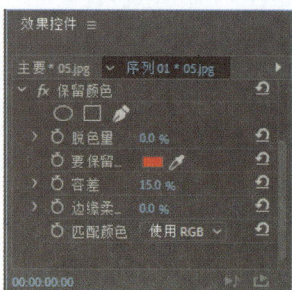

图 5-72

图 5-73

图 5-74

◎ 均衡

该特效用于修改图像的像素值，并对其颜色进行均衡处理。应用"均衡"特效前、后的效果如图 5-75 和图 5-76 所示。

图 5-75

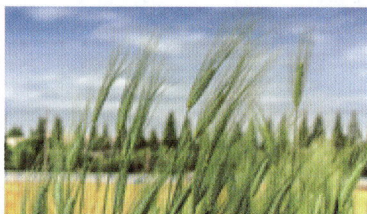

图 5-76

◎ 更改为颜色

该特效会在图像中选择一种颜色，并将其转换为另一种颜色（色调、亮度和饱和度）。应用该特效后，其参数面板如图 5-77 所示。

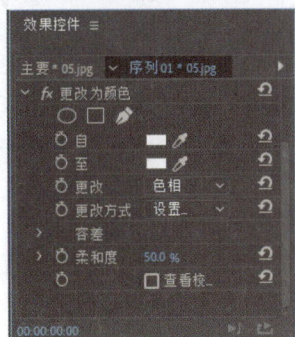

　　自：设置当前图像中需要转换的颜色，可以利用其右侧的"吸管工具" 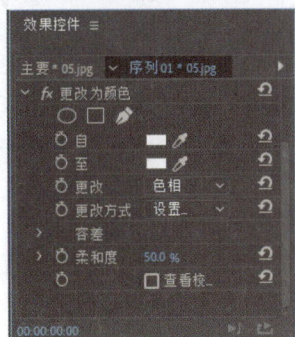 在"节目"面板中吸取颜色。

　　至：设置转换后的颜色。

　　更改：设置在 HLS 颜色模式下产生影响的通道。

　　更改方式：设置颜色的转换方式，包括"设置为颜色"和"变换为颜色"两个选项。

　　容差：设置色相、亮度和饱和度的值。

　　柔和度：通过指定的百分比值控制效果的柔和度。

　　查看校正遮罩：通过遮罩控制发生变化的部分。

图 5-77

　　应用"更改为颜色"特效前、后的效果如图 5-78 和图 5-79 所示。

图 5-78

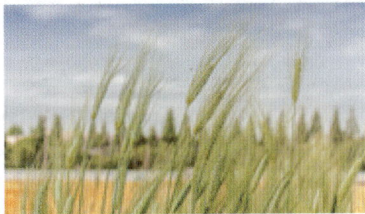

图 5-79

◎ 更改颜色

该特效用于改变图像中某种颜色的色调。应用该特效后，其参数面板如图 5-80 所示。

　　视图：该选项用于设置合成图像中的效果，包含了两个选项，分别为"校正的图层"和"色彩校正蒙版"。

　　色相变换：调整色相，以"度"为单位改变所选区域的颜色。

　　亮度变换：设置所选颜色的亮度。

　　饱和度变换：设置所选颜色的饱和度。

　　要更改的颜色：设置图像中要改变的颜色。

　　匹配容差：设置颜色匹配时的相似程度。

　　匹配柔和度：设置颜色的柔和度。

　　匹配颜色：设置颜色空间，包括"使用 RGB""使用色相""使用色度"3 个选项。

　　反转颜色校正蒙版：勾选此复选框，可以对颜色进行反向校正。

　　应用"更改颜色"特效前、后的效果如图 5-81 和图 5-82 所示。

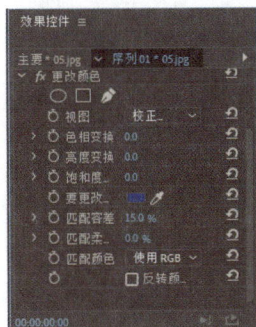

图 5-80

图 5-81

图 5-82

◎ 色彩

该特效用于调整图像中包含的颜色信息，会在最亮的颜色和最暗的颜色之间确定一个融合度。应用"色彩"特效前、后的效果如图 5-83 和图 5-84 所示。

图 5-83　　　　　　　　　　　　　图 5-84

◎ 视频限制器

该特效利用视频限制器对图像的颜色进行调整。应用"视频限制器"特效前、后的效果如图 5-85 和图 5-86 所示。

图 5-85　　　　　　　　　　　　　图 5-86

◎ 通道混合器

该特效用于调整颜色通道的数值，以实现对图像颜色的调整。用户通过选择每一个颜色通道的百分比值可以创建高质量的灰度图像，还可以创建高质量的棕色或其他色调的图像，并且可以对颜色通道进行交换和复制。应用"通道混合器"特效前、后的效果如图 5-87 和图 5-88 所示。

图 5-87　　　　　　　　　　　　　图 5-88

◎ 颜色平衡

该特效可以按照 RGB 颜色调节图像的颜色，以达到平衡颜色的目的。应用"颜色平衡"特效前、后的效果如图 5-89 和图 5-90 所示。

图 5-89　　　　　　　　　　　　　图 5-90

◎ 颜色平衡（HLS）

该特效可以对图像的色相、亮度和饱和度进行精确的调整，实现对图像颜色的改变。应用"颜色平衡（HLS）"特效前、后的效果如图 5-91 和图 5-92 所示。

图 5-91

图 5-92

5.1.4 【实战演练】——古镇宣传片

使用"导入"命令导入视频文件，使用"灰度系数校正"特效调整图像的灰度系数，使用"颜色平衡"特效降低图像中部分颜色的亮度，使用"DE_AgedFilm"外部特效制作老电影效果。最终效果参看云盘中的"Ch05\ 古镇宣传片 \ 古镇宣传片 .prproj"文件，如图 5-93 所示。

扫码观看
本案例视频

扫码观看
本案例效果

图 5-93

5.2 体育运动宣传片

5.2.1 【操作目的】

使用"导入"命令导入素材文件，使用"镜头扭曲"特效制作图像的镜头扭曲效果，使用"色阶"特效调整图像颜色，使用"颜色键"特效抠取颜色来制作融合效果，使用"效果控件"面板调整图像的不透明度和混合模式，并制作动画效果。最终效果参看云盘中的"Ch05\体育运动宣传片 \ 体育运动宣传片 .prproj"文件，如图 5-94 所示。

图 5-94

扫码观看　　扫码观看
本案例视频　本案例效果

5.2.2 【操作步骤】

步骤 1　　启动 Premiere Pro CC 2019，选择"文件 > 新建 > 项目"命令，弹出"新建项目"对话框，如图 5-95 所示，单击"确定"按钮，新建项目。选择"文件 > 新建 > 序列"命令，弹出"新建序列"对话框，单击"设置"选项卡，具体设置如图 5-96 所示，单击"确定"按钮，新建序列。

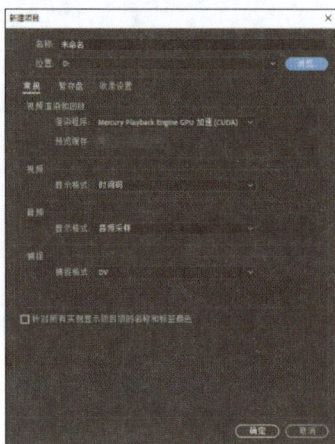

图 5-95

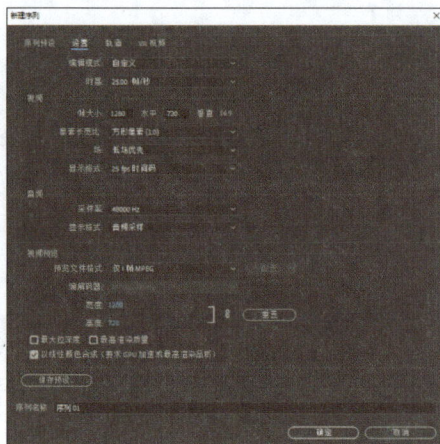

图 5-96

步骤 2　　选择"文件 > 导入"命令，弹出"导入"对话框，选择本书云盘中的"Ch05\ 体育运动宣传片 \ 素材 \01、02"文件，如图 5-97 所示。单击"打开"按钮，将素材文件导入"项目"面板中，如图 5-98 所示。

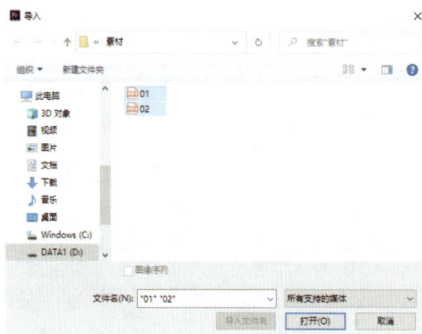

图 5-97

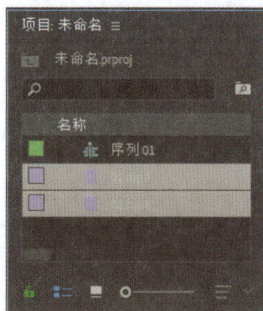

图 5-98

步骤 3　　在"项目"面板中，选中"01"文件并将其拖曳到时间轴面板的"V1"轨道中，弹出"剪辑不匹配警告"对话框。单击"保持现有设置"按钮，在保持现有序列设置的情况下将"01"文件放置在"V1"轨道中，如图 5-99 所示。

步骤 4　　将播放指示器放置在 05:00s 的位置，将鼠标指针放在"01"文件的结束位置并单击，显示出编辑点。当鼠标指针呈 ◀┤形状时，向左拖曳鼠标指针到 05:00s 的位置，如图 5-100 所示。

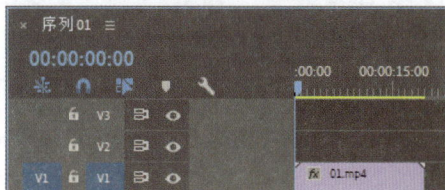

图 5-99

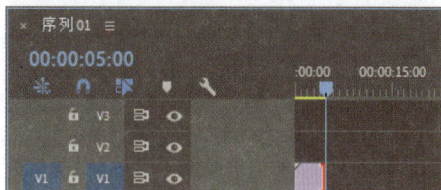

图 5-100

步骤 5　　将播放指示器放置在 00:00s 的位置。在时间轴面板中选择"01"文件。在"效果控件"面板中展开"运动"选项，将"缩放"选项设置为 67.0，如图 5-101 所示。在"效果"面板中展开"视频效果"特效分类选项，单击"扭曲"文件夹左侧的 ▶ 按钮将其展开，选中"镜头扭曲"特效，如图 5-102 所示。将"镜头扭曲"特效拖曳到时间轴面板的"V1"轨道中的"01"文件上，制作图像的镜头扭曲效果。

图 5-101

图 5-102

步骤 6　　在"效果控件"面板中展开"镜头扭曲"选项，将"曲率"选项设置为 -60。单击"曲率"选项左侧的"切换动画"按钮 ⊘，如图 5-103 所示，记录第 1 个动画关键帧。将时间标签放置在 01:00s 的位置。在"效果控件"面板中将"曲率"选项设置为 0，如图 5-104 所示，记录第 2 个动画关键帧。

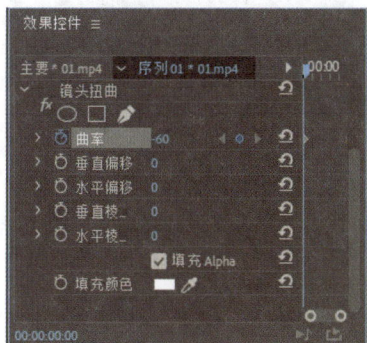

图 5-103

图 5-104

步骤 7　在"项目"面板中，选中"02"文件并将其拖曳到时间轴面板的"V2"轨道中，如图 5-105 所示。将鼠标指针放在"02"文件的结束位置并单击，显示出编辑点。当鼠标指针呈 形状时，向左拖曳鼠标指针到与"01"文件的结束位置齐平的位置，如图 5-106 所示。

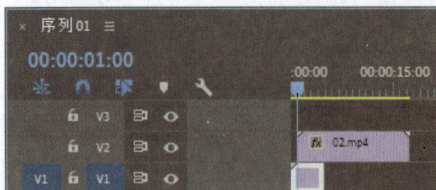

图 5-105

图 5-106

步骤 8　在时间轴面板中选择"02"文件。在"效果控件"面板中展开"运动"选项，将"缩放"选项设置为 67.0，如图 5-107 所示。展开"不透明度"选项，将"混合模式"选项设置为"叠加"，"不透明度"选项设置为 0.0%，如图 5-108 所示，记录第 1 个动画关键帧。

图 5-107

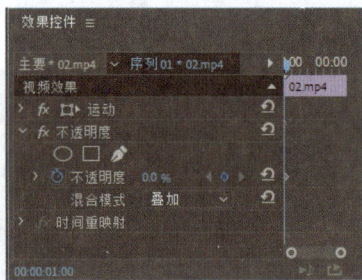

图 5-108

步骤 9　将时间标签放置在 02:01s 的位置。在"效果控件"面板中将"不透明度"选项设置为 80.0%，如图 5-109 所示，记录第 2 个动画关键帧。将播放指示器放置在 04:22s 的位置。在"效果控件"面板中将"不透明度"选项设置为 100.0%，如图 5-110 所示，记录第 3 个动画关键帧。

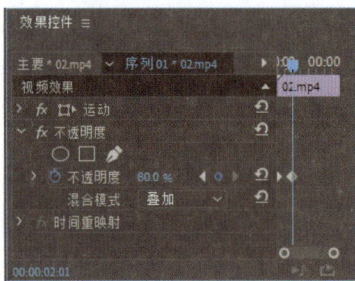

图 5-109

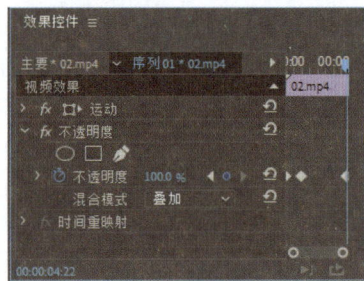

图 5-110

步骤 10　在"效果"面板中单击"调整"文件夹左侧的 按钮将其展开，选中"色阶"特效，如图 5-111 所示。将"色阶"特效拖曳到时间轴面板的"V2"轨道中的"02"文件上，调整图像颜色。在"效果控件"面板中展开"色阶"选项，将"(RGB) 输入黑色阶"选项设置为 40，"(RGB) 输入白色阶"选项设置为 221，如图 5-112 所示。

图 5-111

图 5-112

步骤 11 在"效果"面板中单击"键控"文件夹左侧的▶按钮将其展开,选中"颜色键"特效,如图 5-113 所示。将"颜色键"特效拖曳到时间轴面板的"V2"轨道中的"02"文件上,制作融合效果。在"效果控件"面板中展开"颜色键"选项,将"主要颜色"选项设置为白色,"颜色容差"选项设置为 9,如图 5-114 所示。体育运动宣传片制作完成。

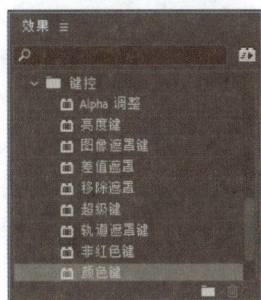

图 5-113

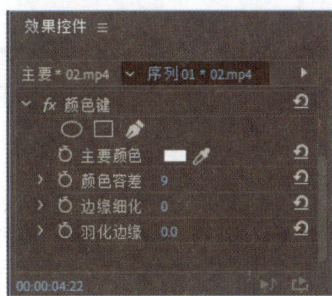

图 5-114

5.2.3 【相关工具】

"键控"特效主要用于叠加和抠除素材,以制作合成效果,其中包含 9 种特效。

◎ Alpha 调整

该特效主要通过调整当前素材的 Alpha 通道(即改变 Alpha 通道的透明度),使当前素材与其下层的素材产生不同的叠加效果。如果当前素材不包含 Alpha 通道,改变的将是整个素材的透明度。应用"Alpha 调整"特效前、后的效果如图 5-115、图 5-116 和图 5-117 所示。

图 5-115

图 5-116

图 5-117

◎ 亮度键

该特效可以将被叠加素材的灰色设置为透明的,而且保持其色度不变。该特效对明暗对比十分强烈的素材十分有用。应用"亮度键"特效前、后的效果如图 5-118、图 5-119 和图 5-120 所示。

图 5-118　　　　　　　　　　图 5-119　　　　　　　　　　图 5-120

◎ 图像遮罩键

该特效可以将外部图像作为被叠加的底纹。相对于底纹而言，前面画面中的白色区域是不透明的，背景画面中的相关部分不能显示出来；黑色区域是透明的区域；灰色区域中部分透明。如果想保持前面画面中的色彩，那么最好选用灰度图像作为底纹图像。应用"图像遮罩键"特效前、后的效果如图 5-121、图 5-122 和图 5-123 所示。

图 5-121　　　　　　　　　　图 5-122　　　　　　　　　　图 5-123

> **提示**
>
> 在使用"图像遮罩键"特效进行图像遮罩时，遮罩图像的名称和存放其的文件夹的名称都不能有中文，否则图像遮罩将没有效果。

◎ 差值遮罩

该特效可以叠加两个图像中不同部分的纹理，并保留它们纹理的颜色。应用"差值遮罩"特效前、后的效果如图 5-124、图 5-125 和图 5-126 所示。

图 5-124　　　　　　　　　　图 5-125　　　　　　　　　　图 5-126

◎ 移除遮罩

该特效可以将原有的遮罩移除，例如，将画面中的白色区域或黑色区域移除。应用"移除遮罩"特效前、后的效果如图 5-127 和图 5-128 所示。

图 5-127　　　　　　　　　　　　　图 5-128

◎ 超级键

该特效可以指定某种颜色，再通过调整容差值等参数来实现素材的透明效果。应用"超级键"特效前、后的效果如图5-129、图5-130和图5-131所示。

| 图5-129 | 图5-130 | 图5-131 |

◎ 轨道遮罩键

该特效将对遮罩图层进行适当比例的缩小，并将其显示在原图层上。应用"轨道遮罩键"特效前、后的效果如图5-132、图5-133和图5-134所示。

| 图5-132 | 图5-133 | 图5-134 |

◎ 非红色键

该特效可以叠加有蓝色背景的素材，并使这类背景产生透明效果。应用"非红色键"特效前、后的效果如图5-135、图5-136和图5-137所示。

| 图5-135 | 图5-136 | 图5-137 |

◎ 颜色键

该特效可以根据指定的颜色将素材中像素值相同的颜色设置为透明的颜色。该特效与"亮度键"特效类似，都是在素材中选择一种颜色或一个颜色范围并将它们设置为透明的颜色，但"颜色键"特效可以单独调节素材的颜色和灰度值，而"亮度键"特效则是同时调节这些内容。应用"颜色键"特效前、后的效果如图5-138、图5-139和图5-140所示。

| 图5-138 | 图5-139 | 图5-140 |

5.2.4 【实战演练】——折纸世界栏目片头

使用"导入"命令导入视频文件，使用"颜色键"特效抠出折纸素材，使用"效果控件"面板制作文字动画。最终效果参看云盘中的"Ch05\ 折纸世界栏目片头 \ 折纸世界栏目片头 .prproj"文件，如图 5-141 所示。

扫码观看
本案例视频

扫码观看
本案例效果

图 5-141

5.3 综合案例——花开美景宣传片

使用"效果控件"面板调整图像的大小并制作动画，使用"更改颜色"特效改变图像的颜色。最终效果参看云盘中的"Ch05\ 花开美景宣传片 \ 花开美景宣传片 .prproj"文件，如图 5-142 所示。

扫码观看
本案例视频

扫码观看
本案例效果

图 5-142

5.4 综合案例——助农产品宣传片

使用"ProcAmp"特效调整画面的饱和度,使用"光照效果"特效添加光照效果并制作动画。最终效果参看云盘中的"Ch05\ 助农产品宣传片 \ 助农产品宣传片 .prproj"文件,如图 5-143 所示。

扫码观看
本案例视频

扫码观看
本案例效果

图 5-143

06

第 6 章
加入字幕

本章介绍

本章主要介绍字幕的制作方法，并对字幕的创建与编辑方法进行详细介绍。通过对本章的学习，读者应掌握创建及编辑字幕的技巧。

知识目标

- ✓ 熟练掌握不同字幕的创建
- ✓ 掌握字幕的编辑与修饰
- ✓ 掌握运动字幕的创建

能力目标

- ✓ 掌握快乐旅行节目片头的制作方法
- ✓ 掌握特惠促销节目片头的制作方法
- ✓ 掌握节目滚动预告片的制作方法
- ✓ 掌握节目预告片的制作方法
- ✓ 掌握夏季女装上新广告的制作方法
- ✓ 掌握海鲜火锅宣传广告的制作方法

素质目标

- ✓ 培养能够针对问题提出合理、有效解决方案的科学思维能力
- ✓ 培养能够正确表达自己意见的沟通能力
- ✓ 培养勇于质疑和表达观点的批判性思维

6.1 快乐旅行节目片头

6.1.1 【操作目的】

使用"导入"命令导入素材文件，使用"旧版标题"命令和"字幕"面板创建字幕，使用"效果控件"面板制作文字特效。最终效果参看云盘中的"Ch06\ 快乐旅行节目片头\ 快乐旅行节目片头 .prproj"文件，如图 6-1 所示。

扫码观看
本案例视频

扫码观看
本案例效果

图 6-1

6.1.2 【操作步骤】

步骤 1 启动 Premiere Pro CC 2019，选择"文件 > 新建 > 项目"命令，弹出"新建项目"对话框，如图 6-2 所示，单击"确定"按钮，新建项目。选择"文件 > 新建 > 序列"命令，弹出"新建序列"对话框，单击"设置"选项卡，具体设置如图 6-3 所示，单击"确定"按钮，新建序列。

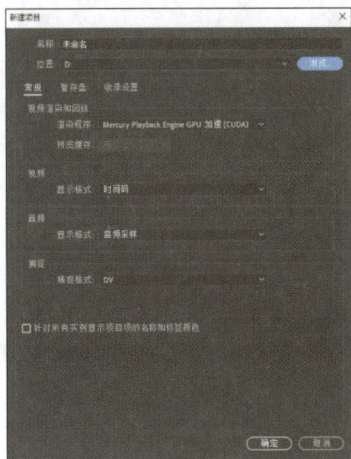

图 6-2

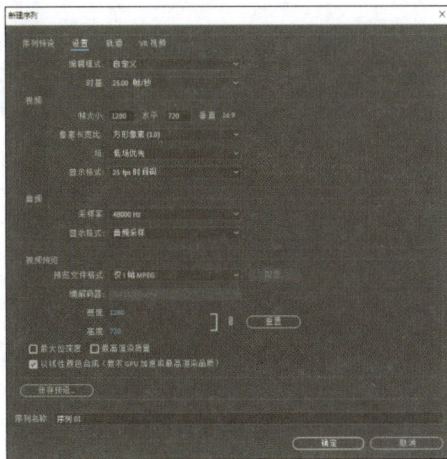

图 6-3

步骤 2 选择"文件 > 导入"命令，弹出"导入"对话框，选择本书云盘中的"Ch06\ 快乐

旅行节目片头 \ 素材 \01~03"文件，如图 6-4 所示。单击"打开"按钮，将素材文件导入"项目"
面板中，如图 6-5 所示。

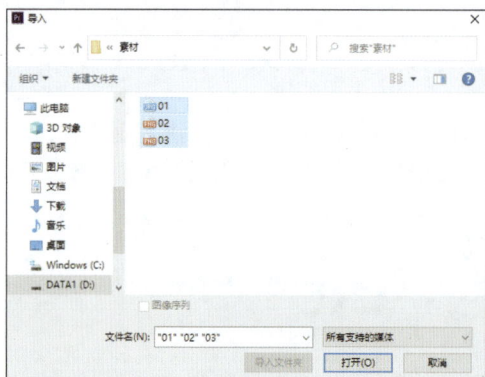

图 6-4

图 6-5

步骤 **3**　在"项目"面板中，选中"01"文件并将其拖曳到时间轴面板的"V1"轨道中，如图 6-6
所示。将时间标签放置在 02:05s 的位置。将鼠标指针放在"01"文件的结束位置，当鼠标指针呈
形状时，向左拖曳鼠标指针到时间标签所在的位置，如图 6-7 所示。

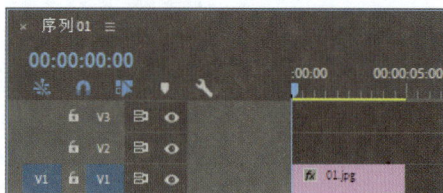

图 6-6

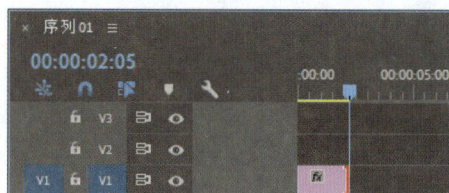

图 6-7

步骤 **4**　将时间标签放置在 00:00s 的位置。选择"文件 > 新建 > 旧版标题"命令，弹出对
话框，如图 6-8 所示，单击"确定"按钮，弹出"字幕"面板。选择"旧版标题工具"面板中的"文
字"工具 **T**，在"字幕"面板中单击并输入需要的文字，如图 6-9 所示。

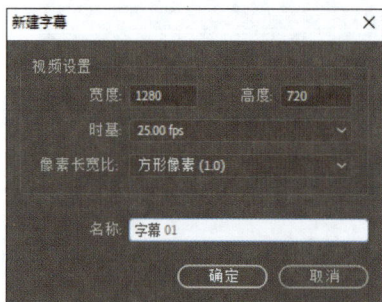

图 6-8

图 6-9

步骤 **5**　在"旧版标题属性"面板中展开"属性"选项，具体设置如图 6-10 所示。展开"填充"
选项，将"颜色"选项设置为白色。展开"阴影"选项，将"颜色"选项设置为红色（219、93、0），
其他选项的设置如图 6-11 所示。"字幕"面板中的效果如图 6-12 所示。"项目"面板中将生成"字
幕 01"文件。

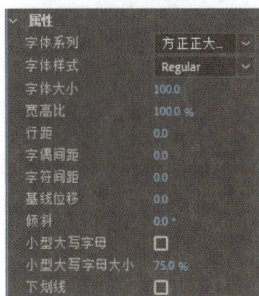
图 6-10

图 6-11

图 6-12

步骤 6 用相同的方法再次新建 3 个字幕，分别为它们填充适当的颜色并为它们添加投影效果，如图 6-13、图 6-14 和图 6-15 所示。用相同的方法新建"字幕 05"文件，并将其填充为白色，如图 6-16 所示。

图 6-13

图 6-14

图 6-15

图 6-16

步骤 7 选择"旧版标题工具"面板中的"矩形"工具 ■，在"字幕"面板中绘制一个矩形。在"旧版标题属性"面板中展开"填充"选项，将"颜色"选项设置为蓝色（27、114、220），如图 6-17 所示。按 Ctrl+Shift+[组合键，将矩形移到字幕下层，如图 6-18 所示。

图 6-17

图 6-18

步骤 8　用相同的方法新建"字幕 06"和"字幕 07"文件，并将它们填充为白色，如图 6-19 和图 6-20 所示。

图 6-19

图 6-20

步骤 9　在时间轴面板中选择"01"文件。在"效果控件"面板中展开"运动"选项，单击"缩放"选项左侧的"切换动画"按钮 ，如图 6-21 所示，记录第 1 个动画关键帧。将时间标签放置在 02:05s 的位置。在"效果控件"面板中将"缩放"选项设置为 120.0，如图 6-22 所示，记录第 2 个动画关键帧。

图 6-21

图 6-22

步骤 10　将时间标签放置在 00:00s 的位置。在"项目"面板中，选中"字幕 01"文件并将其拖曳到时间轴面板的"V2"轨道中，如果 6-23 所示。将鼠标指针放在"字幕 01"文件的结束位置并单击,显示出编辑点。当鼠标指针呈 形状时,向左拖曳鼠标指针到与"01"文件的结束位置齐平的位置,如图6-24所示。

图6-23

图6-24

步骤 11 在时间轴面板中选择"字幕01"文件。在"效果控件"面板中展开"运动"选项,将"位置"选项设置为641.8和347.5,"缩放"选项设置为0.0,"旋转"选项设置为1×0.0°,单击"缩放"和"旋转"选项左侧的"切换动画"按钮 ,如图6-25所示,记录第1个动画关键帧。将时间标签放置在00:05s的位置。在"效果控件"面板中将"缩放"选项设置为100.0,"旋转"选项设置为0.0°,如图6-26所示,记录第2个动画关键帧。

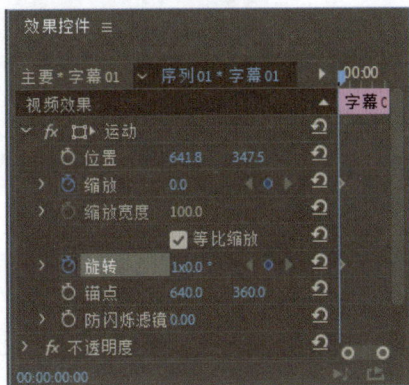

图6-25

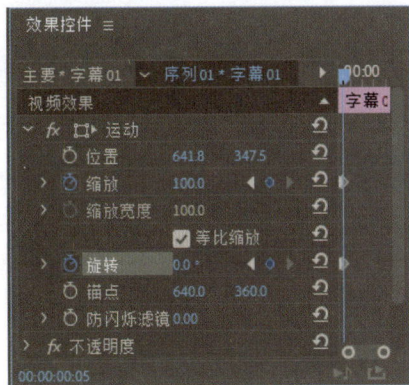

图6-26

步骤 12 在"项目"面板中,选中"字幕02"文件并将其拖曳到时间轴面板的"V3"轨道中,如果6-27所示。将鼠标指针放在"字幕02"文件的结束位置并单击,显示出编辑点。当鼠标指针呈 形状时,向左拖曳鼠标指针到与"字幕01"文件的结束位置齐平的位置,如图6-28所示。

图6-27

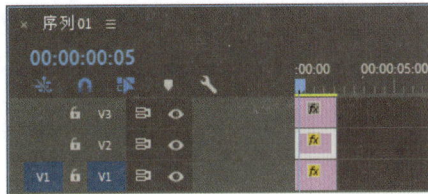

图6-28

步骤 13 在时间轴面板中选择"字幕02"文件。在"效果控件"面板中展开"运动"选项,将"缩放"选项设置为0.0,"旋转"选项设置为1×0.0°,单击"缩放"和"旋转"选项左侧的"切换动画"按钮 ,如图6-29所示,记录第1个动画关键帧。将播放指示器放置在00:10s的位置。在"效果控件"面板中,将"缩放"选项设置为100.0,"旋转"选项设置为0.0°,如图6-30所示,记录第2个动画关键帧。

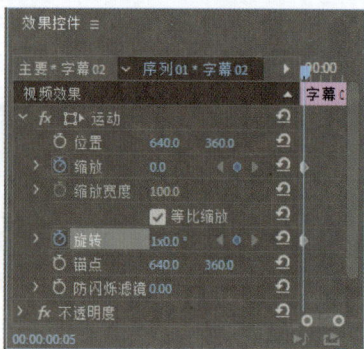

图 6-29

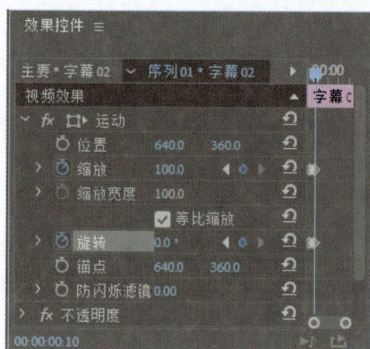

图 6-30

步骤 14 选择"序列 > 添加轨道"命令，在弹出的对话框中进行设置，如图 6-31 所示，单击"确定"按钮即可添加轨道。用上述方法在时间轴面板中添加字幕并制作关键帧，如图 6-32 所示。

步骤 15 将时间标签放置在 00:20s 的位置。在"项目"面板中选中"字幕 06""字幕 07""02"文件，分别将它们拖曳到时间轴面板的"V7""V8""V9"轨道中，再剪辑素材，如图 6-33 所示。

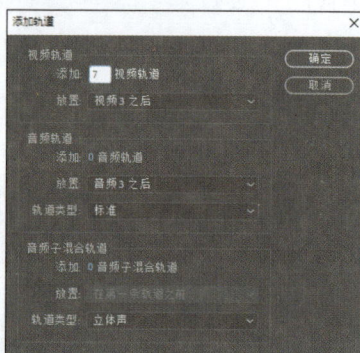

图 6-31

图 6-32

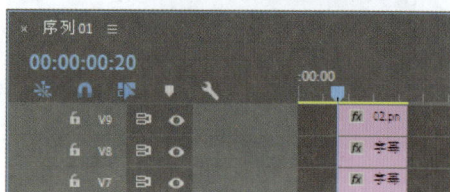

图 6-33

步骤 16 在时间轴面板中选择"02"文件。在"效果控件"面板中展开"运动"选项，将"位置"选项设置为 1408.0 和 434.0，单击"位置"选项左侧的"切换动画"按钮，如图 6-34 所示，记录第 1 个动画关键帧。将时间标签放置在 01:00s 的位置。在"效果控件"面板中，将"位置"选项设置为 886.0 和 434.0，如图 6-35 所示，记录第 2 个动画关键帧。

图 6-34

图 6-35

步骤 **17** 在"项目"面板中，选中"03"文件并将其拖曳到时间轴面板的"V10"轨道中，如图 6-36 所示。将鼠标指针放在"03"文件的结束位置并单击，显示出编辑点。当鼠标指针呈 ◄▌ 形状时，向左拖曳鼠标指针到与"02"文件的结束位置齐平的位置，如图 6-37 所示。

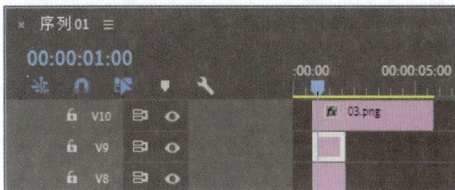

图 6-36

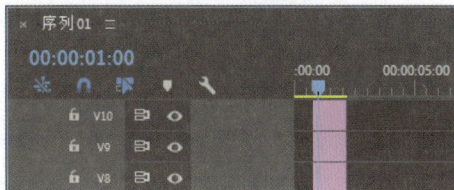

图 6-37

步骤 **18** 将时间标签放置在 00:20s 的位置。在时间轴面板中选择"03"文件。在"效果控件"面板中展开"运动"选项，将"缩放"选项设置为 0.0，单击"缩放"选项左侧的"切换动画"按钮 ⏱，如图 6-38 所示，记录第 1 个动画关键帧。将时间标签放置在 01:00s 的位置。在"效果控件"面板中，将"缩放"选项设置为 100.0，如图 6-39 所示，记录第 2 个动画关键帧。快乐旅行节目片头制作完成。

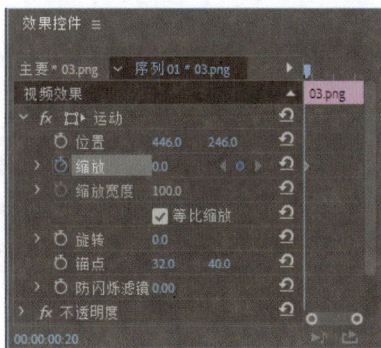

图 6-38

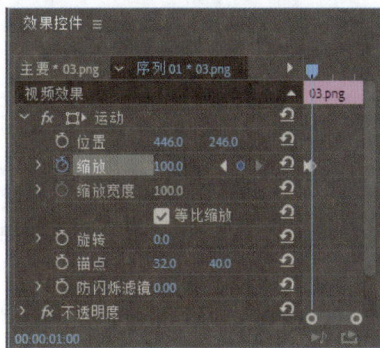

图 6-39

6.1.3 【相关工具】

1. 创建传统字幕

创建水平或垂直传统字幕的具体操作步骤如下。

步骤 **1** 选择"文件 > 新建 > 旧版标题"命令，弹出"新建字幕"对话框，如图 6-40 所示。单击"确定"按钮，弹出"字幕"面板，如图 6-41 所示。

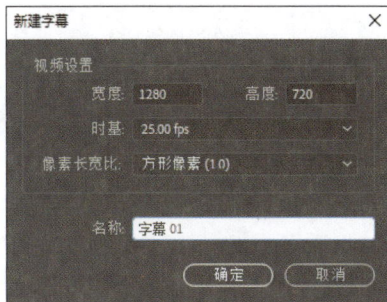

图 6-40

图 6-41

步骤 **2**　单击面板左上角的 ☰ 按钮，在弹出的菜单中选择"工具"命令，如图 6-42 所示，弹出"旧版标题工具"面板，如图 6-43 所示。

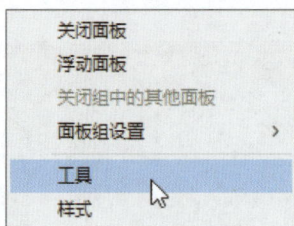

图 6-42

图 6-43

步骤 **3**　选择"旧版标题工具"面板中的"文字"工具 **T**，在"字幕"面板中单击并输入需要的文字，如图 6-44 所示。单击面板左上角的 ☰ 按钮，在弹出的菜单中选择"样式"命令，弹出"旧版标题样式"面板，如图 6-45 所示。

图 6-44

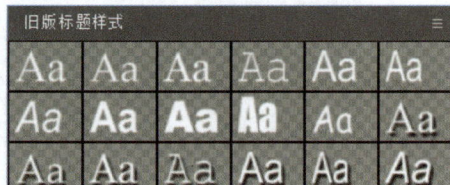

图 6-45

步骤 **4**　在"旧版标题样式"面板中选择需要的字幕样式，如图 6-46 所示。应用样式后，"字幕"面板中的效果如图 6-47 所示。

图 6-46

图 6-47

步骤 **5**　在"字幕"面板上方设置文字字体、文字大小和字偶间距后，"字幕"面板中的效果如图 6-48 所示。选择"旧版标题工具"面板中的"垂直文字"工具 **IT**，在"字幕"面板中单击并输入需要的文字，然后设置字幕的样式和属性，效果如图 6-49 所示。

图6-48

图6-49

2. 创建图形字幕

创建水平或垂直图形字幕的具体操作步骤如下。

步骤 1 选择工具面板中的"文字"工具 **T**，在"节目"面板中单击并输入需要的文字，如图6-50所示。时间轴面板的"V2"轨道中将生成"花艺制作"图形文件，如图6-51所示。

图6-50

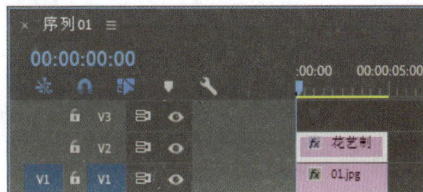

图6-51

步骤 2 选择"节目"面板中输入的文字，如图6-52所示。选择"窗口 > 基本图形"命令，弹出"基本图形"面板，在"外观"选项区中将"填充"选项设置为暗红色（171、31、56），"文本"选项区中的设置如图6-53所示。

图6-52

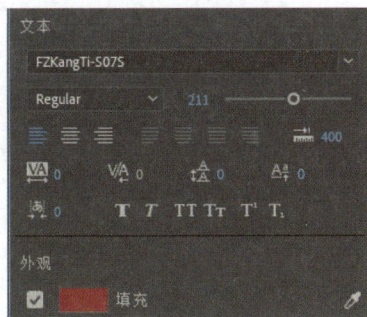

图6-53

步骤 3 "基本图形"面板的"对齐并变换"选项区中的设置如图 6-54 所示。"节目"面板中的效果如图 6-55 所示。

图 6-54

图 6-55

步骤 4 选择工具面板中的"垂直文字"工具 T，在"节目"面板中输入文字，并在"基本图形"面板中设置文字属性，效果如图 6-56 所示。时间轴面板如图 6-57 所示。

图 6-56

图 6-57

3. 创建开放式字幕

创建开放式字幕的具体操作步骤如下。

步骤 1 选择"文件 > 新建 > 字幕"命令，弹出"新建字幕"对话框，具体设置如图 6-58 所示。单击"确定"按钮，"项目"面板中将生成"开放式字幕"文件，如图 6-59 所示。

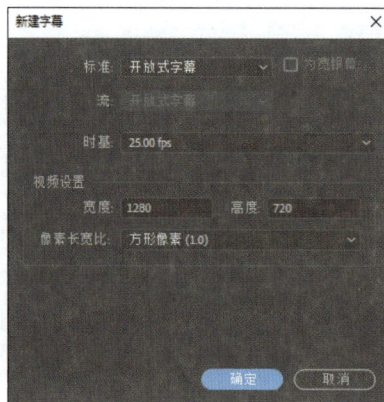

图 6-58

图 6-59

步骤 2 双击"项目"面板中的"开放式字幕"文件,弹出"字幕"面板,如图 6-60 所示。在面板右下角的矩形框中输入需要的文字,并在上方的属性栏中设置文字字体、文字大小、文本颜色、背景不透明度和字幕块的位置等,如图 6-61 所示。

图 6-60

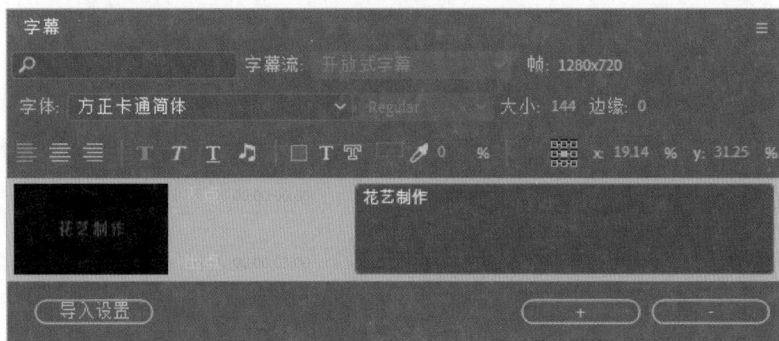

图 6-61

步骤 3 在"字幕"面板下方单击 ▉▉▉▉ 按钮,添加字幕,如图 6-62 所示。在面板右下角的矩形框中输入需要的文字,并在上方的属性栏中设置文字大小、文本颜色、背景不透明度和字幕块的位置等,如图 6-63 所示。

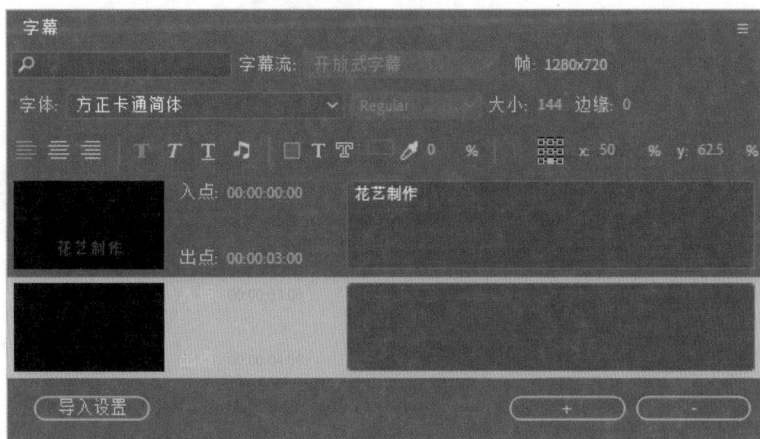

图 6-62

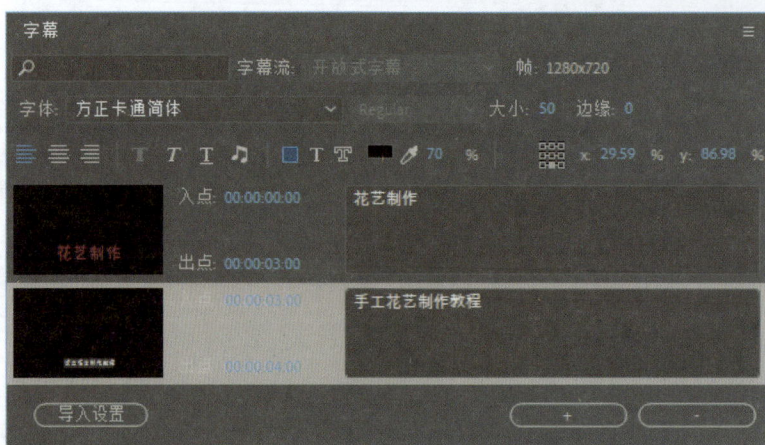

图 6-63

步骤 4 在"项目"面板中，选中"开放式字幕"文件并将其拖曳到时间轴面板的"V2"轨道中，如图 6-64 所示。将鼠标指针放在"开放式字幕"文件的结束位置，当鼠标指针呈 ◀ 形状时，向右拖曳鼠标指针到与"01"文件的结束位置齐平的位置，如图 6-65 所示。"节目"面板中的效果如图 6-66 所示。将时间标签放置在 03:00s 的位置，"节目"面板中的效果如图 6-67 所示。

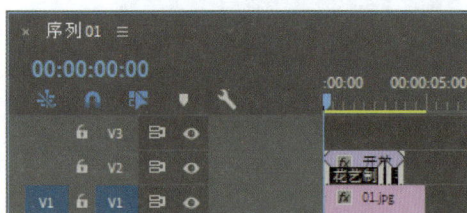

图 6-64

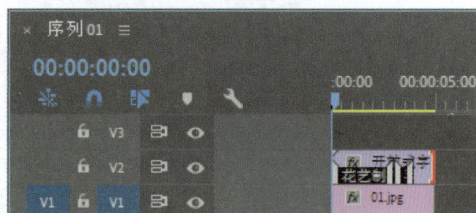

图 6-65

图 6-66

图 6-67

4. 创建路径字幕

创建水平或垂直路径字幕的具体操作步骤如下。

步骤 1 选择"文件 > 新建 > 旧版标题"命令，弹出"新建字幕"对话框，如图 6-68 所示。单击"确定"按钮，弹出"字幕"面板，如图 6-69 所示。

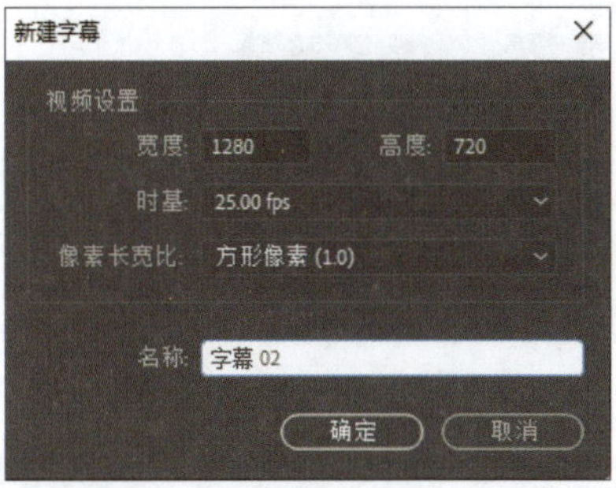

图 6-68

图 6-69

步骤 2　单击面板左上角的 ≡ 按钮，在弹出的菜单中选择"工具"命令，如图 6-70 所示，弹出"旧版标题工具"面板，如图 6-71 所示。

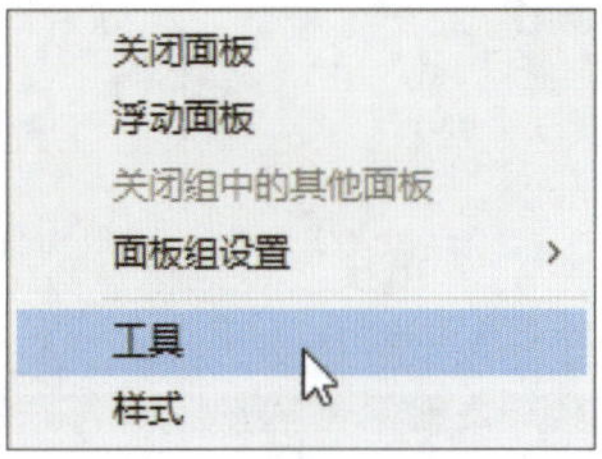

图 6-70

图 6-71

步骤 3　选择"旧版标题工具"面板中的"路径文字"工具 ，在"字幕"面板中拖曳绘制路径，如图 6-72 所示。选择"路径文字"工具 ，在路径上单击插入光标，输入需要的文字，如图 6-73 所示。

图 6-72

图 6-73

步骤 4　单击面板左上角的 ≡ 按钮，在弹出的菜单中选择"属性"命令，如图 6-74 所示。弹出"旧版标题属性"面板，展开"填充"选项，将"颜色"选项设置为暗红色（171、31、56）；展开"属性"选项，各选项的设置如图 6-75 所示。"字幕"面板中的效果如图 6-76 所示。用相同的方法制作垂直路径字幕，"字幕"面板中的效果如图 6-77 所示。

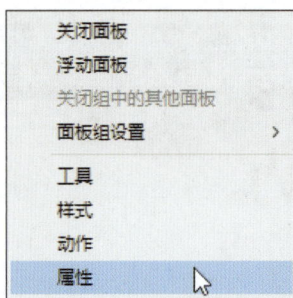

图 6-74

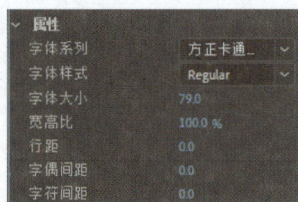

图 6-75

图 6-76

图 6-77

5. 创建段落字幕

步骤 1 选择"文件 > 新建 > 旧版标题"命令，弹出"新建字幕"对话框，如图 6-78 所示。单击"确定"按钮，弹出"字幕"面板。选择"旧版标题工具"面板中的"文字"工具 ■，在"字幕"面板中拖曳出一个文本框，如图 6-79 所示。

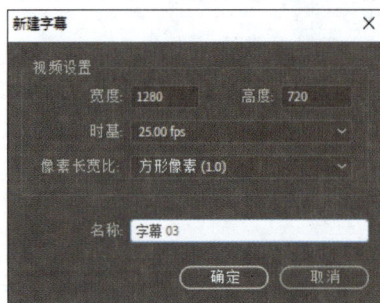

图 6-78

图 6-79

步骤 2 在"字幕"面板中输入需要的段落文字，如图 6-80 所示。在"旧版标题属性"面板中展开"填充"选项，将"颜色"选项设置为暗红色（171、31、56）；展开"属性"选项，各选项的设置如图 6-81 所示。"字幕"面板中的效果如图 6-82 所示。用相同的方法制作垂直段落文字，"字幕"面板中的效果如图 6-83 所示。

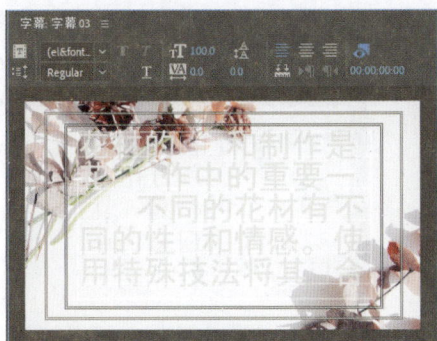

图6-80

图6-81

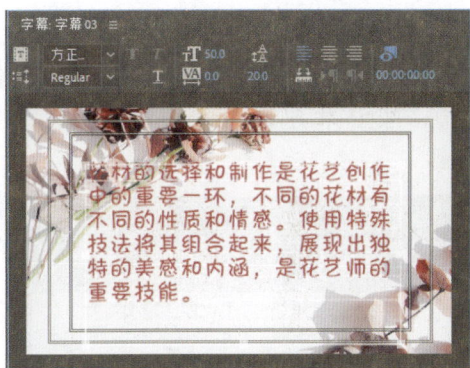

图6-82

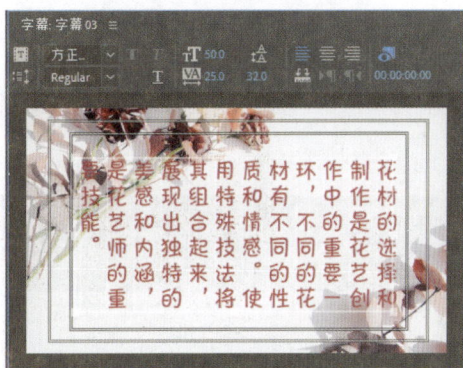

图6-83

步骤 3 　除上述方法外，还可通过以下方法创建段落字幕。选择工具面板中的"文字"工具 T ，在"节目"面板中拖曳出一个文本框并输入文字，在"基本图形"面板中编辑文字，效果如图6-84所示。用相同的方法制作垂直段落文字，效果如图6-85所示。

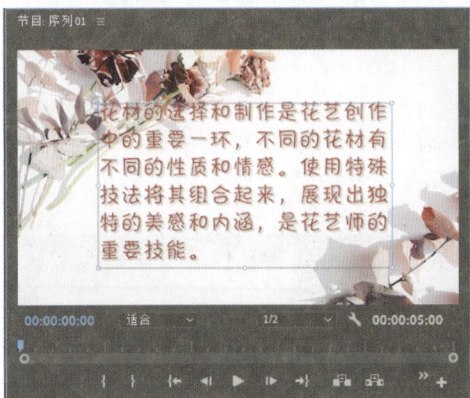

图6-84

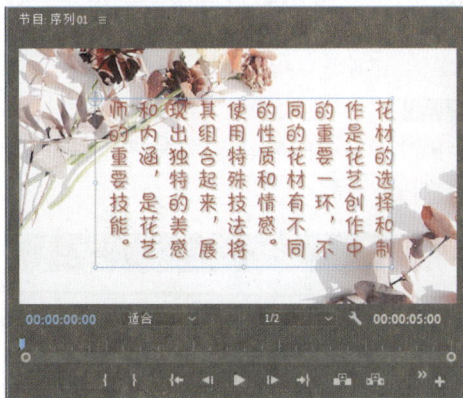

图6-85

6．编辑字幕

◎ 编辑传统字幕

步骤 1 　在"字幕"面板中输入文字并设置文字属性，如图6-86所示。选择"选择"工具 ，选中文字，将鼠标指针移动至文本框内，单击并按住鼠标左键进行拖曳，可移动文字对象，效果如图6-87所示。

图 6-86

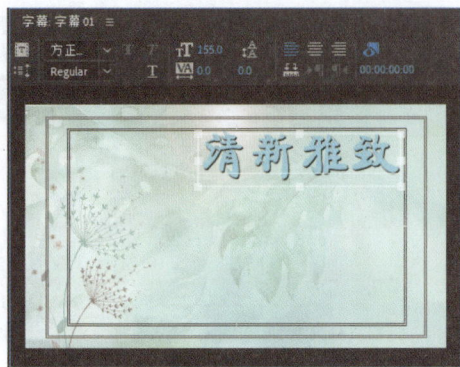

图 6-87

步骤 2 将鼠标指针移至文本框的任意一个控制点上,当鼠标指针呈 ↗、↔ 或 ↘ 形状时,单击并按住鼠标右键进行拖曳,可缩放文字对象,效果如图 6-88 所示。将鼠标指针移至文本框的任意一个控制点的外侧,当鼠标指针呈 ↻、↺ 或 ↻ 形状时,单击并按住鼠标右键进行拖曳,可旋转文字对象,效果如图 6-89 所示。

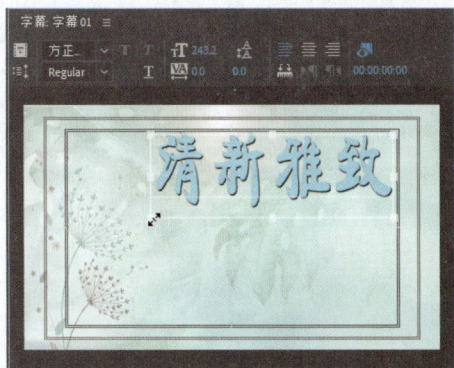

图 6-88

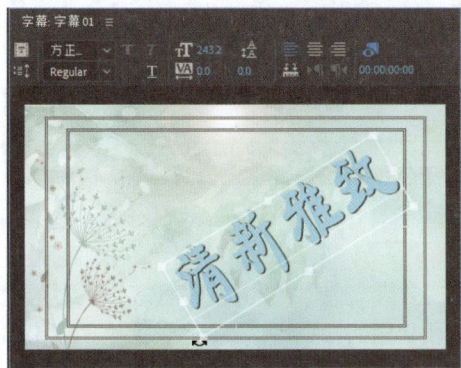

图 6-89

◎ 编辑图形字幕

步骤 1 在"节目"面板中输入文字并设置文字属性,如图 6-90 所示。选择"选择"工具 ▶,选取文字,将鼠标指针移动至文本框内,单击并按住鼠标左键进行拖曳,可移动文字对象,效果如图 6-91 所示。

图 6-90

图 6-91

步骤 2 将鼠标指针移至文本框的任意一个控制点上，当鼠标指针呈↖↘、↔或↗↙形状时，单击并按住鼠标右键进行拖曳，可以缩放文字对象，效果如图 6-92 所示。将鼠标指针移至文本框的任意一个控制点的外侧，当鼠标指针呈↰、↱或↲形状时，单击并按住鼠标右键进行拖曳，可以旋转文字对象，效果如图 6-93 所示。

图 6-92

图 6-93

步骤 3 将鼠标指针移至文本框上的锚点⊕处，当鼠标指针呈↖形状时，单击并按住鼠标左键将其拖曳到适当的位置，如图 6-94 所示。将鼠标指针移至文本框的任意一个控制点的外侧，当鼠标指针呈↰、↱或↲形状时，单击并按住鼠标右键进行拖曳，将以锚点⊕为中心旋转文字对象，效果如图 6-95 所示。

图 6-94

图 6-95

◎ 编辑开放式字幕

步骤 1 在"节目"面板中预览开放式字幕，如图 6-96 所示。在"项目"面板中双击"开放式字幕"文件，打开"字幕"面板，设置字幕块的位置为上方居中，如图 6-97 所示。

步骤 2 在"节目"面板中预览效果，如图 6-98 所示。在"字幕"面板右侧设置字幕块在水平和垂直方向上的位置，在"节目"面板中预览效果，如图 6-99 所示。

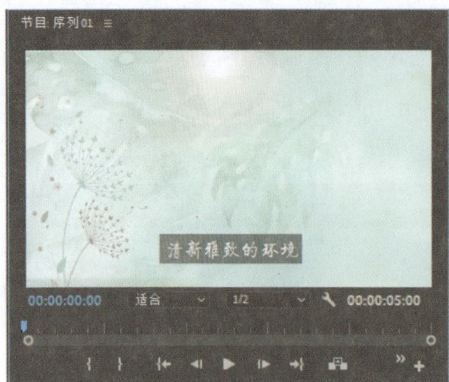

图 6-96

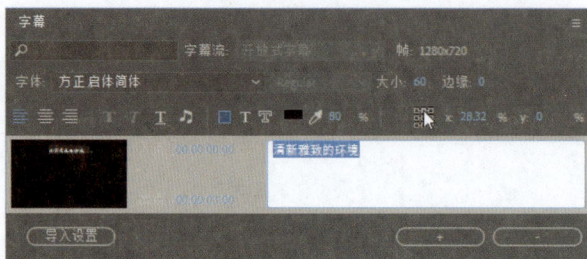

图 6-97

图 6-98

图 6-99

7．设置字幕的属性

用户在 Premiere Pro CC 2019 中可以非常方便地对字幕进行修饰，包括调整其位置、不透明度、字体、字体大小、颜色和为字幕添加阴影等。

◎ 在"旧版标题属性"面板中编辑传统字幕的属性

在"旧版标题属性"面板的"变换"选项中可以对字幕或图形的不透明度、位置、高度、宽度及旋转等属性进行设置，如图 6-100 所示。在"属性"选项中可以对字幕的字体、字体大小、外观、字距及扭曲等基本属性进行设置，如图 6-101 所示。在"填充"选项中可以设置字幕或者图形的填充类型、颜色和不透明度等属性，如图 6-102 所示。

图 6-100

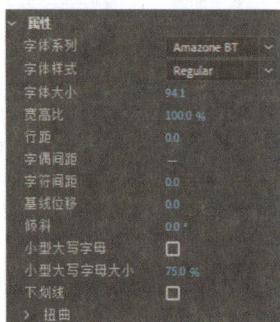

图 6-101

图 6-102

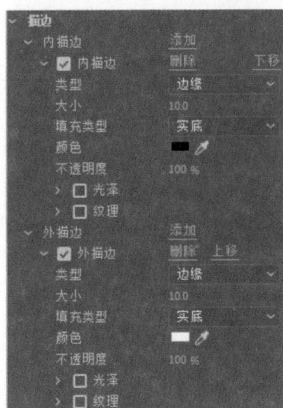
图 6-103

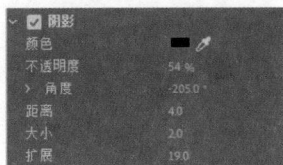
图 6-104

图 6-105

"描边"选项用于设置字幕或者图形的描边效果，有内描边和外描边两种，如图 6-103 所示。"阴影"选项用于为字幕添加阴影效果，如图 6-104 所示。"背景"选项用于设置字幕背景的填充类型、颜色和不透明度等属性，如图 6-105 所示。

◎ 在"效果控件"面板中编辑图形字幕的属性

在"效果控件"面板中展开"文本"选项，在"源文本"选项中可以设置字幕的字体、字体样式、字体大小、字距和行距等属性。在"外观"选项中可以设置字幕的填充、描边及阴影等属性，如图 6-106 所示。在"变换"选项中可以设置字幕的位置、缩放、旋转、不透明度、锚点等属性，如图 6-107 所示。

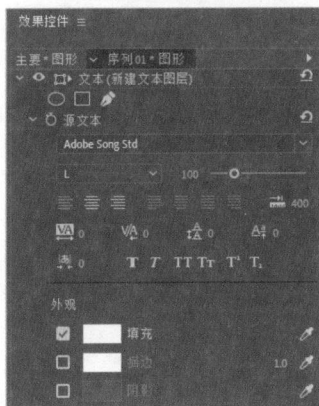
图 6-106

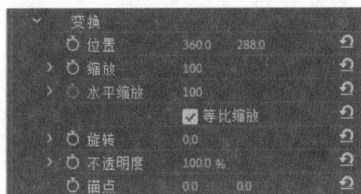
图 6-107

◎ 在"基本图形"面板中编辑图形字幕的属性

在"基本图形"面板中，最上方为文本图层和响应式设计，如图 6-108 所示。"对齐并变换"选项区用于设置图形的对齐、位置、旋转及比例等属性。"主样式"选项区用于设置图形对象的主样式，如图 6-109 所示。"文本"选项区用于设置文字的字体、字体样式、字体大小、字距和行距等属性。"外观"选项区用于设置填充、描边及阴影等属性，如图 6-110 所示。

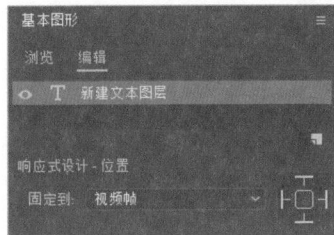
图 6-108

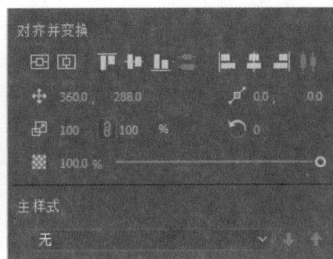
图 6-109

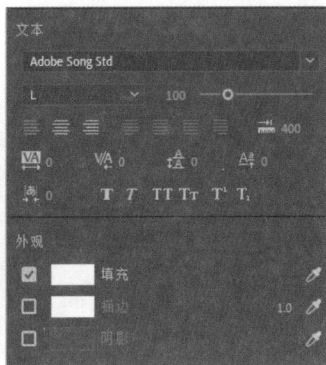
图 6-110

◎ 在"字幕"面板中编辑开放式字幕的属性

在"字幕"面板最上方可以过滤字幕内容、选择字幕流及查看帧数。接下来的区域为字幕属性栏，可以设置字体、字体大小、对齐方式、文字颜色和字幕块位置等属性。下方为显示字幕、设置入点和出点及输入字幕的区域。最下方为导入设置、添加字幕及删除字幕按钮，如图 6-111 所示。

图 6-111

6.1.4　【实战演练】——特惠促销节目片头

使用"文字"工具输入文字，使用"基本图形"面板设置文字的属性，使用不同的特效制作图像间的过渡效果。最终效果参看云盘中的"Ch06\ 特惠促销节目片头 \ 特惠促销节目片头 .prproj"文件，如图 6-112 所示。

扫码观看
本案例视频

扫码观看
本案例效果

图 6-112

6.2　节目滚动预告片

6.2.1　【操作目的】

使用"导入"命令导入素材文件，使用"基本图形"和"效果控件"面板制作滚动条，使用"旧版标题"命令创建字幕，使用"滚动 / 游动选项"按钮制作滚动文字。最终效果参看云盘中的"Ch06\ 节目滚动预告片 \ 节目滚动预告片 .prproj"文件，如图 6-113 所示。

扫码观看
本案例视频

扫码观看
本案例效果

图 6-113

6.2.2 【操作步骤】

步骤 1 启动 Premiere Pro CC 2019，选择"文件 > 新建 > 项目"命令，弹出"新建项目"对话框，如图 6-114 所示，单击"确定"按钮，新建项目。选择"文件 > 新建 > 序列"命令，弹出"新建序列"对话框，单击"设置"选项卡，具体设置如图 6-115 所示，单击"确定"按钮，新建序列。

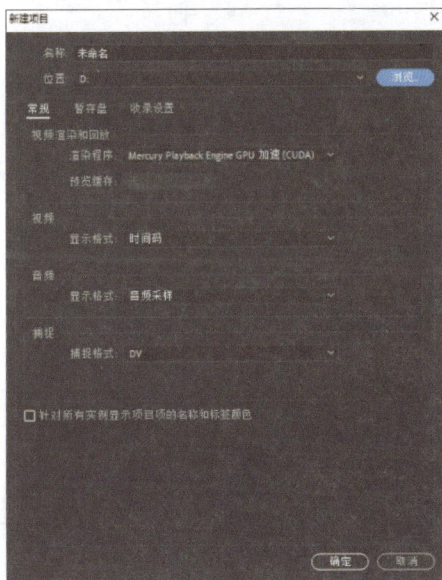

图 6-114

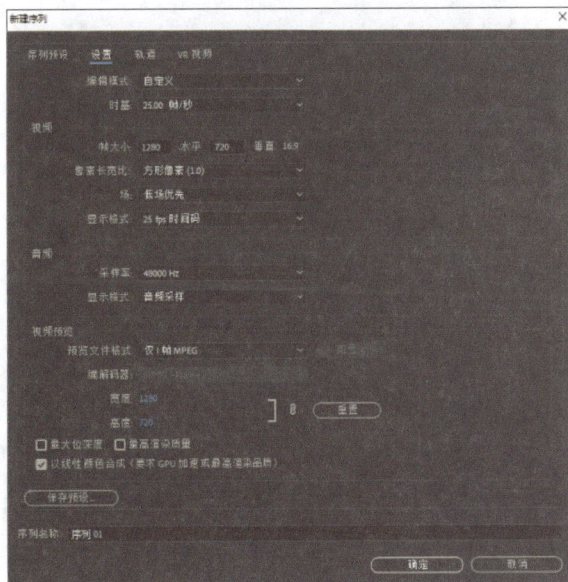

图 6-115

步骤 2 选择"文件 > 导入"命令，弹出"导入"对话框，选择本书云盘中的"Ch06\ 节目滚动预告片 \ 素材 \01"文件，如图 6-116 所示。单击"打开"按钮，将素材文件导入"项目"面板中，如图 6-117 所示。

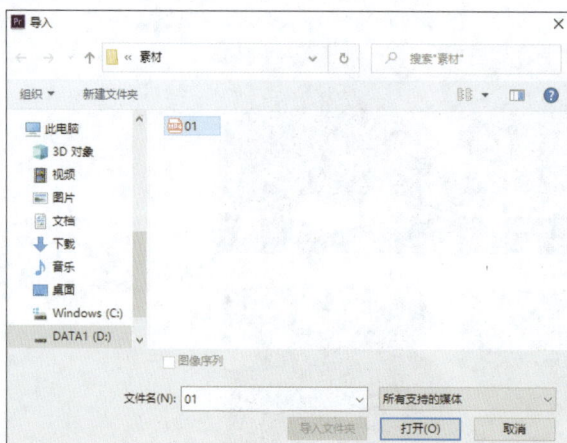

图 6-116

图 6-117

步骤 3 在"项目"面板中，选中"01"文件并将其拖曳到时间轴面板的"V1"轨道中，弹出"剪辑不匹配警告"对话框，如图 6-118 所示。单击"保持现有设置"按钮，在保持现有序列设置的情况下将"01"文件放置在"V1"轨道中，如图 6-119 所示。

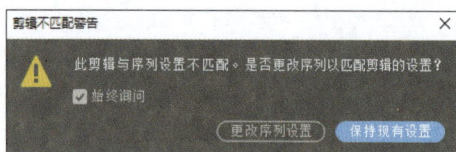

图 6-118

图 6-119

步骤 4 在时间轴面板中选择"01"文件。在"效果控件"面板中展开"运动"选项，将"缩放"选项设置为 67.0，如图 6-120 所示。选择"剪辑 > 速度 / 持续时间"命令，弹出相应对话框，将"速度"选项设置为 150%，如图 6-121 所示。单击"确定"按钮，时间轴面板如图 6-122 所示。

图 6-120

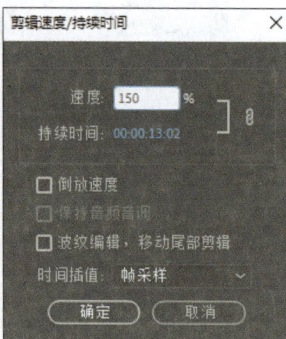

图 6-121

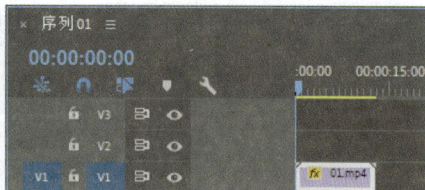

图 6-122

步骤 5 在"基本图形"面板中单击"编辑"选项卡，单击"新建图层"按钮 ，在弹出的菜单中选择"矩形"命令，"节目"面板中将生成一个矩形，如图 6-123 所示。时间轴面板的"V2"轨道中将生成一个"图形"文件，如图 6-124 所示。

图 6-123

图 6-124

步骤 **6** 在"基本图形"面板中选择"图形"图层,"对齐并变换"选项区中的设置如图 6-125 所示。"节目"面板中的矩形如图 6-126 所示。

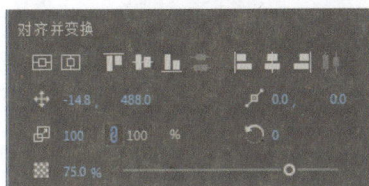

图 6-125

图 6-126

步骤 **7** 在"节目"面板中调整矩形的长宽比,如图 6-127 所示。将鼠标指针放在"图形"文件的结束位置,当鼠标指针呈 ◀ 形状时,向右拖曳鼠标指针到与"01"文件的结束位置齐平的位置,如图 6-128 所示。

图 6-127

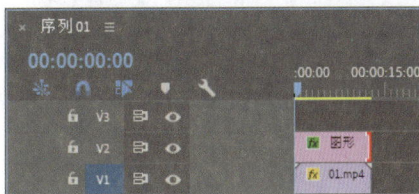

图 6-128

步骤 **8** 选择"文件 > 新建 > 旧版标题"命令,弹出"新建字幕"对话框,如图 6-129 所示,单击"确定"按钮,弹出"字幕"面板。选择"旧版标题工具"面板中的"文字"工具 **T**,在"字幕"面板中单击并输入需要的文字,然后为其设置适当的字体和大小,如图 6-130 所示。"项目"面板中将生成"字幕 01"文件。

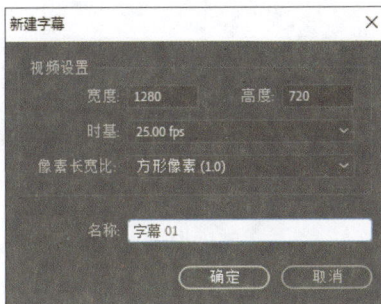

图 6-129

图 6-130

步骤 **9** 在"字幕"面板中单击"滚动/游动选项"按钮 ≣↕,在弹出的对话框中选择"向左游动"单选项,在"定时(帧)"选项区中勾选"开始于屏幕外"和"结束于屏幕外"复选框,如图 6-131

所示。单击"确定"按钮，滚动字幕制作完成，"字幕"面板如图 6-132 所示。

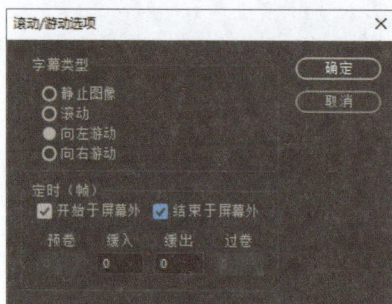

图 6-131

图 6-132

步骤 10　在"项目"面板中，选中"字幕 01"文件并将其拖曳到时间轴面板中的"V3"轨道中，如图 6-133 所示。将鼠标指针放在"字幕 01"文件的结束位置，当鼠标指针呈 形状时，向右拖曳鼠标指针到与"图形"文件的结束位置齐平的位置，如图 6-134 所示。节目滚动预告片制作完成。

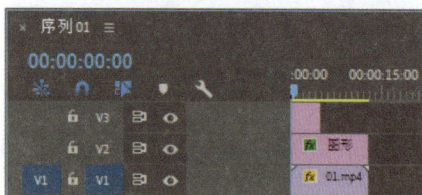

图 6-133

图 6-134

6.2.3　【相关工具】

1. 创建垂直滚动字幕

创建垂直滚动字幕的具体操作步骤如下。

◎ 在"字幕"面板中创建垂直滚动字幕

步骤 1　启动 Premiere Pro CC 2019，在"项目"面板中导入素材并将其添加到时间轴面板中的视频轨道上。

步骤 2　选择"文件 > 新建 > 旧版标题"命令，弹出"新建字幕"对话框，单击"确定"按钮。

步骤 3　选择"旧版标题工具"面板中的"文字"工具 **T**，在"字幕"面板中拖曳出一个文本框，输入需要的文字并对其属性进行相应的设置，如图 6-135 所示。

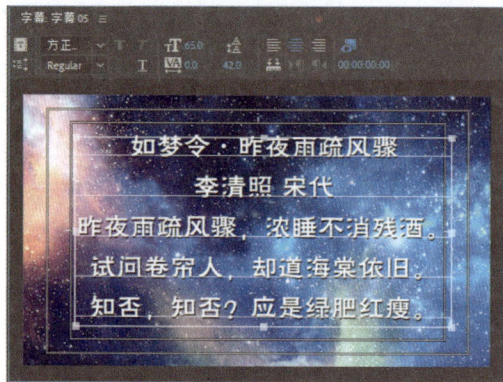

图 6-135

步骤 4　在"字幕"面板中单击"滚动 / 游动选项"按钮 ，在弹出的对话框中选择"滚动"单选项，在"定时（帧）"选项区中勾选"开始于屏幕外"和"结束于屏幕外"复选框，其他参数的设置如图 6-136 所示，单击"确定"按钮。

步骤 5　创建的字幕会自动保存在"项目"面板中。在"项目"面板中将新建的字幕添加到时间轴面板的"V2"轨道上，并将其调整为与"V1"轨道中的素材等长，如图 6-137 所示。

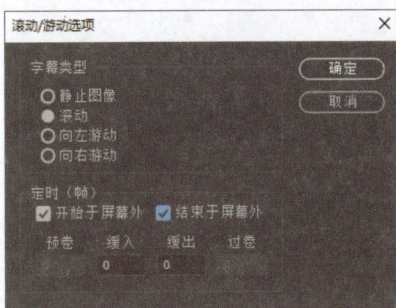
图 6-136

图 6-137

步骤 6 单击"节目"面板下方的"播放 – 停止切换"按钮 ▶ / ■，即可预览字幕的垂直滚动效果，如图 6-138 和图 6-139 所示。

图 6-138

图 6-139

◎ 在"基本图形"面板中创建垂直滚动字幕

在"基本图形"面板中退出文字图层的选择状态，如图 6-140 所示。勾选"滚动"复选框，在弹出的面板中设置其他选项，可以创建垂直滚动字幕，如图 6-141 所示。

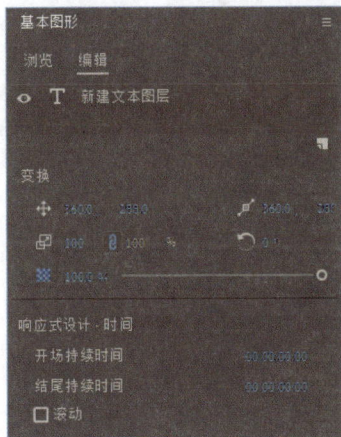
图 6-140

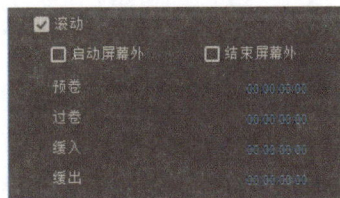
图 6-141

2. 创建横向滚动字幕

创建横向滚动字幕的操作与创建垂直滚动字幕的操作基本相同，具体操作步骤如下。

步骤 1 启动 Premiere Pro CC 2019，在"项目"面板中导入素材并将其添加到时间轴面板中的视频轨道上。

步骤 2 选择"文件 > 新建 > 旧版标题"命令，弹出"新建字幕"对话框，单击"确定"按钮。

步骤 3 选择"旧版标题工具"面板中的"文字"工具 **T**，在"字幕"面板中单击并输入需要的文字，然后设置其样式和属性，如图 6-142 所示。

步骤 4 单击"字幕"面板左上方的"滚动／游动选项"按钮，在弹出的对话框中选择"向左游动"单选项，其他设置如图 6-143 所示，单击"确定"按钮。

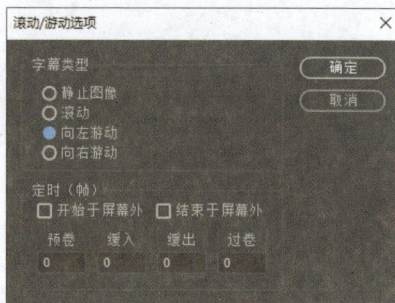

图 6-142   图 6-143

步骤 5 创建的字幕会自动保存在"项目"面板中。在"项目"面板中将新建的字幕添加到时间轴面板的"V2"轨道上，如图 6-144 所示。在"效果"面板中展开"视频效果"特效分类选项，单击"键控"文件夹左侧的 ▶ 按钮将其展开，选中"轨道遮罩键"特效，如图 6-145 所示。

步骤 6 将"轨道遮罩键"特效拖曳到时间轴面板"V1"轨道中的"03"文件上。在"效果控件"面板中展开"轨道遮罩键"选项，具体设置如图 6-146 所示。

图 6-144   图 6-145   图 6-146

步骤 7 单击"节目"面板下方的"播放－停止切换"按钮 ▶ ／ ■ ，即可预览字幕的横向滚动效果，如图 6-147 和图 6-148 所示。

图 6-147   图 6-148

6.2.4 【实战演练】——节目预告片

使用"导入"命令导入素材文件，使用"旧版标题"命令创建字幕，使用"字幕"面板添加文字并制作滚动字幕，使用"旧版标题属性"面板编辑字幕。最终效果参看云盘中的"Ch06\ 节目预告片\ 节目预告片 .prproj"文件，如图 6-149 所示。

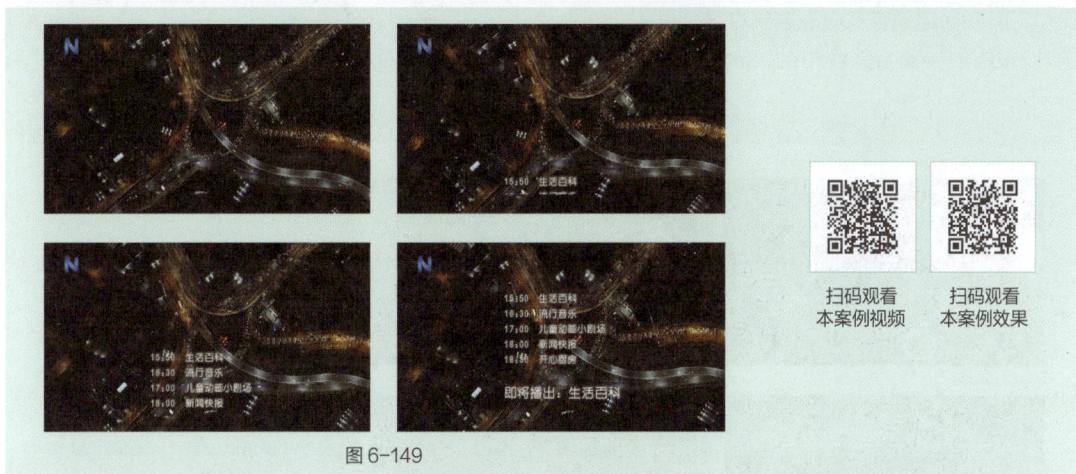

图 6-149

6.3 综合案例——夏季女装上新广告

使用"导入"命令导入素材图片，使用"旧版标题"命令创建字幕，使用"字幕"面板添加文字并制作滚动字幕，使用"旧版标题属性"面板编辑字幕，使用"效果控件"面板调整素材的"位置"和"缩放"选项。最终效果参看云盘中的"Ch06\ 夏季女装上新广告 \ 夏季女装上新广告 .prproj"文件，如图 6-150 所示。

图 6-150

6.4 综合案例——海鲜火锅宣传广告

使用"导入"命令导入素材文件，使用"旧版标题"命令创建字幕，使用"字幕"面板添加文字，使用"旧版标题属性"面板编辑字幕，使用"效果控件"面板调整素材的"位置""缩放""不透明度"
选项。最终效果参看云盘中的"Ch06\海鲜火锅宣传广告\海鲜火锅宣传广告.prproj"文件，如图6-151
所示。

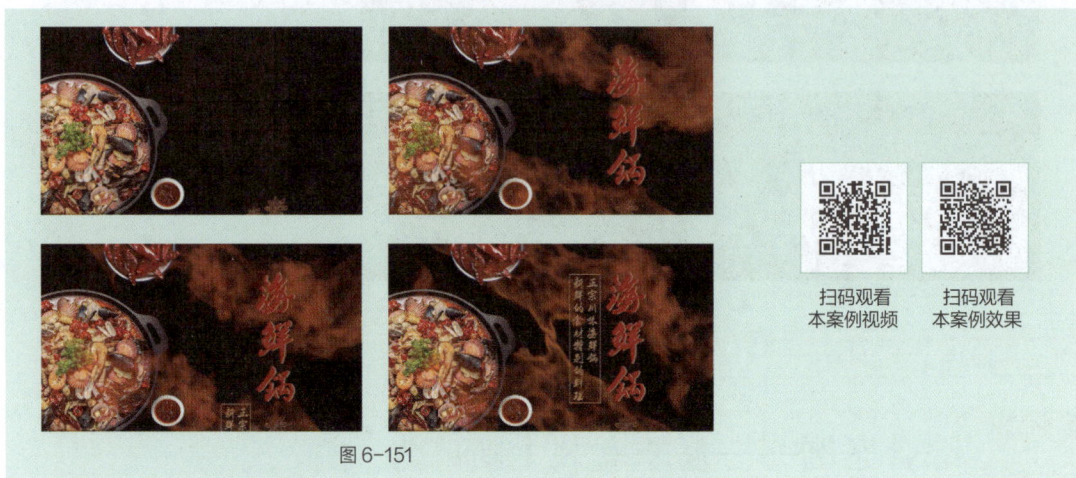

图 6-151

扫码观看
本案例视频

扫码观看
本案例效果

07

第 7 章
加入音频

本章介绍

本章主要对加入音频、编辑音频及添加音频特效的方法进行介绍，重点讲解音轨混合器及编辑音频等操作。通过对本章的学习，读者可以掌握加入音频的方法和添加音频特效的技巧。

知识目标

- 了解音频效果
- 掌握使用音轨混合器调节音频的方法
- 掌握音频的编辑技巧
- 掌握添加音频特效的方法

能力目标

- 掌握休闲生活宣传片的制作方法
- 掌握万马奔腾宣传片的制作方法
- 掌握个性女装新品宣传片的制作方法
- 掌握时尚音乐宣传片的制作方法
- 掌握动物世界宣传片的制作方法
- 掌握自然美景宣传片的制作方法

素质目标

- 培养团队成员相互配合的协作能力
- 培养运用逻辑思维方法研究问题的能力
- 培养精心细致的项目实施能力

7.1 休闲生活宣传片

7.1.1 【操作目的】

使用"导入"命令导入素材文件，使用"效果控件"面板调整音频的淡入与淡出效果。最终效果参看云盘中的"Ch07\ 休闲生活宣传片 \ 休闲生活宣传片 .prproj"文件，如图 7-1 所示。

图 7-1

扫码观看
本案例视频

扫码观看
本案例效果

7.1.2 【操作步骤】

步骤 1 启动 Premiere Pro CC 2019，选择"文件 > 新建 > 项目"命令，弹出"新建项目"对话框，如图 7-2 所示，单击"确定"按钮，新建项目。选择"文件 > 新建 > 序列"命令，弹出"新建序列"对话框，单击"设置"选项卡，具体设置如图 7-3 所示，单击"确定"按钮，新建序列。

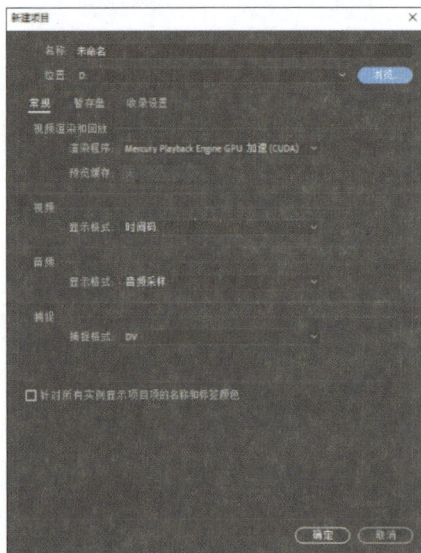

图 7-2

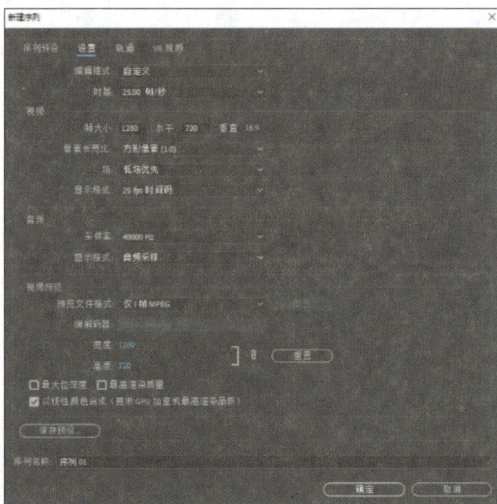

图 7-3

步骤 2 选择"文件 > 导入"命令，弹出"导入"对话框，选择本书云盘中的"Ch07\休闲生活宣传片\素材\01和02"文件，如图7-4所示。单击"打开"按钮，将素材文件导入"项目"面板中，如图7-5所示。

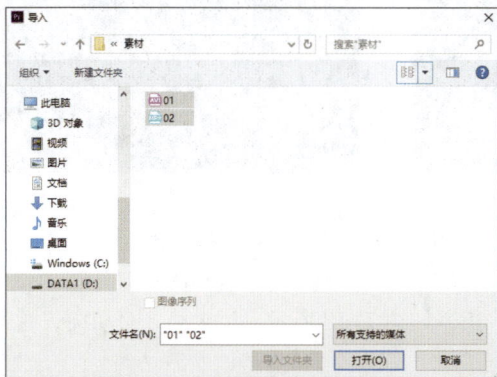

图7-4

图7-5

步骤 3 在"项目"面板中，选中"01"文件并将其拖曳到时间轴面板中的"V1"轨道中，弹出"剪辑不匹配警告"对话框。单击"保持现有设置"按钮，在保持现有序列设置的情况下将"01"文件放置在"V1"轨道中，如图7-6所示。选择时间轴面板中的"01"文件。在"效果控件"面板中展开"运动"选项，将"缩放"选项设置为67.0，如图7-7所示。

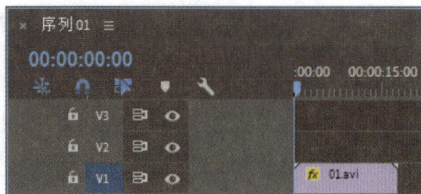

图7-6

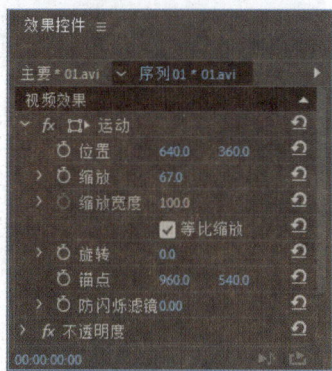

图7-7

步骤 4 在"项目"面板中，选中"02"文件并将其拖曳到时间轴面板的"A1"轨道中，如图7-8所示。将鼠标指针放在"02"文件的结束位置，当鼠标指针呈┥形状时，向左拖曳鼠标指针到与"01"文件的结束位置齐平的位置，如图7-9所示。

图7-8

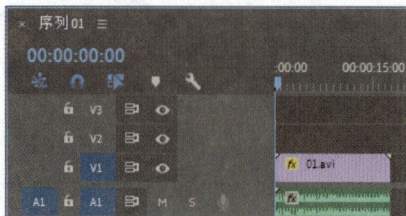

图7-9

步骤 5 选择时间轴面板中的"02"文件，如图7-10所示。将播放指示器放置在01:24s的位置。在"效果控件"面板中展开"音量"选项，将"级别"选项设置为-2.9dB，如图7-11所示，记录第 1 个动画关键帧。

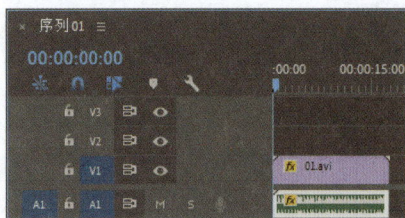

图 7-10

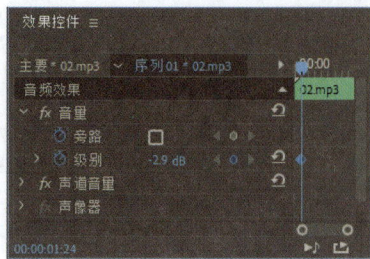

图 7-11

步骤 6 将播放指示器放置在 09:07s 的位置，在"效果控件"面板中将"级别"选项设置为 2.6dB，如图 7-12 所示，记录第 2 个动画关键帧。将播放指示器放置在 13:16s 的位置，在"效果控件"面板中将"级别"选项设置为 -3.3dB，如图 7-13 所示，记录第 3 个动画关键帧。休闲生活宣传片制作完成。

图 7-12

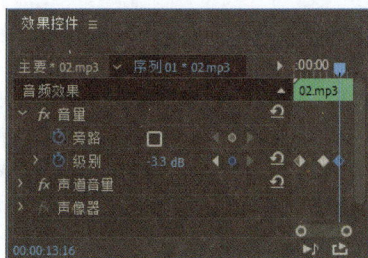

图 7-13

7.1.3 【相关工具】

1. 关于音频功能

Premiere Pro CC 2019 的音频功能在改进后变得十分强大，不仅可以编辑音频素材、添加音效，还可以使用时间轴面板进行音频的合成工作，如声音的摇摆和声音的渐变等。

图 7-14

用户在 Premiere Pro CC 2019 中对音频素材进行处理主要有以下 3 种方式。

在时间轴面板的音频轨道上通过修改关键帧的方式对音频素材进行操作，如图 7-14 所示。

使用菜单中相应的命令来编辑所选的音频素材，如图 7-15 所示。

在"效果"面板中为音频素材添加"音频效果"特效来改变音频素材的效果，如图 7-16 所示。

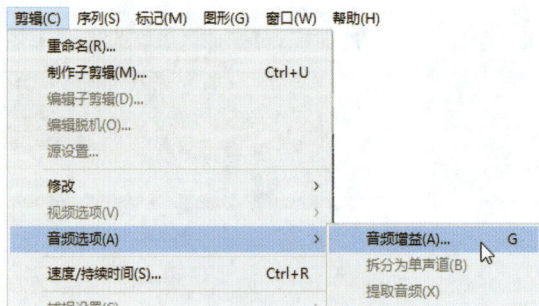

图 7-15

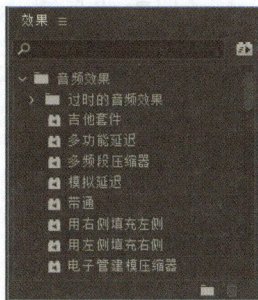

图 7-16

2. 认识"音轨混合器"面板

"音轨混合器"面板由若干个轨道音频控制器、主音频控制器和播放控制器组成。

◎ 轨道音频控制器

"音轨混合器"面板中的轨道音频控制器用于调节其对应轨道上的音频对象,控制器 1 对应"A1"、控制器 2 对应"A2",以此类推。轨道音频控制器的数目由时间轴面板中的音频轨道数目决定,当在时间轴面板中添加音频时,"音轨混合器"面板中将自动添加一个轨道音频控制器与其对应。

轨道音频控制器由控制按钮、声道调节滑轮及音量调节滑块组成。

轨道音频控制器中的控制按钮用于设置音频在调节时的状态,如图 7-17 所示。

单击"静音轨道"按钮 M ,该轨道上的音频会被设置为静音状态。

单击"独奏轨道"按钮 S ,其他轨道上的音频会被自动设置为静音状态。

单击"启用轨道以进行录制"按钮 R ,可以利用输入设备将声音录制到目标轨道上。

如果调节对象为双声道音频,则可以使用声道调节滑轮调节播放声音的声道。向左拖曳滑轮,将声音输出到左声道(L),可以增大音量;向右拖曳滑轮,将声音输出到右声道(R),同样可以使音量增大。声道调节滑轮如图 7-18 所示。

图 7-17

图 7-18

通过音量调节滑块可以控制当前轨道上的音频对象的音量。向上拖曳滑块,可以增大音量;向下拖曳滑块,可以减小音量。下方数值栏中显示的是当前音量,用户也可直接在数值栏中输入音量值。面板左侧为音量表,播放音频时,将显示音量大小;音量表顶部的小方块显示的是系统所能处理的最大音量,当该方块显示为红色时,表示当前音量过大,超过了系统所能处理的最大音量。音量调节滑块如图 7-19 所示。

◎ 主音频控制器

使用主音频控制器可以调节时间轴面板中所有轨道上的音频对象。

◎ 播放控制器

播放控制器用于播放音频,其使用方法与监视器面板中的播放控制栏的使用方法相同。播放控制器如图 7-20 所示。

图 7-19

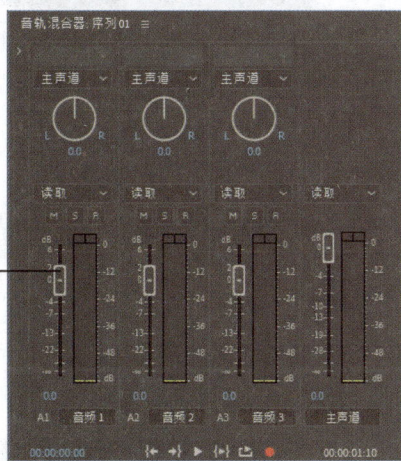

图 7-20

3. 设置"音轨混合器"面板

单击"音轨混合器"面板左上方的 ☰ 按钮,在弹出的菜单中对该面板进行相关设置,如图 7-21 所示。

显示 / 隐藏轨道:用于对"音轨混合器"面板中的轨道进行显示或隐藏设置;选择该命令,在弹出的图 7-22 所示的对话框中会显示左侧有 ✓ 图标的轨道。

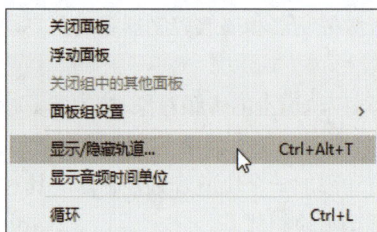

图 7-21

图 7-22

显示音频时间单位：可以在时间标尺上显示音频时间单位。

循环：选择该命令后，系统会循环播放音频。

4. 使用音频淡化器调节音频

步骤 1 在默认情况下，音频轨道工具栏处于折叠状态，如图 7-23 所示。双击轨道右侧的空白区域将其展开，如图 7-24 所示。

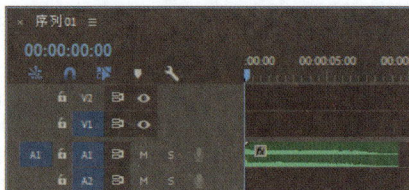

图 7-23

图 7-24

步骤 2 选择"钢笔"工具 或"选择"工具 ，拖曳音频素材（或轨道）上的白线即可调整音量，如图 7-25 所示。

步骤 3 在按住 Ctrl 键的同时，将鼠标指针移动到音频淡化器上，鼠标指针将变为带有加号的箭头形状 ，此时单击即可添加关键帧，如图 7-26 所示。

图 7-25

步骤 4 用户可以根据需要添加多个关键帧。单击并按住鼠标左键上下拖曳关键帧，关键帧之间的曲线将指示音频素材是淡入的还是淡出的。一条递增的曲线表示音频是淡入的，而一条递减的曲线表示音频是淡出的，如图 7-27 所示。

图 7-26

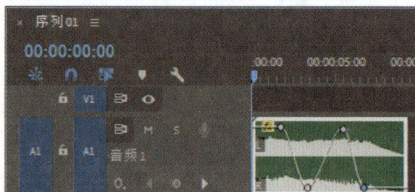

图 7-27

5. 实时调节音频

在"音轨混合器"面板中调节音频非常方便，用户可以在播放音频时实时调节音频。使用"音轨混合器"面板调节音频的方法如下。

步骤 1 在时间轴面板的轨道工具栏左侧单击 按钮，在弹出的下拉列表中选择"轨道关键帧 > 音量"选项。

步骤 2 在"音轨混合器"面板上方需要进行调节的轨道的下拉列表框中选择"读取"选项，如图 7-28 所示。

步骤 3 单击"播放 – 停止切换"按钮 ▶，时间轴面板中的音频将开始播放。拖曳音量调节滑块进行调节，调节完成后，系统会自动记录结果，如图 7-29 所示。

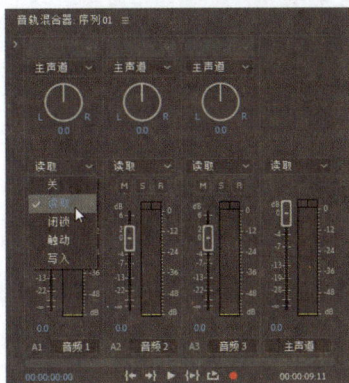
图 7-28

图 7-29

7.1.4 【实战演练】——万马奔腾宣传片

使用"导入"命令导入素材文件，使用"效果控件"面板调整音频的淡入与淡出效果。最终效果参看云盘中的"Ch07\ 万马奔腾宣传片 \ 万马奔腾宣传片 .prproj"文件，如图 7-30 所示。

扫码观看
本案例视频

扫码观看
本案例效果

图 7-30

7.2 旅游出行宣传片

7.2.1 【操作目的】

使用"导入"命令导入素材文件，使用"效果控件"面板调整素材文件的缩放效果，使用"低通"

特效和"低音"特效制作音频特效。最终效果参看云盘中的"Ch07\ 旅游出行宣传片 \ 旅游出行宣
传片 .prproj"文件，如图 7-31 所示。

扫码观看
本案例视频

扫码观看
本案例效果

图 7-31

7.2.2 【操作步骤】

步骤 1 启动 Premiere Pro CC 2019，选择"文件 > 新建 > 项目"命令，弹出"新建项目"
对话框，如图 7-32 所示，单击"确定"按钮，新建项目。选择"文件 > 新建 > 序列"命令，弹出"新
建序列"对话框，单击"设置"选项卡，具体设置如图 7-33 所示，单击"确定"按钮，新建序列。

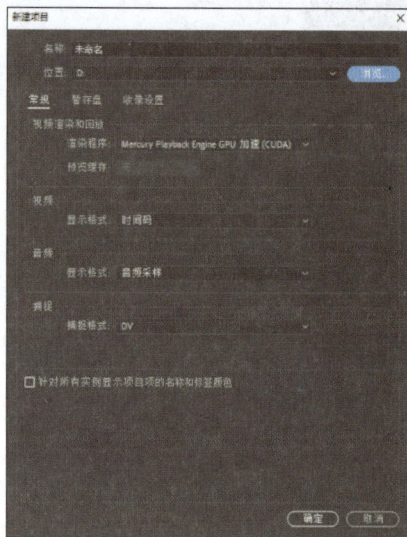

图 7-32

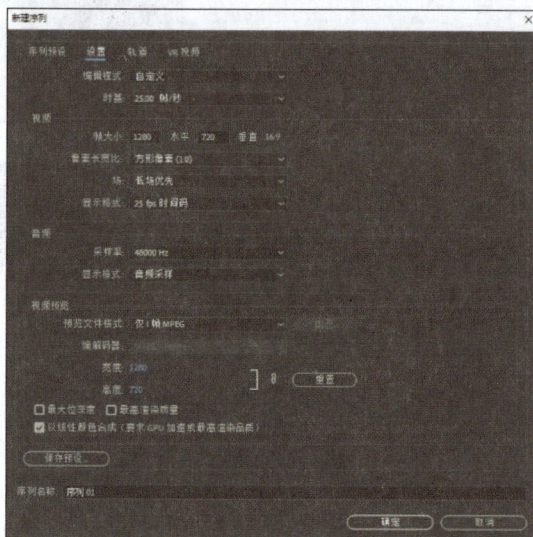

图 7-33

步骤 2 选择"文件 > 导入"命令，弹出"导入"对话框，选择本书云盘中的"Ch07\ 旅游
出行宣传片 \ 素材 \01 和 02"文件，如图 7-34 所示。单击"打开"按钮，将素材文件导入"项目"
面板中，如图 7-35 所示。

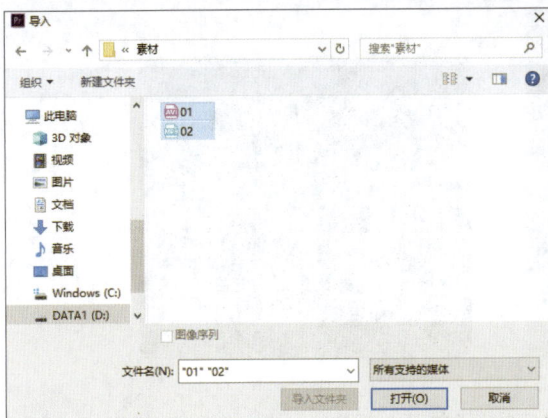

图 7-34

图 7-35

步骤 3   在"项目"面板中,选中"01"文件并将其拖曳到时间轴面板的"V1"轨道中,弹出"剪辑不匹配警告"对话框。单击"保持现有设置"按钮,在保持现有序列设置的情况下将"01"文件放置在"V1"轨道中,如图 7-36 所示。选择时间轴面板中的"01"文件。在"效果控件"面板中展开"运动"选项,将"缩放"选项设置为 180.0,调整文件的缩放效果,如图 7-37 所示。

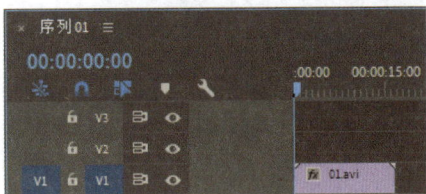

图 7-36

图 7-37

步骤 4   在"项目"面板中,选中"02"文件并将其拖曳到时间轴面板中的"A1"轨道中,如图 7-38 所示。将鼠标指针放在"02"文件的结束位置,当鼠标指针呈█形状时,向左拖曳鼠标指针到与"01"文件的结束位置齐平的位置,如图 7-39 所示。

图 7-38

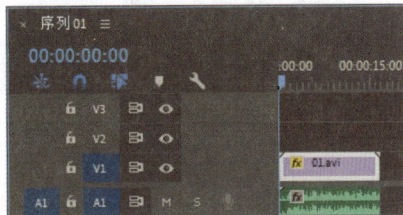

图 7-39

步骤 5   在"效果"面板中展开"音频效果"特效分类选项,选中"低音"特效,如图 7-40 所示。将"低音"特效拖曳到时间轴面板的"A1"轨道中的"02"文件上。在"效果控件"面板中展开"低音"选项,将"提升"选项设置为 10.0dB,如图 7-41 所示。

图 7-40

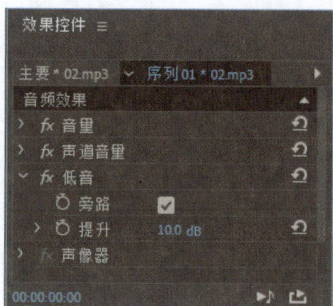
图 7-41

步骤 6 在"效果"面板中展开"音频效果"特效分类选项，选中"低通"特效，如图 7-42 所示。将"低通"特效拖曳到时间轴面板的"A1"轨道中的"02"文件上。在"效果控件"面板中展开"低通"选项，将"屏蔽度"选项设置为 5764.8Hz，音频特效制作完成，如图 7-43 所示。旅游出行宣传片制作完成。

图 7-42

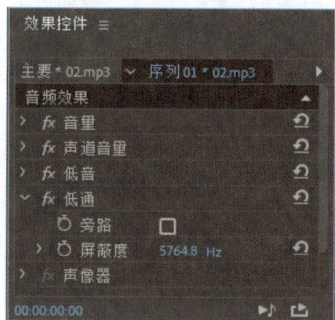
图 7-43

7.2.3 【相关工具】

1. 调整音频的持续时间和播放速度

与视频素材的编辑一样，在应用音频素材时，可以对其播放速度和持续时间进行设置。具体操作步骤如下。

步骤 1 选中要调整的音频素材，选择"剪辑 > 速度 / 持续时间"命令，弹出"剪辑速度 / 持续时间"对话框，在"持续时间"文本框中可以对音频素材的持续时间进行调整，如图 7-44 所示。

步骤 2 在时间轴面板中直接拖曳音频素材的边缘，可以改变音频轨道上音频素材的长度。可选择"剃刀"工具 ，将音频素材多余的部分切除掉，如图 7-45 所示。

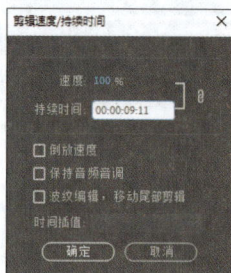
图 7-44

图 7-45

2. 音频增益

当一个视频片段同时拥有几个音频素材时，就需要平衡这几个音频素材的增益。因为如果某个音频素材的音频信号太高或太低，就会严重影响播放时的音频效果。用户可以通过以下步骤设置音频素材的增益。

步骤 1   选择时间轴面板中需要调整的音频素材，被选择的音频素材周围会出现灰色实线，如图 7-46 所示。

步骤 2   选择"剪辑 > 音频选项 > 音频增益"命令，弹出"音频增益"对话框，将鼠标指针移动到对话框中的数值上，当鼠标指针变为🖑形状时，单击并按住鼠标左键进行左右拖曳，增益值将被改变，如图 7-47 所示。

步骤 3   完成设置后，可以在"源"面板中查看处理后的音频波形。还可以播放修改后的音频素材，试听音频效果。

图 7-46

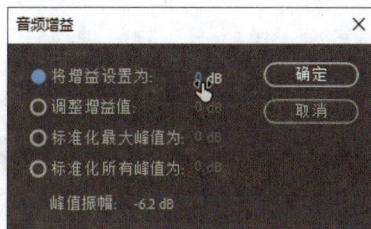

图 7-47

3. 分离和链接音视频

在 Premiere Pro CC 2019 中音频素材和视频素材有两种链接方式：硬链接和软链接。硬链接是指音频素材和视频素材来自一个影片文件，该文件是在素材导入软件之前就建立了的，它们在时间轴面板中显示为相同的颜色，如图 7-48 所示；软链接是在时间轴面板中建立的链接，用户可以在时间轴面板中为音频素材和视频素材建立软链接，软链接类似于硬链接，但软链接的素材在"项目"面板中保持着它们各自的完整性，在序列中显示为不同的颜色，如图 7-49 所示。

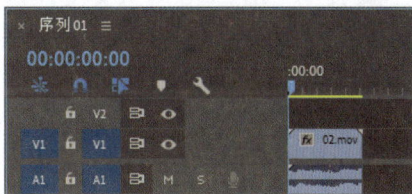

图 7-48

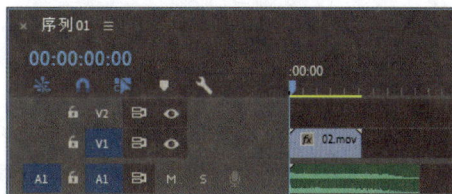

图 7-49

如果要打断链接在一起的音频素材和视频素材，则可在轨道上选择对象，单击鼠标右键，在弹出的快捷菜单中选择"取消链接"命令，如图 7-50 所示。

如果要把分离的音频素材和视频素材链接在一起作为一个整体进行操作，则只需要框选需要链接的音频素材和视频素材，单击鼠标右键，在弹出的快捷菜单中选择"链接"命令即可，如图 7-51 所示。

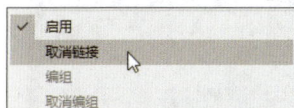

图 7-50

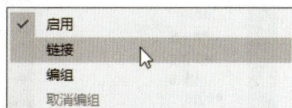

图 7-51

4. 为素材添加特效

在"效果"面板中展开"音频效果"特效分类选项，分别在不同的文件夹中选择音频特效并将其拖曳到素材文件上。在"效果"面板中对其进行设置即可，如图 7-52 所示。在"音频过渡"特效分类选项中，选择需要的音频特效，将其添加到素材文件上，如图 7-53 所示。

5. 为音频轨道添加特效

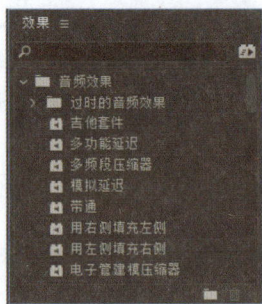

图 7-52

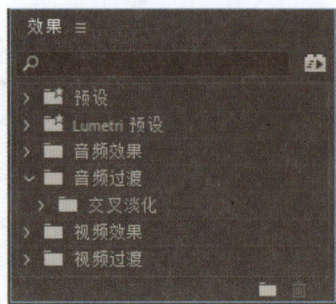

图 7-53

除了可以为轨道上的音频素材添加特效外，还可以直接为音频轨道添加特效。在"音轨混合器"面板中，单击左上方的"显示 / 隐藏效果和发送"按钮 ，展开目标轨道的效果设置栏，单击效果设置栏右侧的下拉按钮，弹出音频效果下拉列表，如图 7-54 所示，选择需要使用的音频特效即可。可以在同一个音频轨道上添加多个特效并对它们分别进行控制，如图 7-55 所示。

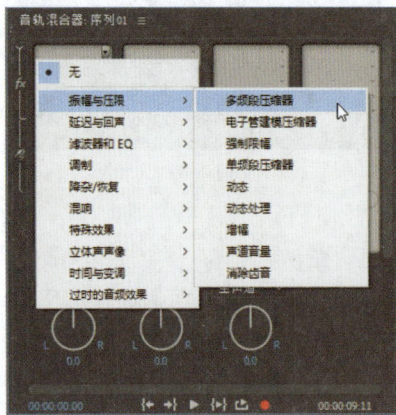

图 7-54

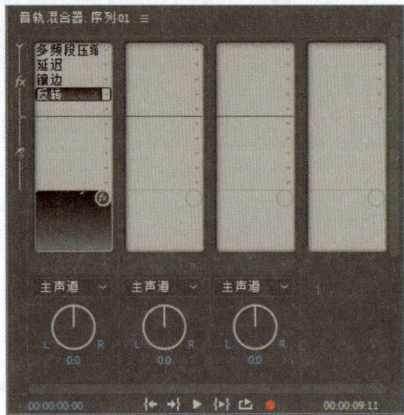

图 7-55

如果要调节轨道的音频特效，可以在音频特效上单击鼠标右键，在弹出的快捷菜单中选择相应的命令。例如，在快捷菜单中选择"编辑"命令，如图 7-56 所示，可以在弹出的特效设置对话框中进行更加详细的设置。图 7-57 所示为"镶边"特效的详细设置对话框。

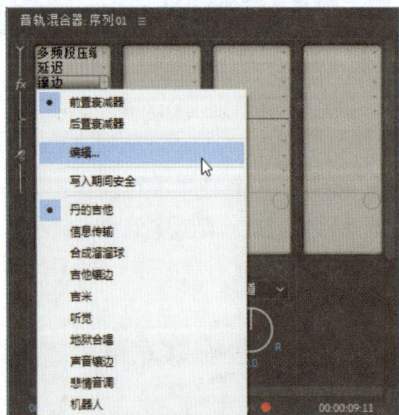

图 7-56

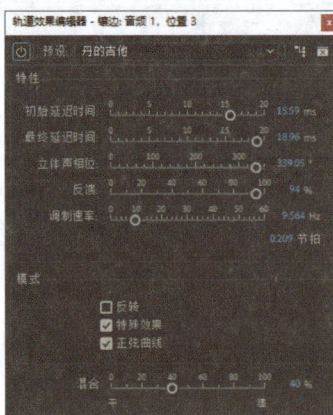

图 7-57

7.2.4 【实战演练】——丹霞地貌宣传片

使用"导入"命令导入素材文件，使用"效果控件"面板调整视频素材的缩放效果，使用"速度 / 持续时间"命令调整音频素材，使用"平衡"特效调整音频素材的左右声道。最终效果参看云盘中的"Ch07\ 丹霞地貌宣传片 \ 丹霞地貌宣传片 .prproj"文件，如图 7-58 所示。

扫码观看
本案例视频

扫码观看
本案例效果

图 7-58

7.3 综合案例——动物世界宣传片

使用"导入"命令导入素材文件，使用"效果控件"面板调整视频素材的缩放效果，使用"色阶"特效调整图像亮度，使用"显示轨道关键帧"选项制作音频的淡出与淡入效果，使用"低通"特效制作音频的低通效果。最终效果参看云盘中的"Ch07\ 动物世界宣传片 \ 动物世界宣传片 .prproj"文件，如图 7-59 所示。

扫码观看
本案例视频

扫码观看
本案例效果

图 7-59

7.4 综合案例——自然美景宣传片

使用"导入"命令导入素材文件，使用"效果控件"面板调整视频素材的缩放和淡入与淡出效果，使用"阴影 / 高光"特效调整图像颜色，使用"低通"特效制作音频的低通效果。最终效果参看云盘中的"Ch07\ 自然美景宣传片 \ 自然美景宣传片 .prproj"文件，如图 7-60 所示。

扫码观看
本案例视频

扫码观看
本案例效果

图 7-60

08

第 8 章
输出文件

本章介绍

本章主要介绍与项目最终输出有关的文件格式、项目预演及输出参数的设置。通过对本章的学习，读者可以掌握渲染输出文件的方法和技巧。

知识目标

- 掌握可输出的文件格式
- 掌握输出参数的设置

能力目标

- 掌握影片项目的预演方法
- 熟练掌握渲染输出各种文件格式的技巧

素质目标

- 培养能够有效执行计划的学习能力
- 培养能够表达自己意见的沟通交流能力
- 培养借助互联网获取有效信息的能力

8.1　可输出的文件格式

在 Premiere Pro CC 2019 中，用户可以输出多种格式的文件，包括视频格式、音频格式、图像格式等，下面进行详细讲解。

8.1.1　可输出的视频格式

Premiere Pro CC 2019 可以输出多种视频格式的文件，常用的有以下几种。

AVI：AVI 格式的视频文件适合保存高质量的视频，但文件较大。

动画 GIF：GIF 格式的动画文件可以显示运动的画面，但不包含音频部分。

QuickTime：将输出 MOV 格式的视频文件，此类文件适合在网上传输。

H.264：将输出 MP4 格式的视频文件，此格式适用于输出高清视频和录制蓝光光盘。

Windows Media：将输出 WMV 格式的流媒体文件，此类文件适合在网络和移动平台上发布。

8.1.2　可输出的音频格式

Premiere Pro CC 2019 可以输出多种音频格式的文件，常用的有以下几种。

波形音频：将输出 WAV 格式的音频文件，只输出影片的声音，此类文件适合发布在各平台中。

AIFF：将输出 AIFF 格式的音频文件，此类文件适合发布在剪辑平台中。

此外，Premiere Pro CC 2019 还可以输出 DV AVI、Real Media 和 QuickTime 格式的音频文件。

8.1.3　可输出的图像格式

Premiere Pro CC 2019 可以输出多种图像格式的文件，常用的有 Targa、TIFF 和 BMP 等。

8.2　影片项目的预演

影片预演是视频编辑过程中对编辑效果进行检查的重要手段，它实际上也属于编辑工作的一部分。影片预演分为两种：一种是实时预演，另一种是生成影片预演。下面将分别进行讲解。

8.2.1　实时预演

实时预演也称实时预览，即人们平时所说的预览。进行影片实时预演的具体操作步骤如下。

步骤 1　影片编辑完成后，在时间轴面板中将播放指示器移动到需要预演的影片的开始位置，如图 8-1 所示。

步骤 2　在"节目"面板中单击"播放 - 停止切换"按钮 ▶，系统开始播放影片，在"节目"面板预览影片的最终效果，如图 8-2 所示。

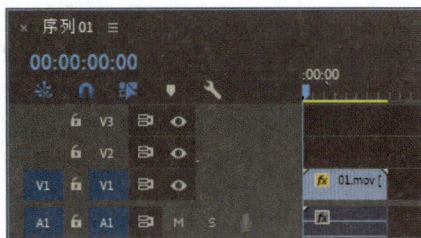

图 8-1

图 8-2

8.2.2 生成影片预演

与实时预演不同的是，生成影片预演不是使用显卡对影片进行实时预演，而是使用计算机的 CPU 对画面进行运算，先生成预演文件，然后再播放的影片。因此，生成影片预演的效果取决于计算机 CPU 的运算能力。播放生成的影片预演文件时，其画面是平滑的，不会产生停顿或跳跃，其画面效果和渲染输出的画面效果是一致的。生成影片预演的具体操作步骤如下。

步骤 1 影片编辑完成以后，在适当的位置标记入点和出点，以确定要生成影片预演的范围，如图 8-3 所示。

步骤 2 选择"序列 > 渲染入点到出点"命令，系统将开始进行渲染，并弹出"渲染"对话框显示渲染进度，如图 8-4 所示。

步骤 3 在"渲染"对话框中单击"渲染详细信息"选项左侧的 ▶ 按钮将其展开，可以查看渲染的开始时间、已用时间和可用磁盘空间等信息。

步骤 4 渲染结束后，系统会自动播放该影片。在时间轴面板中，预演部分将显示绿色线条，其他部分则依然显示黄色线条，如图 8-5 所示。

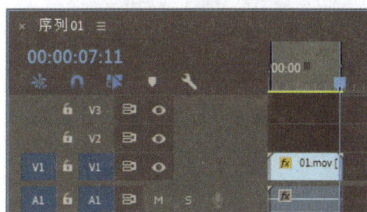
图 8-3

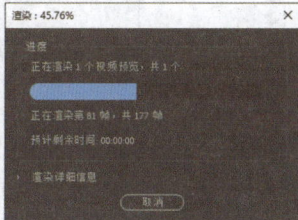
图 8-4

图 8-5

步骤 5 如果用户预先设置了预演文件的保存路径，就可以在计算机的硬盘中找到生成的临时预演文件，如图 8-6 所示。双击该文件，则可以脱离 Premiere Pro CC 2019 对其进行播放，如图 8-7 所示。

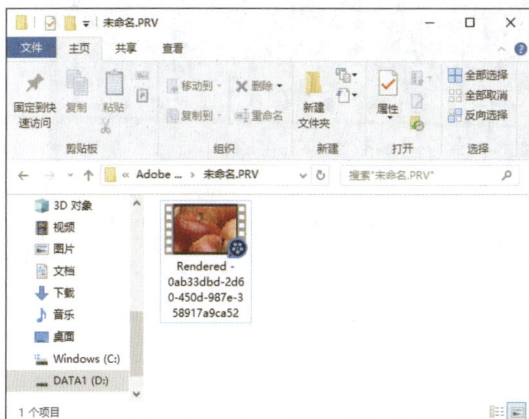
图 8-6

图 8-7

生成的预演文件可以重复使用，在用户下一次预演该影片时系统会自动使用该预演文件。在关闭该项目文件时，如果不进行保存，生成的临时预演文件就会被删除。如果用户在修改预演影片后再次进行预演，系统就会重新渲染并生成新的临时预演文件。

8.3 输出参数的设置

在 Premiere Pro CC 2019 中输出文件之前，用户必须合理地设置相关的输出参数，使输出的影片达到理想的效果。

8.3.1 输出选项

影片制作完成后即可输出。在输出影片之前，用户可以设置一些基本参数，具体操作步骤如下。

步骤 1　在时间轴面板中选择需要输出的视频序列，选择"文件 > 导出 > 媒体"命令，在弹出的对话框中进行设置，如图 8-8 所示。

图 8-8

步骤 2　在对话框右侧设置文件的输出格式及输出区域等。在"格式"下拉列表框中，可以选择输出的媒体格式。勾选"导出视频"复选框，可输出整个项目的视频部分；若取消勾选该复选框，则不能输出视频部分。勾选"导出音频"复选框，可输出整个项目的音频部分；若取消勾选该复选框，则不能输出音频部分。

8.3.2 "视频"选项卡

在"视频"选项卡中，可以为输出的视频指定输出格式、输出质量及输出尺寸等，如图 8-9 所示。

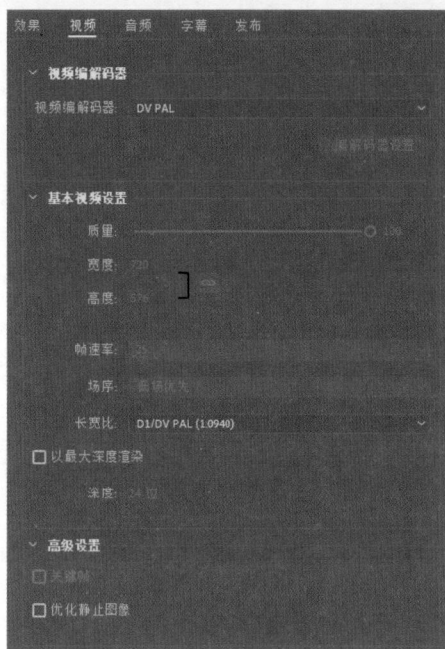

图 8-9

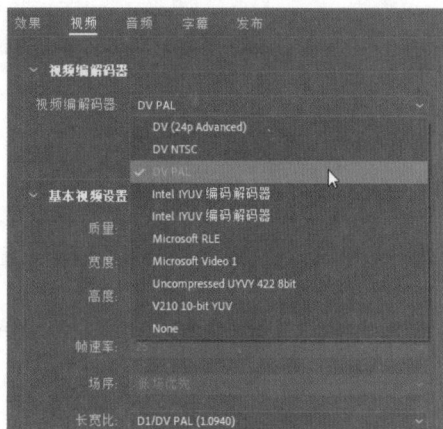

图 8-10

"视频"选项卡中各主要选项的含义如下。

视频编解码器：通常视频文件的数据量很大，为了减少视频文件占用的磁盘空间，在输出时可以对视频文件进行压缩。用户在该选项的下拉列表框中可以选择需要的压缩方式，如图 8-10 所示。

质量：用于设置视频的压缩品质，通过拖动质量的百分比滑块来进行设置。

宽度 / 高度：用于设置视频的尺寸。

帧速率：用于设置每秒播放画面的帧数，提高帧速率会使画面播放得更流畅。

场序：用于设置视频的场扫描方式，有无场（逐行扫描）、高场优先和低场优先 3 种方式。

长宽比：用于设置视频的像素长宽比。用户在该选项的下拉列表框中可以选择需要的选项，如图 8-11 所示。

以最大深度渲染：勾选此复选框，可以提高视频质量，但会增加编码时间。

关键帧：勾选此复选框，将在导出的视频中插入关键帧的频率。

优化静止图像：勾选此复选框，可以将序列中的静止图像渲染为单个帧，有助于减小导出的视频文件。

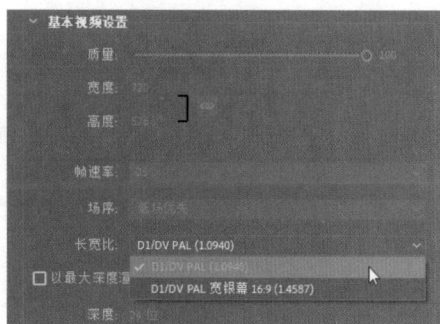

图 8-11

8.3.3 "音频"选项卡

在"音频"选项卡中，可以为输出的音频指定压缩方式、采样速率及量化指标等，如图 8-12 所示。

"音频"选项卡中各主要选项的含义如下。

音频格式：选择音频的导出格式。

音频编解码器：为输出的音频选择合适的压缩方式。Premiere Pro CC 2019 默认的选项是"无压缩"。

采样率：设置输出音频时使用的采样速率；采样速率越高，播放质量越好，但所需的磁盘空间越大，占用的处理时间越长。

声道：用户在该选项的下拉列表框中可以为音频选择单声道或立体声。

音频质量：设置输出音频的质量。

比特率：在该选项的下拉列表框中可以选择音频编码所用的比特率；比特率越高，音频质量越好。

优先：选择"比特率"单选项，将基于所选的比特率限制采样率；选择"采样率"单选项，将限制指定采样率的比特率。

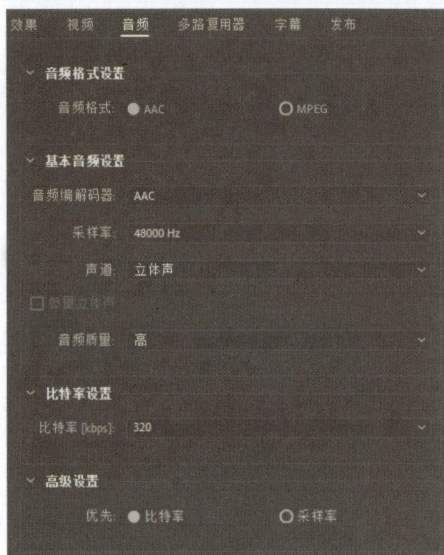

图 8-12

8.4 渲染输出各种格式的文件

Premiere Pro CC 2019 可以渲染输出多种格式的文件，从而使视频的编辑更加方便灵活。下面介绍各种常用格式的文件的渲染输出方法。

8.4.1 单帧图像

在视频的编辑过程中，可以将视频的某一帧画面输出，以便给视频动画制作定格效果。输出单帧图像的具体操作步骤如下。

步骤 1　在 Premiere Pro CC 2019 的时间轴面板上添加一个视频文件，选择"文件 > 导出 > 媒体"命令，弹出"导出设置"对话框，在"格式"下拉列表框中选择"TIFF"选项，在"输出名称"选项中设置输出文件名和文件的保存路径，勾选"导出视频"复选框，在"视频"选项卡中取消勾选"导出为序列"复选框，其他参数保持默认，如图 8-13 所示。

图 8-13

步骤 2 单击"导出"按钮,导出播放指示器所在位置的单帧图像。

8.4.2 音频文件

在 Premiere Pro CC 2019 中输出音频文件的具体操作步骤如下。

步骤 1 在 Premiere Pro CC 2019 的时间轴面板上添加一个有声音的视频文件或打开一个有声音的项目文件,选择"文件 > 导出 > 媒体"命令,弹出"导出设置"对话框,在"格式"下拉列表框中选择"MP3"选项,在"预设"下拉列表框中选择"MP3 128 kbps"选项,在"输出名称"文本框中输入文件名并设置文件的保存路径,勾选"导出音频"复选框,其他参数保持默认,如图 8-14 所示。

步骤 2 单击"导出"按钮,导出音频文件。

图 8-14

8.4.3 整个影片

将编辑完成的项目文件以视频格式输出,可以输出项目文件的全部或者某一部分,也可以只输出视频内容或者只输出音频内容,一般将全部的视频内容和音频内容一起输出。下面以 AVI 格式为例,介绍输出整个影片的方法,具体操作步骤如下。

步骤 1 选择"文件 > 导出 > 媒体"命令,弹出"导出设置"对话框。

步骤 2 在"格式"下拉列表框中选择"AVI"选项,如图 8-15 所示。

图 8-15

步骤 3　在"输出名称"选项中设置输出文件名和文件的保存路径，勾选"导出视频"复选框和"导出音频"复选框。

步骤 4　设置完成后，单击"导出"按钮，即可导出 AVI 格式的影片。

8.4.4　静态图片序列

在 Premiere Pro CC 2019 中，用户可以将视频输出为静态图片序列，也就是说，将视频画面的每一帧都输出为一张静态图片，这一系列图片中每张静态图片都具有一个编号。这些输出的静态图片可作为 3D 软件中的动态贴图，并且可以移动和存储。输出静态图片序列的具体操作步骤如下。

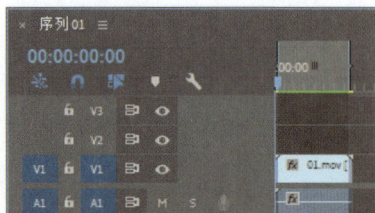

图 8-16

步骤 1　在 Premiere Pro CC 2019 的时间轴面板上添加一个视频文件，设置要输出的视频内容，如图 8-16 所示。

步骤 2　选择"文件 > 导出 > 媒体"命令，弹出"导出设置"对话框，在"格式"下拉列表框中选择"TIFF"选项，在"输出名称"选项中设置输出文件名和文件的保存路径，勾选"导出视频"复选框，在"视频"选项卡中勾选"导出为序列"复选框，其他参数保持默认，如图 8-17 所示。

图 8-17

步骤 3　单击"导出"按钮，导出静态图片序列。

09

第 9 章
综合设计实训

本章介绍

本章通过 6 个影视制作案例，进一步讲解 Premiere Pro CC 2019 的特色功能和使用技巧。学完本章后，读者能够快速地掌握软件功能和知识要点，制作出变化丰富的多媒体效果。

知识目标

- ✓ 掌握节目包装的设计思路和制作方法
- ✓ 掌握节目片头的设计思路和制作方法
- ✓ 掌握产品广告的设计思路和制作方法
- ✓ 掌握纪录片的设计思路和制作方法
- ✓ 掌握电子相册的设计思路和制作方法
- ✓ 掌握 MV 的设计思路和制作方法

能力目标

- ✓ 掌握旅游节目包装的制作方法
- ✓ 掌握烹饪节目片头的制作方法
- ✓ 掌握运动产品广告的制作方法
- ✓ 掌握趣味玩具城纪录片的制作方法
- ✓ 掌握儿童天地电子相册的制作方法
- ✓ 掌握新年歌曲 MV 的制作方法

素质目标

- ✓ 培养综合项目的管理和实施能力
- ✓ 培养运用科学设计方法解决实际问题的能力
- ✓ 培养对自己职业发展有明确意识的就业与创业能力

9.1 旅游节目包装

9.1.1 【项目背景及要求】

1. 客户名称

悦山旅游电视台。

2. 客户需求

悦山旅游电视台是一家旅游类电视台，该电视台主要介绍最新的旅游信息并提供实用的旅行计划。本案例将为该电视台制作旅游节目包装，要求符合旅游节目的主题，展现出丰富多样的旅游景观和舒适安心的旅游环境。

3. 设计要求

（1）以旅游风景为主导元素。

（2）设计形式要简洁明晰，能表现出节目特色。

（3）画面色彩要多样，给人舒适的感觉。

（4）画面内容要醒目直观，能够让人产生向往之情。

（5）设计规格为 1280h×720V（1.0940），25.00 帧/秒，方形像素（1.0）。

9.1.2 【项目设计及制作】

1. 设计素材

设计素材所在位置：云盘中的"Ch09\旅游节目包装\素材\01~07"文件。

2. 设计作品

设计作品所在位置：云盘中的"Ch09\旅游节目包装\旅游节目包装.prproj"文件，如图 9-1 所示。

旅游时刻

一个人的旅行

音乐

好玩的都在这里！

扫码观看
本案例视频

扫码观看
本案例效果

图 9-1

3. 步骤提示

步骤 1 启动 Premiere Pro CC 2019，选择"文件 > 新建 > 项目"命令，弹出"新建项目"对话框，如图 9-2 所示，单击"确定"按钮，新建项目。选择"文件 > 新建 > 序列"命令，弹出"新建序列"对话框，单击"设置"选项卡，具体设置如图 9-3 所示，单击"确定"按钮，新建序列。

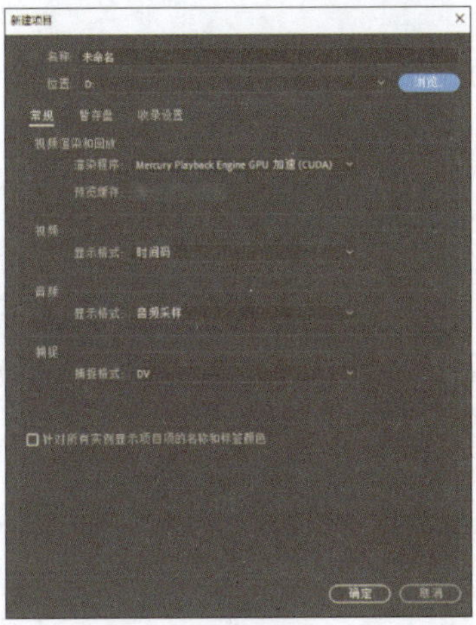

图 9-2

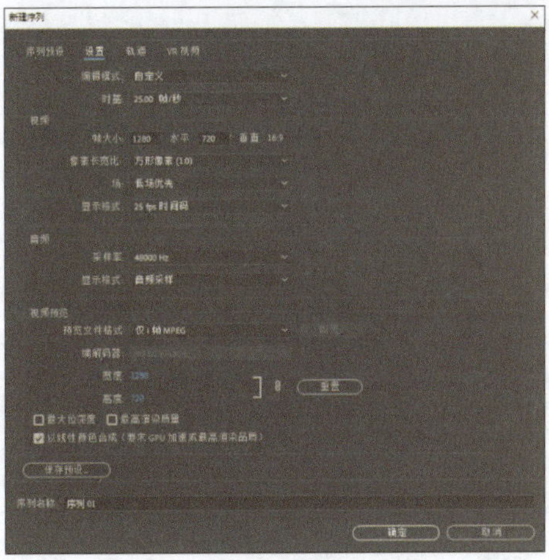

图 9-3

步骤 2　　选择"文件 > 导入"命令，弹出"导入"对话框，选择本书云盘中的"Ch09\ 旅游节目包装 \ 素材 \01~07"文件，如图 9-4 所示。单击"打开"按钮，将素材文件导入"项目"面板中，如图 9-5 所示。

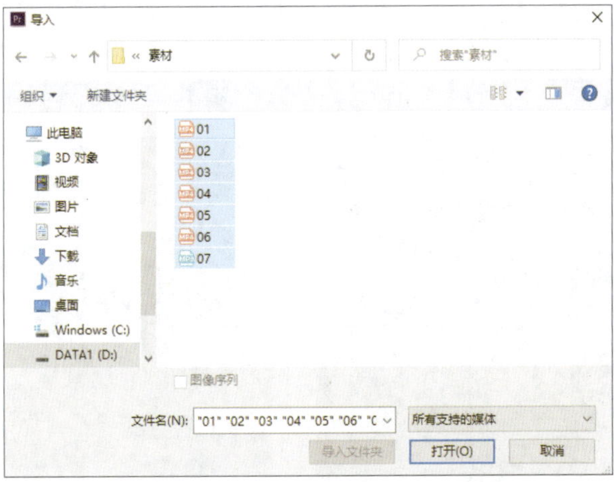

图 9-4

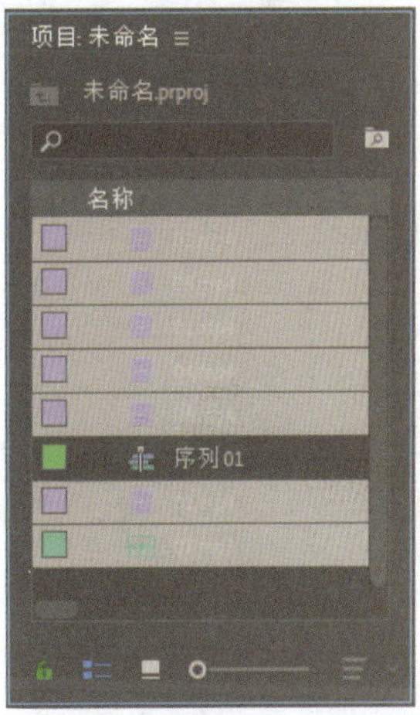

图 9-5

步骤 3　　在"项目"面板中，选中"01"文件并将其拖曳到时间轴面板中的"V1"轨道中，弹出"剪辑不匹配警告"对话框。单击"保持现有设置"按钮，在保持现有序列设置的情况下将"01"文件放置在"V1"轨道中，如图 9-6 所示。将播放指示器放置在 02:10s 的位置。将鼠标指针放在"01"文件的结束位置并单击，显示出编辑点。按 E 键，将所选编辑点移到播放指示器所在的位置，如图 9-7 所示。

图 9-6

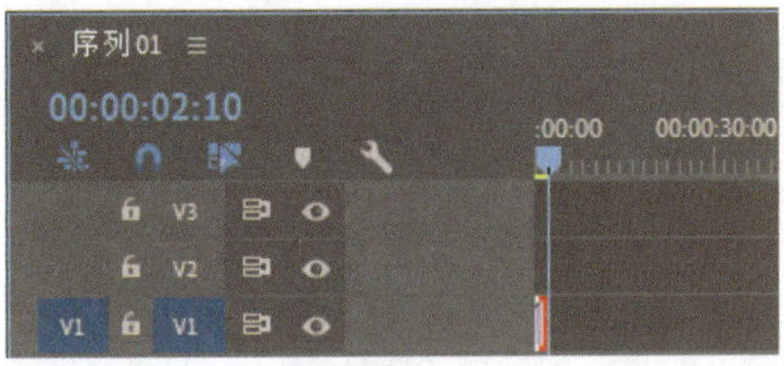

图 9-7

步骤 **4** 用相同的方法添加并剪辑其他文件，如图 9-8 所示。将播放指示器放置在 00:00s 的位置。在"效果"面板中展开"视频效果"特效分类选项，单击"颜色校正"文件夹左侧的 ▶ 按钮将其展开，选中"颜色平衡"特效，如图 9-9 所示。

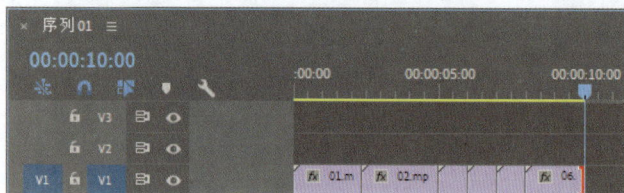

图 9-8

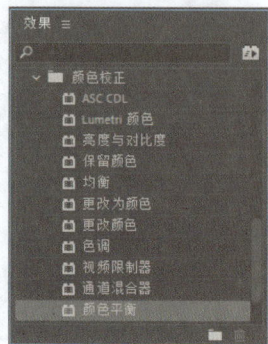

图 9-9

步骤 **5** 将"颜色平衡"特效拖曳到时间轴面板"V1"轨道中的"01"文件上。在"效果控件"面板中展开"颜色平衡"选项，具体设置如图 9-10 所示。

步骤 **6** 将播放指示器放置在 02:10s 的位置。在时间轴面板中选择"02"文件。在"效果控件"面板中展开"运动"选项，将"缩放"选项设置为 67.0，如图 9-11 所示。将播放指示器放置在 08:00s 的位置。在"效果"面板中将"颜色平衡"特效拖曳到时间轴面板的"V1"轨道中的"06"文件上。在"效果控件"面板中展开"颜色平衡"选项，具体设置如图 9-12 所示。退出"06"文件的选择状态。

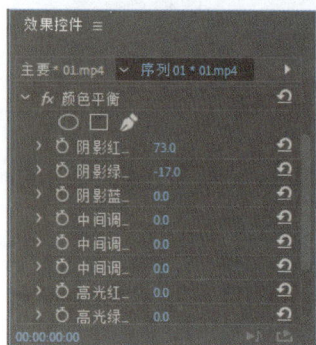

图 9-10

图 9-11

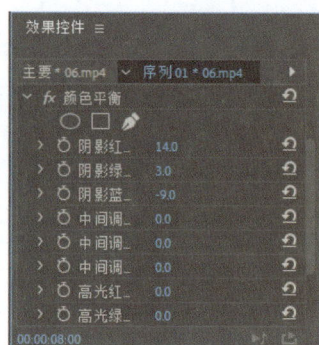

图 9-12

步骤 **7** 将播放指示器放置在 00:00s 的位置。在"基本图形"面板中单击"编辑"选项卡，单击"新建图层"按钮 ，在弹出的菜单中选择"文本"命令。时间轴面板中的"V2"轨道中将生成"新建文本图层"文件，如图 9-13 所示。将鼠标指针放在"新建文本图层"文件的结束位置并单击，显示出编辑点，向左拖曳编辑点到与"01"文件的结束位置齐平的位置，如图 9-14 所示。"节目"面板中将生成文字，如图 9-15 所示，选择并修改文字，效果如图 9-16 所示。

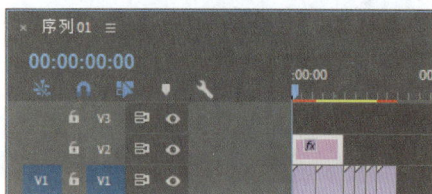

图 9-13

图 9-14

图 9-15

图 9-16

步骤 8　选择"节目"面板中的文字，在"基本图形"面板中选择"旅游时刻"图层，"对齐并变换"选项区中的设置如图 9-17 所示。"文本"选项区中的设置如图 9-18 所示。"节目"面板中的效果如图 9-19 所示。

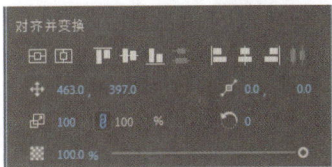

图 9-17

图 9-18

图 9-19

步骤 9　选择时间轴面板的"V2"轨道中的"新建文本图层"文件。在"效果控件"面板中展开"运动"选项，将"缩放"选项设置为 1000.0，单击"缩放"选项左侧的"切换动画"按钮🕓，如图 9-20 所示，记录第 1 个动画关键帧。将播放指示器放置在 02:00s 的位置。在"效果控件"面板中将"缩放"选项设置为 100.0，如图 9-21 所示，记录第 2 个动画关键帧。

步骤 10　在"效果"面

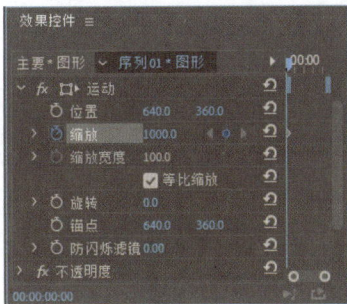

图 9-20

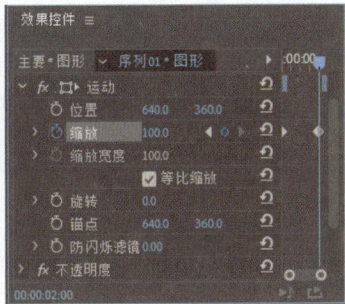

图 9-21

板中单击"模糊与锐化"文件夹左侧的▶按钮将其展开，选中"高斯模糊"特效，如图 9-22 所示。将"高斯模糊"特效拖曳到时间轴面板的"V2"轨道中的"新建文本图层"文件上。将播放指示器放置在 00:00s 的位置。在"效果控件"面板中展开"高斯模糊"选项，将"模糊度"选项设置为 20.0，单击"模糊度"选项左侧的"切换动画"按钮🕓，如图 9-23 所示，记录第 1 个动画关键帧。将播放指示器放置在 02:00s 的位置。在"效果控件"面板中将"模糊度"选项设置为 0.0，如图 9-24 所示，记录第 2 个动画关键帧。取消时间轴面板中图形文字的选取状态。

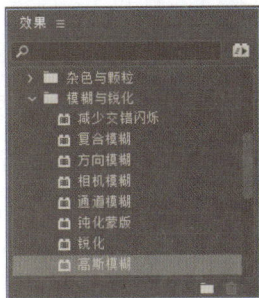

图 9-22

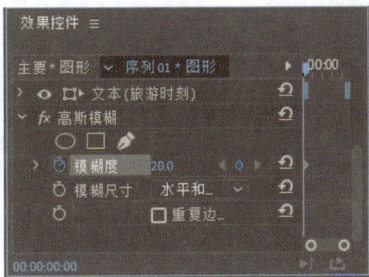

图 9-23

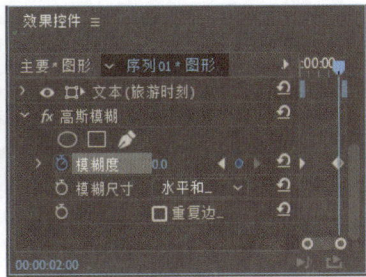

图 9-24

步骤 11 将播放指示器放置在 00:23s 的位置。在"基本图形"面板中单击"编辑"选项卡，单击"新建图层"按钮 ▣，在弹出的菜单中选择"矩形"命令。时间轴面板中的"V3"轨道中将生成"图形"文件，如图 9-25 所示。将鼠标指针放在"图形"文件的结束位置并单击，显示出编辑点，向左拖曳编辑点到与"01"文件的结束位置齐平的位置，如图 9-26 所示。

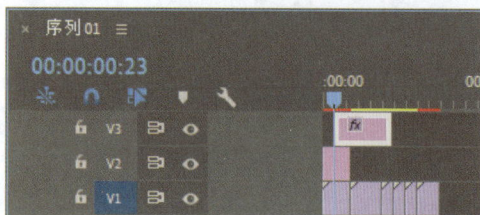

图 9-25

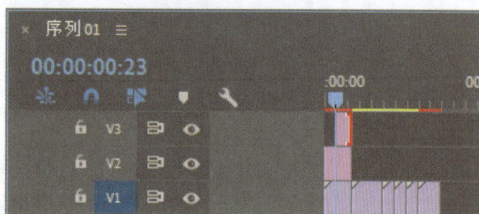

图 9-26

步骤 12 "节目"面板中将生成一个矩形，如图 9-27 所示。选择并调整矩形，移动矩形框上的锚点 ⊕，效果如图 9-28 所示。

步骤 13 在"基本图形"面板中选择"图形"图层，"对齐并变换"选项区中的设置如图 9-29 所示。"节目"面板中的效果如图 9-30 所示。

步骤 14 选择时间轴面板的"V3"轨道中的"图形"文件。在"效果控件"面板中展开"运动"选项，将"位置"选项设置为 640.0 和 633.0，单击"位置"选项左侧的"切换动画"按钮 ▣，如图 9-31 所示，

图 9-27

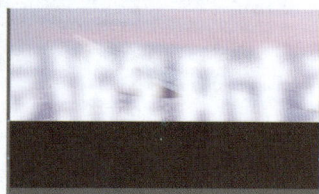

图 9-28

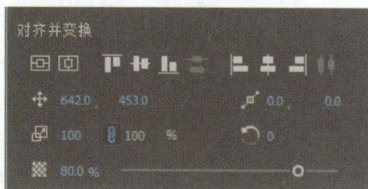

图 9-29

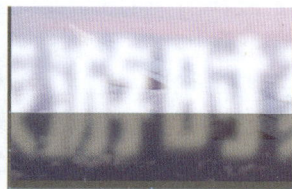

图 9-30

记录第 1 个动画关键帧。将播放指示器放置在 01:23s 的位置。在"效果控件"面板中将"位置"选项设置为 640.0 和 360.0，如图 9-32 所示，记录第 2 个动画关键帧。用相同的方法创建其他图形和文字，并制作动画效果，如图 9-33 所示。

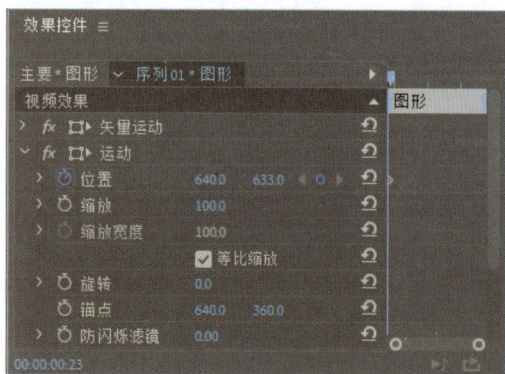

图 9-31

图 9-32

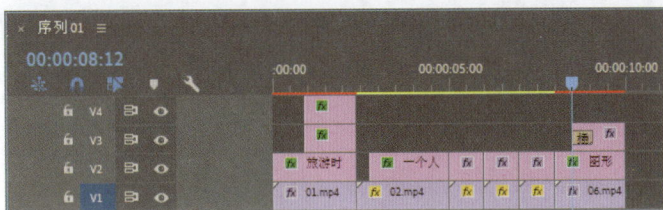

图 9-33

步骤 [15] 在"项目"面板中，选中"07"文件并将其拖曳到时间轴面板的"A1"轨道中，如图 9-34 所示。将鼠标指针放在"07"文件的结束位置并单击，显示出编辑点。向左拖曳编辑点到与"06"文件的结束位置齐平的位置，如图 9-35 所示。

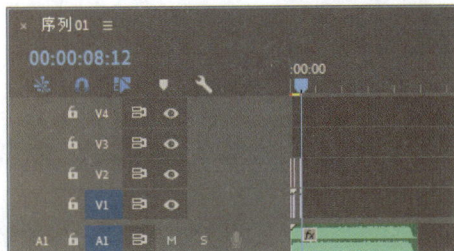

图 9-34

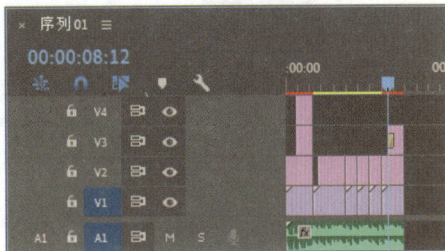

图 9-35

步骤 [16] 将播放指示器放置在 09:07s 的位置。选择时间轴面板中的"07"文件。在"效果控件"面板中展开"音频"选项，单击"添加/移除关键帧"按钮，如图 9-36 所示，记录第 1 个动画关键帧。将播放指示器放置在 09:21s 的位置。在"效果控件"面板中将"级别"选项设置为 -999.0，如图 9-37 所示，记录第 2 个动画关键帧。旅游节目包装制作完成。

图 9-36

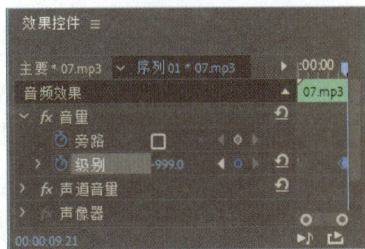

图 9-37

9.2 烹饪节目片头

9.2.1 【项目背景及要求】

1. *客户名称*

大山美食生活网。

2. *客户需求*

大山美食生活网是一个凭借丰富的美食做法与大量的饮食信息而深受广大网民喜爱的个人网站。本案例将为该网站制作烹饪节目片头，要求以动画的形式展现出广式爆炒大虾的制作方法，给人以健康、美味和幸福的感觉。

3. *设计要求*

（1）以烹饪的食材和烹饪方式为主要内容。

（2）使用简洁干净的颜色作为背景颜色，以体现出干净、健康的主题。

（3）要求表现出制作方法的简单、便捷。

（4）要求整个设计充满特色，让人印象深刻。

（5）设计规格为 1280h×720V（1.0940），25.00 帧 / 秒，方形像素（1.0）。

9.2.2 【项目设计及制作】

1. 设计素材

设计素材所在位置：云盘中的"Ch09\烹饪节目片头\素材\01~16"文件。

2. 设计作品

设计作品所在位置：云盘中的"Ch09\烹饪节目片头\烹饪节目片头.prproj"文件，如图 9-38 所示。

图 9-38

扫码观看
本案例视频

扫码观看
本案例效果

3. 步骤提示

步骤 1 启动 Premiere Pro CC 2019，选择"文件 > 新建 > 项目"命令，弹出"新建项目"对话框，如图 9-39 所示，单击"确定"按钮，新建项目。选择"文件 > 新建 > 序列"命令，弹出"新建序列"对话框，单击"设置"选项卡，具体设置如图 9-40 所示，单击"确定"按钮，新建序列。

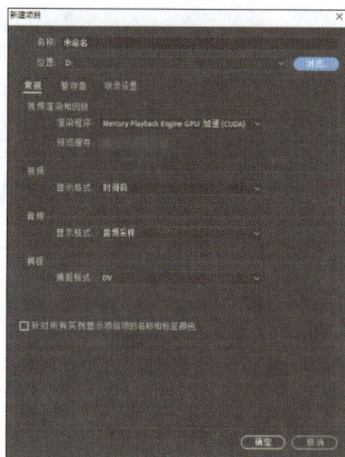

图 9-39

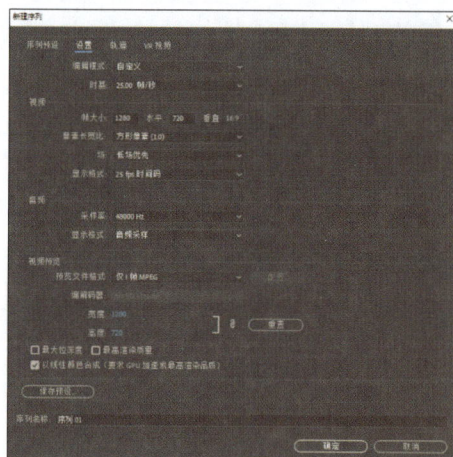

图 9-40

步骤 2 选择"文件 > 导入"命令，弹出"导入"对话框，选择本书云盘中的"Ch09\花卉节目赏析\素材\01~16"文件，如图 9-41 所示。单击"打开"按钮，将素材文件导入"项目"面板中，如图 9-42 所示。

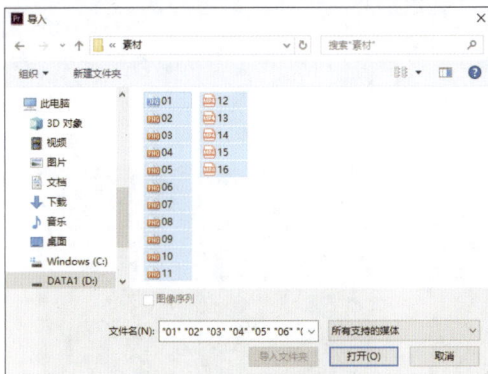

图 9-41

图 9-42

步骤 3　在"项目"面板中，选中"01"文件并将其拖曳到时间轴面板中的"V1"轨道中，如图9-43所示。将播放指示器放置在12:00s的位置。将鼠标指针放在"01"文件的结束位置并单击，显示出编辑点。当鼠标指针呈 ↤ 形状时，向右拖曳鼠标指针到12:00s的位置，如图9-44所示。

步骤 4　将播放指示器放置在00:12s的位置。在"项目"面板中，选中"02"文件并将其拖曳到时间轴面板的"V2"轨道中，如图9-45所示。将播放指示器放置在03:16s的位置。将鼠标指针放在"02"文件的结束位置并单击，显示出编辑点。当鼠标指针呈 ↤ 形状时，向左拖曳鼠标指针到03:16s的位置，如图9-46所示。

图 9-43

图 9-44

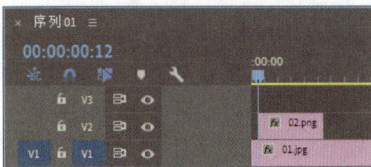

图 9-45

图 9-46

步骤 5　选择时间轴面板中的"02"文件。在"效果控件"面板中展开"运动"选项，将"缩放"选项设置为30.0，如图9-47所示。将播放指示器放置在00:18s的位置。在"项目"面板中，选中"03"文件并将其拖曳到时间轴面板的"V3"轨道中，如图9-48所示。

图 9-47

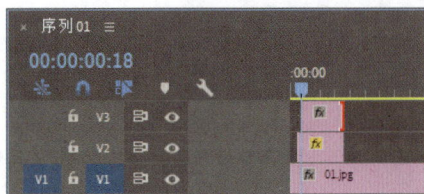

图 9-48

步骤 6 选择时间轴面板中的"03"文件。在"效果控件"面板中展开"运动"选项，将"位置"选项设置为 838.0 和 287.0，"缩放"选项设置为 0.0，单击"缩放"选项左侧的"切换动画"按钮，如图 9-49 所示，记录第 1 个动画关键帧。将播放指示器放置在 00:22s 的位置。将"缩放"选项设置为 100.0，如图 9-50 所示，记录第 2 个动画关键帧。

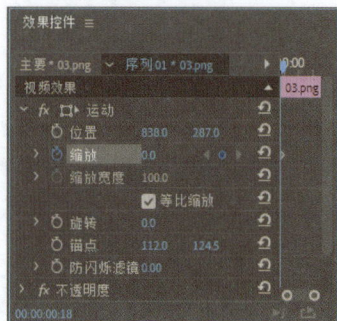

图 9-49

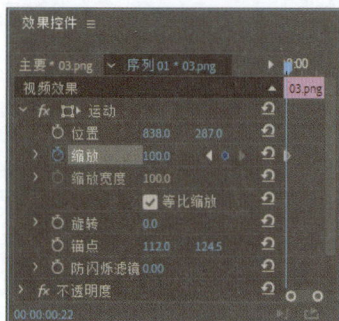

图 9-50

步骤 7 选择"序列 > 添加轨道"命令，在弹出的对话框中进行设置，如图 9-51 所示。单击"确定"按钮，在时间轴面板中添加 8 个视频轨道。用相同的方法添加 04~11 文件，在"效果控件"面板中调整它们的位置并制作缩放动画。在"项目"面板中，选中"12"文件并将其拖曳到时间轴面板的"V2"轨道中，如图 9-52 所示。

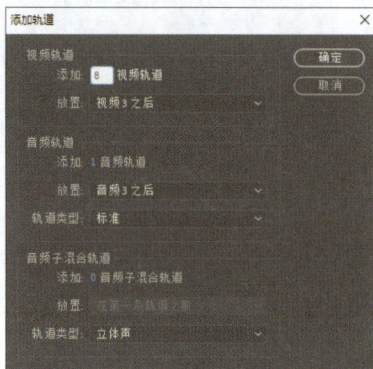

图 9-51

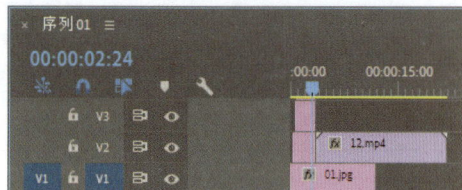

图 9-52

步骤 8 选择"剪辑 > 速度 / 持续时间"命令，在弹出的对话框中进行设置，如图 9-53 所示。单击"确定"按钮，调整素材文件。将播放指示器放置在 04:24s 的位置。将鼠标指针放在"12"文件的结束位置并单击，显示出编辑点。当鼠标指针呈 形状时，向左拖曳鼠标指针到 04:24s 的位置，如图 9-54 所示。

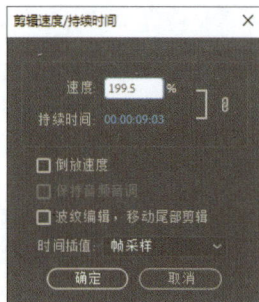

图 9-53

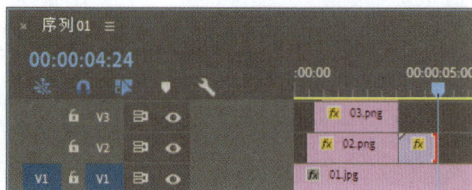

图 9-54

步骤 9 选择时间轴面板中的"12"文件。在"效果控件"面板中展开"运动"选项,将"缩放"选项设置为 34.0,如图 9-55 所示。将播放指示器放置在 04:16s 的位置。在"项目"面板中,选中"13"文件并将其拖曳到时间轴面板的"V3"轨道中,如图 9-56 所示。

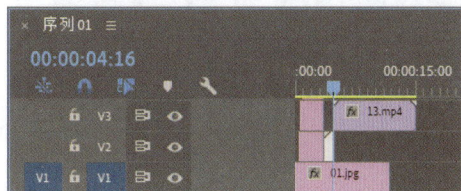

图 9-55   图 9-56

步骤 10 选择"剪辑 > 速度 / 持续时间"命令,在弹出的对话框中进行设置,如图 9-57 所示。单击"确定"按钮,调整素材文件。将播放指示器放置在 06:05s 的位置。将鼠标指针放在"13"文件的结束位置并单击,显示出编辑点。当鼠标指针呈 形状时,向左拖曳鼠标指针到 06:05s 的位置,如图 9-58 所示。

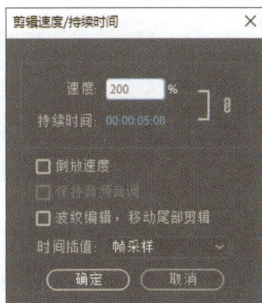

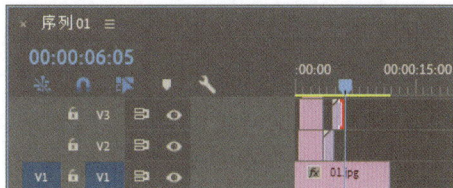

图 9-57   图 9-58

步骤 11 选择时间轴面板中的"13"文件。在"效果控件"面板中展开"运动"选项,将"缩放"选项设置为 67.0,如图 9-59 所示。用相同的方法添加 14~16 文件,调整它们的速度和持续时间,并在"效果控件"面板中调整它们的大小,如图 9-60 所示。退出时间轴面板中素材文件的选择状态。

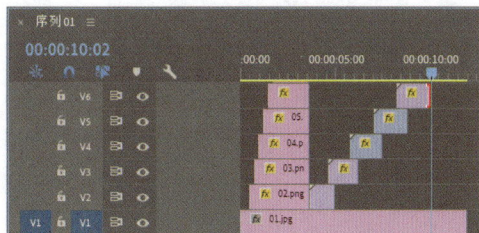

图 9-59   图 9-60

步骤 12 在"基本图形"面板中单击"编辑"选项卡,单击"新建图层"按钮 ,在弹出的菜单中选择"文本"命令。时间轴面板的"V2"轨道中将生成"新建文本图层"文件,如图 9-61 所示。

"节目"面板中的效果如图 9-62 所示。

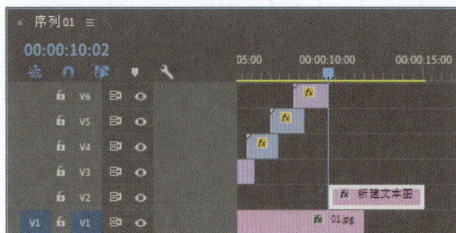

图 9-61

新建文本图层

图 9-62

步骤 13   在"节目"面板中修改文字，效果如图 9-63 所示。在时间轴面板中将鼠标指针放在"香哈哈厨房"文件的结束位置并单击，显示出编辑点。当鼠标指针呈 形状时，向左拖曳鼠标指针到与"01"文件的结束位置齐平的位置，如图 9-64 所示。

香哈哈厨房

图 9-63

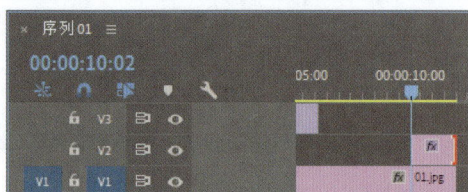

图 9-64

步骤 14   在"基本图形"面板中选择"香哈哈厨房"图层，"基本图形"面板的"对齐并变换"选项区中的设置如图 9-65 所示，在"外观"选项区中将"填充"颜色设置为红色（224、0、27），"文本"选项区中的设置如图 9-66 所示。

步骤 15   选择时间轴面板中的"香哈哈厨房"文件。在"效果控件"面板中展开"运动"选项，将"位置"选项设置为 640.0 和 62.0，单击"位置"选项左侧的"切换动画"按钮 ，如图 9-67 所示，记录第 1 个动画关键帧。将播放指示器放置在 10:21s 的位置，将"位置"选项设置为 640.0 和 360.0，如图 9-68 所示，记录第 2 个动画关键帧。使用相同的方法创建其他文字，并制作动画效果。烹饪节目片头制作完成。

图 9-65

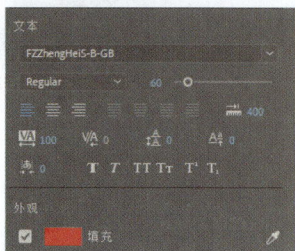

图 9-66

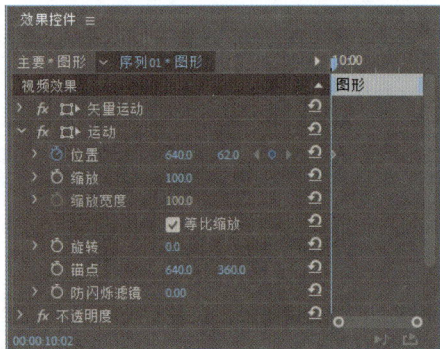

图 9-67

图 9-68

9.3 运动产品广告

9.3.1 【项目背景及要求】

1. 客户名称

时尚生活电视台。

2. 客户需求

时尚生活电视台是一家全方位介绍人们的衣、食、住、行等信息的时尚生活类电视台。该电视台新增了运动健身栏目，本案例将为该电视台制作运动产品广告，要求体现出运动能给人带来愉悦的心情这一理念。

3. 设计要求

（1）要求以运动产品为主体，体现出广告的宣传主题。

（2）设计风格要简洁大气，能够让人一目了然。

（3）图文搭配要合理，让画面显得既合理又美观。

（4）颜色对比要强烈，能直观地展示产品的特点。

（5）设计规格为 1280h×720V（1.0940），25.00 帧 / 秒，方形像素（1.0）。

9.3.2 【项目设计及制作】

1. 设计素材

设计素材所在位置：云盘中的"Ch09\ 运动产品广告 \ 素材 \01~03"文件。

2. 设计作品

设计作品所在位置：云盘中的"Ch09\ 运动产品广告 \ 运动产品广告 .prproj"文件，如图 9-69 所示。

扫码观看
本案例视频

扫码观看
本案例效果

图 9-69

3. 步骤提示

步骤 1 启动 Premiere Pro CC 2019，选择"文件 > 新建 > 项目"命令，弹出"新建项目"对话框，如图 9-70 所示，单击"确定"按钮，新建项目。选择"文件 > 新建 > 序列"命令，弹出"新建序列"对话框，单击"设置"选项卡，具体设置如图 9-71 所示，单击"确定"按钮，新建序列。

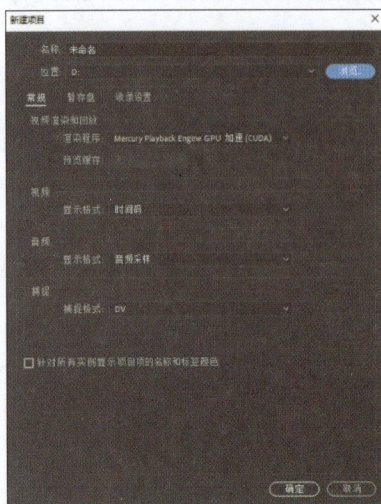

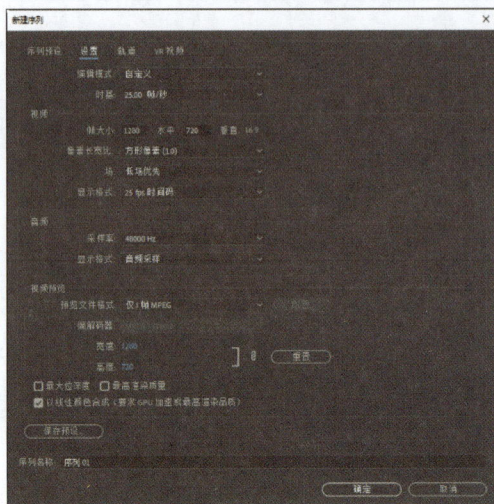

图 9-70　　　　　　　　　　　　　　　　图 9-71

步骤 2　　选择"文件 > 导入"命令,弹出"导入"对话框,选择本书云盘中的"Ch09\ 运动产品广告 \ 素材 \01~03"文件,如图 9-72 所示。单击"打开"按钮,将素材文件导入"项目"面板中,如图 9-73 所示。

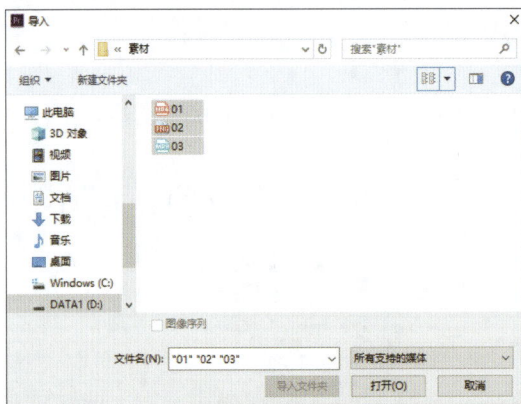

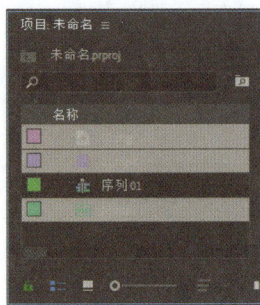

图 9-72　　　　　　　　　　　　　　　　图 9-73

步骤 3　　在"项目"面板中,选中"01"文件并将其拖曳到时间轴面板的"V1"轨道中,弹出"剪辑不匹配警告"对话框,单击"保持现有设置"按钮,可将"01"文件放置到"V1"轨道中,如图 9-74 所示。选择时间轴面板中的"01"文件。在"效果控制"面板中展开"运动"选项,将"缩放"选项设置为 67.0,如图 9-75 所示。

图 9-74　　　　　　　　　　　　　　　　图 9-75

步骤 **4** 选择"剪辑 > 取消链接"命令，取消音频链接，如图 9-76 所示。选择音频，按 Delete 键删除音频，如图 9-77 所示。

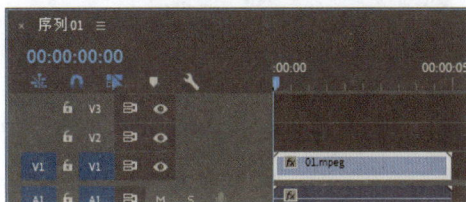

图 9-76

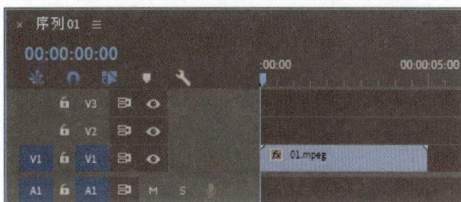

图 9-77

步骤 **5** 在"基本图形"面板中单击"编辑"选项卡，单击"新建图层"按钮 🔲，在弹出的菜单中选择"文本"命令。时间轴面板的"V2"轨道中将生成"新建文本图层"文件，如图 9-78 所示。"节目"面板中的效果如图 9-79 所示。

图 9-78

图 9-79

步骤 **6** 在"节目"面板中修改文字，效果如图 9-80 所示。将播放指示器放置在 00:13s 的位置。将鼠标指针放在"运动"文件的结束位置并单击，显示出编辑点。当鼠标指针呈 ↔ 形状时，向左拖曳鼠标指针到 00:13s 的位置，如图 9-81 所示。

图 9-80

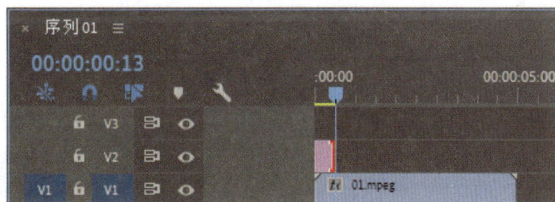

图 9-81

步骤 **7** 将播放指示器放置在 00:00s 的位置。在"基本图形"面板中选择"运动"图层，"基本图形"面板的"对齐并变换"选项区中的设置如图 9-82 所示，"文本"选项区中的设置如图 9-83 所示。

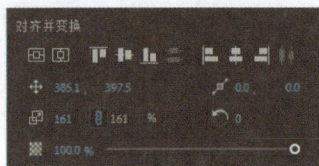

图 9-82

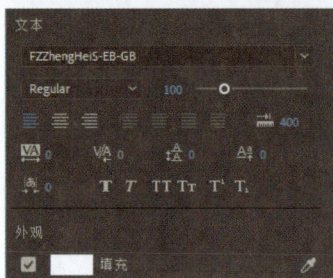

图 9-83

步骤 8 选择时间轴面板中的"运动"文件。在"效果控件"面板中展开"运动"选项，将"位置"选项设置为 640.0 和 360.0，单击"位置"选项左侧的"切换动画"按钮🕐，如图 9-84 所示，记录第 1 个动画关键帧。将播放指示器放置在 00:05s 的位置。在"效果控件"面板中将"位置"选项设置为 569.0 和 360.0，记录第 2 个动画关键帧。单击"缩放"选项左侧的"切换动画"按钮🕐，如图 9-85 所示，记录第 1 个动画关键帧。

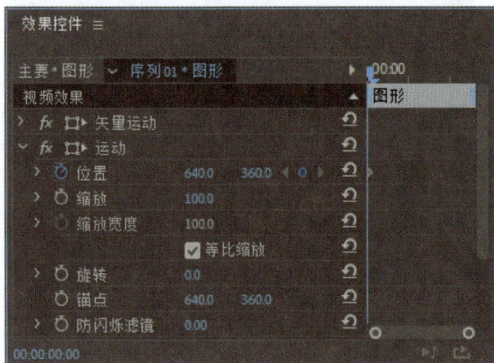

图 9-84

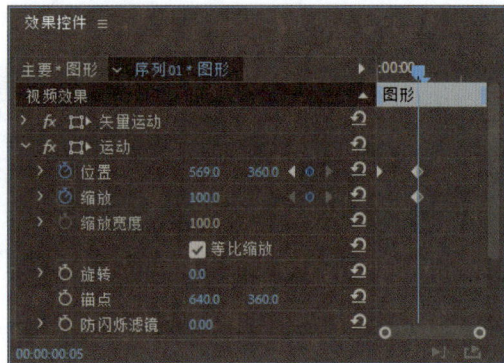

图 9-85

步骤 9 将播放指示器放置在 00:12s 的位置。在"效果控件"面板中将"缩放"选项设置为 70.0，如图 9-86 所示，记录第 2 个动画关键帧。用上述方法创建文字并添加关键帧，如图 9-87 所示。

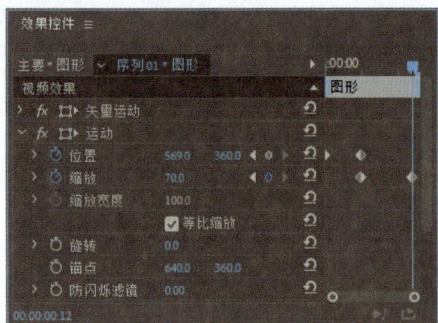

图 9-86

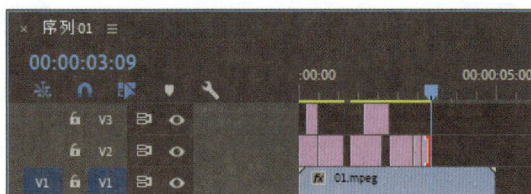

图 9-87

步骤 10 在"基本图形"面板中单击"编辑"选项卡，单击"新建图层"按钮⬛，在弹出的菜单中选择"矩形"命令。时间轴面板的"V2"轨道中将生成"图形"文件，如图 9-88 所示。"节目"面板中的效果如图 9-89 所示。

图 9-88

图 9-89

步骤 11 在时间轴面板中选择"图形"文件。在"基本图形"面板中选择"形状 01"图层,在"外观"选项区中将"填充"颜色设置为红色(230、61、24),"对齐并变换"选项区中的设置如图 9-90 所示。选择工具面板中的"钢笔"工具 ,选择"节目"面板中形状右上角、右下角和左下角的锚点,并将它们拖曳到适当的位置,效果如图 9-91 所示。

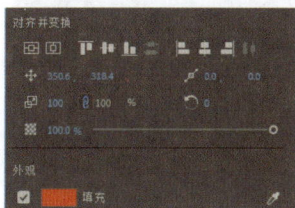

图 9-90

图 9-91

步骤 12 将鼠标指针放在"图形"文件的结束位置并单击,显示出编辑点。当鼠标指针呈 形状时,向左拖曳鼠标指针到与"01"文件的结束位置齐平的位置,如图 9-92 所示。

步骤 13 在"效果控件"面板中展开"形状(形状 01)"选项,取消勾选"等比缩放"复选框,将"垂直缩放"选项设置为 0,单击"垂直缩放"选项左侧的"切换动画"按钮 ,如图 9-93 所示,记录第 1 个动画关键帧。将播放指示器放置在 03:22s 的位置。在"效果控件"面板中将"垂直缩放"选项设置为 100,如图 9-94 所示,记录第 2 个动画关键帧。

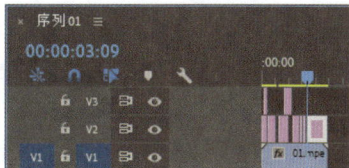

图 9-92

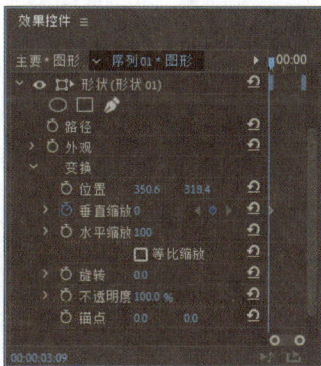

图 9-93

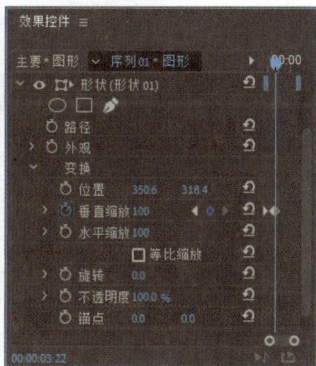

图 9-94

步骤 14 将播放指示器放置在 03:14s 的位置。在"项目"面板中,选中"02"文件并将其拖曳到时间轴面板的"V3"轨道中,如图 9-95 所示。将鼠标指针放在"02"文件的结束位置并单击,显示出编辑点。当鼠标指针呈 形状时,向左拖曳鼠标指针到与"01"文件的结束位置齐平的位置,如图 9-96 所示。

图 9-95

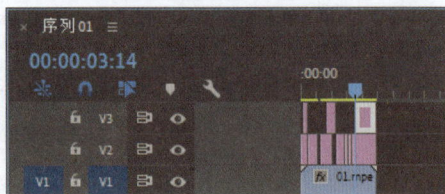

图 9-96

步骤 15　将播放指示器放置在 03:20s 的位置。在"效果控件"面板中展开"运动"选项，将"位置"选项设置为 590.0 和 437.0，单击"位置"选项左侧的"切换动画"按钮 🕐，如图 9-97 所示，记录第 1 个动画关键帧。将播放指示器放置在 04:03s 的位置，将"位置"选项设置为 590.0 和 370.0，如图 9-98 所示，记录第 2 个动画关键帧。

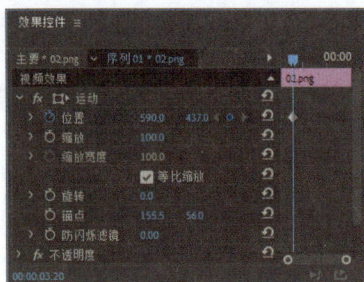

图 9-97

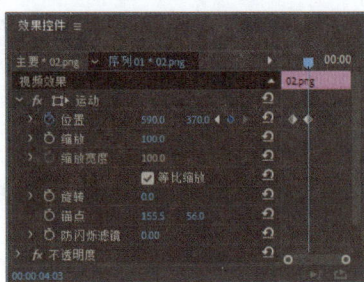

图 9-98

步骤 16　将播放指示器放置在 03:20s 的位置。在"效果控件"面板中展开"不透明度"选项，将"不透明度"选项设置为 0.0%，如图 9-99 所示，记录第 1 个动画关键帧。将播放指示器放置在 03:22s 的位置，将"不透明度"选项设置为 100.0%，如图 9-100 所示，记录第 2 个动画关键帧。

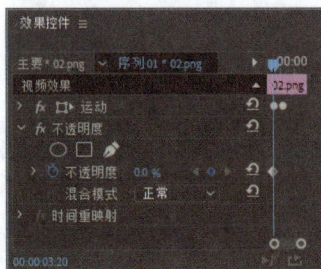

图 9-99

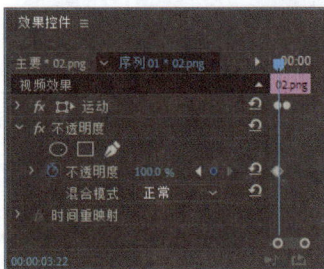

图 9-100

步骤 17　在"项目"面板中，选中"03"文件并将其拖曳到时间轴面板的"A1"轨道中，如图 9-101 所示。将鼠标指针放在"03"文件的结束位置并单击，显示出编辑点。当鼠标指针呈 ◄ 形状时，向左拖曳鼠标指针到与"01"文件的结束位置齐平的位置，如图 9-102 所示。运动产品广告制作完成。

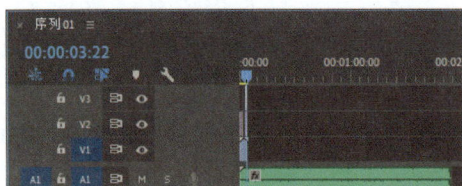

图 9-101

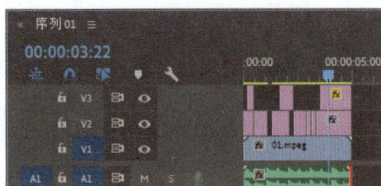

图 9-102

9.4 趣味玩具城纪录片

9.4.1 【项目背景及要求】

1. 客户名称

趣味玩具城。

2. 客户需求

趣味玩具城是一家玩具制造厂，玩具种类多样且品质好，坚持为顾客持续提供新颖、优质的智能产品与娱乐产品。本案例将为该玩具城制作纪录片，要求以动画的形式展现出玩具城欢乐、放松的氛围。

3. 设计要求

（1）以动画的形式进行展示。

（2）以玩具城的各类产品为主要内容。

（3）使用暖色的片头烘托出明亮、健康、温暖的氛围。

（4）要求整个设计充满特色，让人印象深刻。

（5）设计规格为 1280h×720V（1.0940），25.00 帧 / 秒，方形像素（1.0）。

9.4.2 【项目设计及制作】

1. 设计素材

设计素材所在位置：云盘中的"Ch09\ 趣味玩具城纪录片 \ 素材 \01~07"文件。

2. 设计作品

设计作品所在位置：云盘中的"Ch09\ 趣味玩具城纪录片 \ 趣味玩具城纪录片 .prproj"文件，如图 9-103 所示。

扫码观看
本案例视频

扫码观看
本案例效果

图 9-103

3. 步骤提示

步骤 1 启动 Premiere Pro CC 2019，选择"文件 > 新建 > 项目"命令，弹出"新建项目"对话框，如图 9-104 所示，单击"确定"按钮，新建项目。选择"文件 > 新建 > 序列"命令，弹出"新建序列"对话框，单击"设置"选项卡，具体设置如图 9-105 所示，单击"确定"按钮，新建序列。

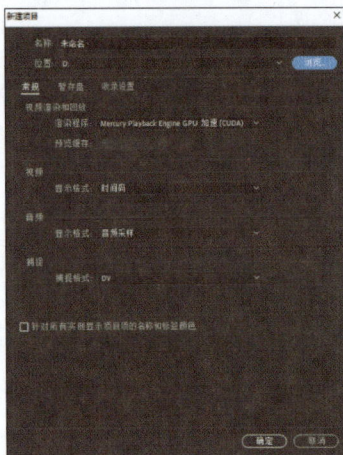
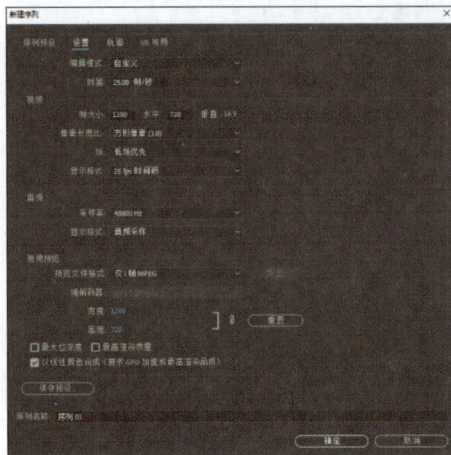

图 9-104　　　　　　　　　　　　　　　图 9-105

步骤 2　　选择"文件 > 导入"命令，弹出"导入"对话框，选择本书云盘中的"Ch09\ 趣味玩具城纪录片 \ 素材 \01~07"文件，如图 9-106 所示。单击"打开"按钮，将素材文件导入"项目"面板中，如图 9-107 所示。

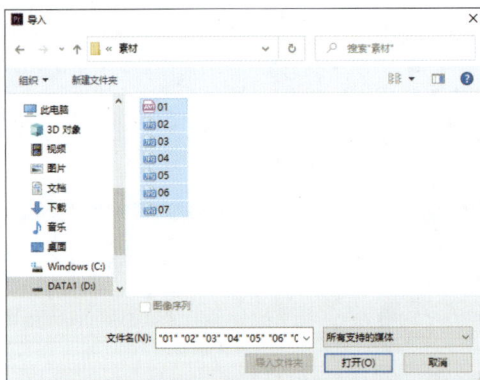

图 9-106　　　　　　　　　　　　　　　图 9-107

步骤 3　　在"项目"面板中，选中"01"文件并将其拖曳到时间轴面板的"V1"轨道中，弹出"剪辑不匹配警告"对话框。单击"保持现有设置"按钮，在保持现有序列设置的情况下将"01"文件放置在"V1"轨道中，如图 9-108 所示。选择时间轴面板中的"01"文件。在"效果控件"面板中展开"运动"选项，将"缩放"选项设置为 162.0，如图 9-109 所示。

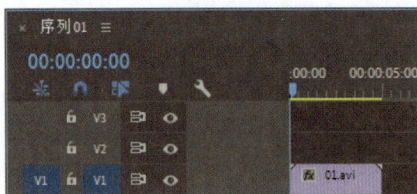
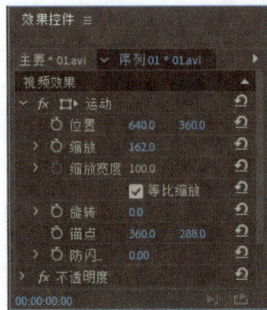

图 9-108　　　　　　　　　　　　　　　图 9-109

步骤 4　选择"文件 > 新建 > 旧版标题"命令，弹出"新建字幕"对话框，如图 9-110 所示。单击"确定"按钮，弹出"字幕"面板。选择"旧版标题工具"面板中的"文字"工具 **T**，在"字幕"面板中输入需要的文字。在"旧版标题属性"面板中展开"属性"选项，具体设置如图 9-111 所示。

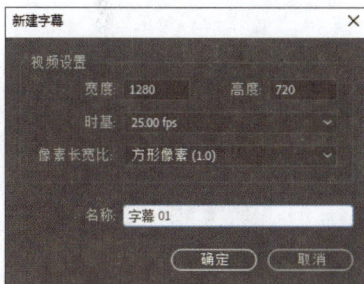
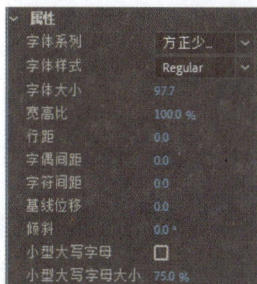

图 9-110　　　　　　　　　　　　　图 9-111

步骤 5　展开"填充"选项，将"高光颜色"选项设置为绿色（61、161、0），"阴影颜色"选项设置为深绿色（13、69、0），勾选"光泽"复选框，将"颜色"选项设置为黄色（113、40、11），其他选项的设置如图 9-112 所示。

步骤 6　单击"外描边"选项右侧的"添加"按钮，将左上角的"颜色"选项设置为蓝色（59、2、165），左下角的"颜色"选项设置为紫色（156、128、239），右上角的"颜色"选项设置为青白色（237、242、244），右下角的"颜色"选项设置为蓝黑色（2、4、98），其他选项的设置如图 9-113 所示。"字幕"面板中的效果如图 9-114 所示。用相同的方法制作其他字幕，效果如图 9-115 和图 9-116 所示。新建的字幕文件会自动保存到"项目"面板中。

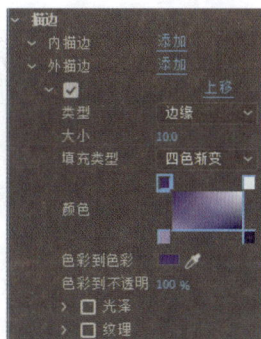

图 9-112　　　　　　　　　　图 9-113　　　　　　　　　　　　图 9-114

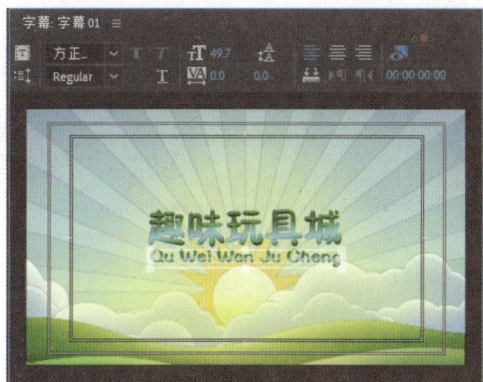

图 9-115　　　　　　　　　　　　　　　　图 9-116

步骤 **7** 在"项目"面板中选中"字幕 01"文件并将其拖曳到时间轴面板的"V2"轨道中，如图 9-117 所示。选择时间轴面板中的"字幕 01"文件。在"效果控件"面板中展开"运动"选项，将"缩放"选项设置为 0.0，并单击"缩放"选项左侧的"切换动画"按钮，如图 9-118 所示，记录第 1 个动画关键帧。

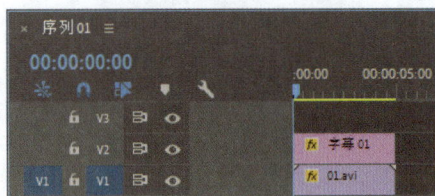

图 9-117

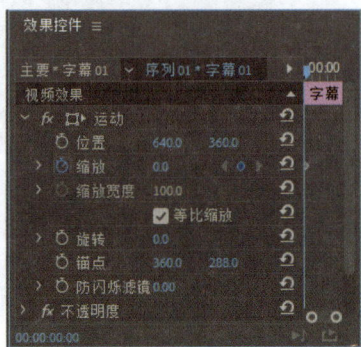

图 9-118

步骤 **8** 将播放指示器放置在 03:19s 的位置。将"缩放"选项设置为 100.0，如图 9-119 所示，记录第 2 个动画关键帧。在"项目"面板中选中"02"文件并将其拖曳到时间轴面板的"V1"轨道中，如图 9-120 所示。

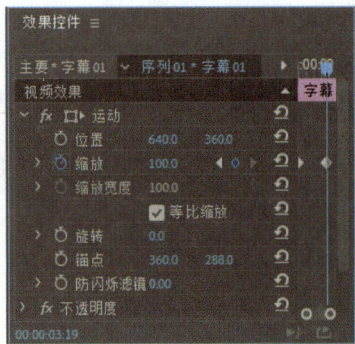

图 9-119

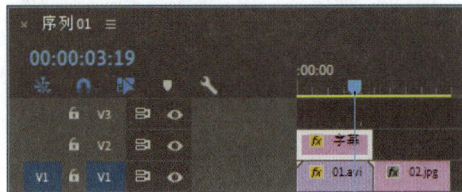

图 9-120

步骤 **9** 将播放指示器放置在 07:00s 的位置。将鼠标指针放在"02"文件的结束位置并单击，显示出编辑点。当鼠标指针呈形状时，向左拖曳鼠标指针到 07:00s 的位置，如图 9-121 所示。用相同的方法添加并剪辑其他素材，如图 9-122 所示。

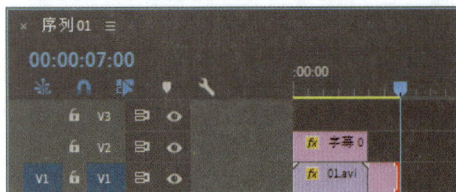

图 9-121

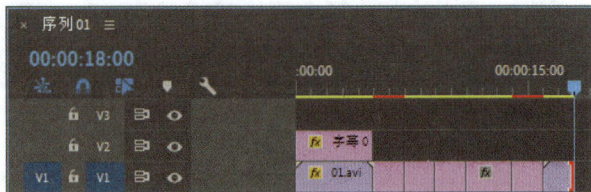

图 9-122

步骤 **10** 将播放指示器放置在 05:00s 的位置。在"效果"面板中展开"视频效果"特效分类选项，单击"颜色校正"文件夹左侧的按钮将其展开，选中"颜色平衡（HLS）"特效，如图 9-123 所示。将"颜色平衡（HLS）"特效拖曳到时间轴面板的"V1"轨道中的"02"文件上。在"效果控件"

面板中展开"颜色平衡（HLS）"选项，将"饱和度"选项设置为100.0，如图9-124所示。

步骤 11 将播放指示器放置在14:00s的位置。在"效果"面板中选中"颜色平衡（HLS）"特效。将"颜色平衡（HLS）"特效拖曳到时间轴面板的"V1"轨道中的"07"文件上。在"效果控件"面板中展开"颜色平衡（HLS）"选项，将"饱和度"选项设置为15.0，如图9-125所示。

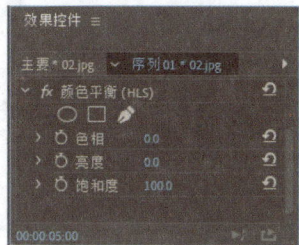
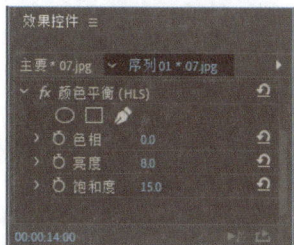

图9-123   图9-124   图9-125

步骤 12 将播放指示器放置在07:00s的位置。在"效果"面板中展开"视频过渡"特效分类选项，单击"滑动"文件夹左侧的 ▶ 按钮将其展开，选中"中心拆分"特效，如图9-126所示。将"中心拆分"特效拖曳到时间轴面板中的"02"文件的结束位置和"03"文件的开始位置之间，如图9-127所示。

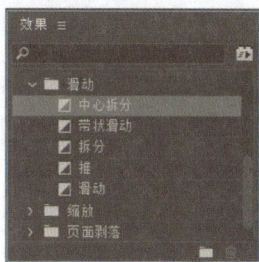
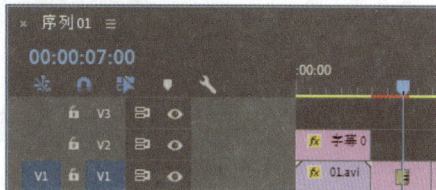

图9-126   图9-127

步骤 13 用相同的方法添加其他视频过渡特效，如图9-128所示。将播放指示器放置在11:12s的位置。在"项目"面板中选中"06"文件并将其拖曳到时间轴面板的"V2"轨道中。将鼠标指针放在"06"文件的结束位置并单击，显示出编辑点。当鼠标指针呈 ◂▸ 形状时，向左拖曳鼠标指针到与"05"文件的结束位置齐平的位置，如图9-129所示。

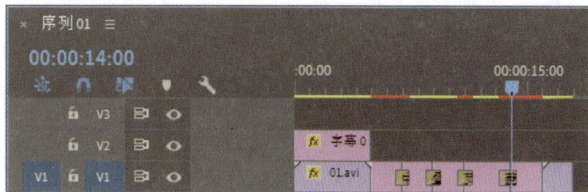
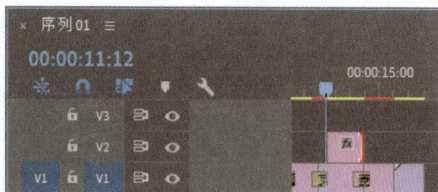

图9-128   图9-129

步骤 14 在"效果"面板中展开"视频效果"分类选项，单击"键控"文件夹左侧的 ▶ 按钮将其展开，选中"颜色键"特效，如图9-130所示。将"颜色键"特效拖曳到时间轴面板中的"06"文件上。在"效果控件"面板中展开"颜色键"选项，单击"主要颜色"选项右侧的 🖋 按钮，在底图上单击，其他选项的设置如图9-131所示。

步骤 15　将播放指示器放置在11:13s的位置。在"效果控件"面板中展开"运动"选项，将"位置"选项设置为851.9和522.6，"缩放"选项设置为3.0，单击"缩放"选项左侧的"切换动画"按钮，记录第1个动画关键帧。展开"不透明度"选项，将"不透明度"选项设置为20.0%，记录第1个动画关键帧，如图9-132所示。

图 9-130

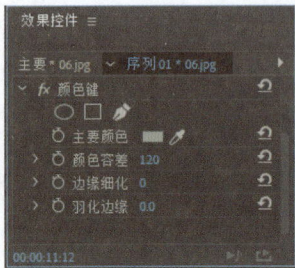

图 9-131

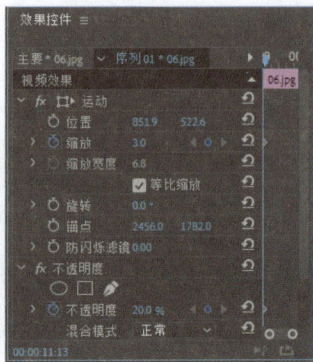

图 9-132

步骤 16　将播放指示器放置在12:02s的位置。在"效果控件"面板中将"缩放"选项设置为6.8，"不透明度"选项设置为100.0%，并单击"旋转"选项左侧的"切换动画"按钮，如图9-133所示，记录第2个动画关键帧。将播放指示器放置在12:06s的位置。将"不透明度"选项设置为50.0%，并单击"旋转"选项右侧的"添加/移除关键帧"按钮，如图9-134所示，记录第3个动画关键帧。

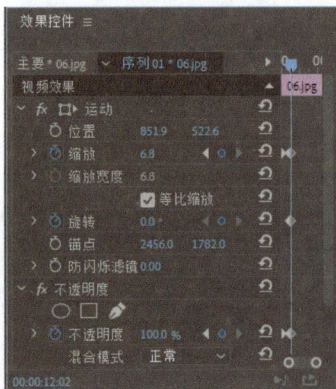

图 9-133

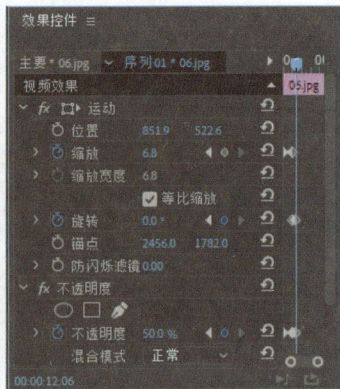

图 9-134

步骤 17　将播放指示器放置在12:10s的位置。将"旋转"选项设置为-15.0°，"不透明度"选项设置为100.0%，如图9-135所示，记录第4个动画关键帧。用相同的方法添加其他关键帧，效果如图9-136所示。

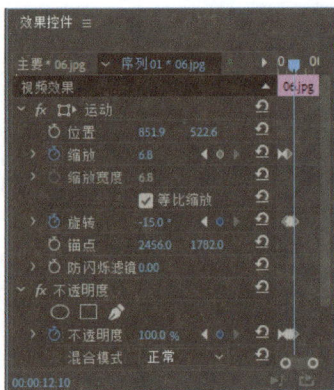

图 9-135

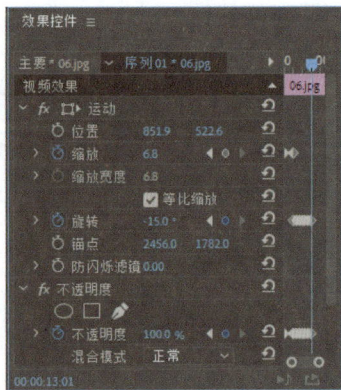

图 9-136

步骤 18   在"项目"面板中选中"字幕 02"文件并
将其拖曳到时间轴面板的"V2"轨道中。将鼠标指针放在
"字幕 02"文件的结束位置，当鼠标指针呈 形状时，向
左拖曳鼠标指针到与"V1"轨道文件结束位置齐平的位置，
如图 9-137 所示。

步骤 19   选择时间轴面板中的"字幕 02"文件。将
播放指示器放置在 16:00s 的位置。在"效果控件"面板中

图 9-137

展开"运动"选项，将"缩放"选项设置为 0.0，并单击"缩放"选项左侧的"切换动画"按钮，
如图 9-138 所示，记录第 1 个动画关键帧。将播放指示器放置在 17:10s 的位置。将"缩放"选项设
置为 100.0，如图 9-139 所示，记录第 2 个动画关键帧。趣味玩具城纪录片制作完成。

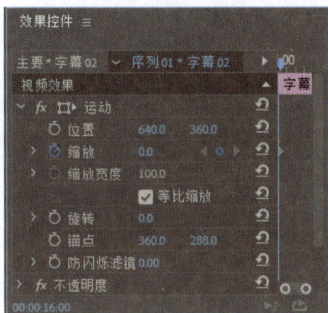

图 9-138

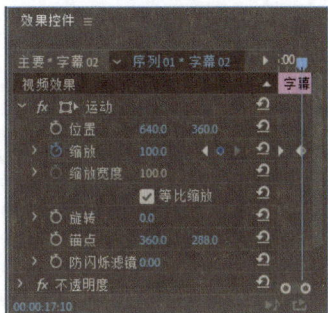

图 9-139

9.5 儿童天地电子相册

9.5.1 【项目背景及要求】

1. 客户名称
儿童教育网站。

2. 客户需求
儿童教育网站是一个以儿童教学为主的网站。该网站中的内容充满趣味，可使孩子愉快地学习
知识。本案例将制作儿童天地电子相册，要求符合儿童的喜好，具有童真和乐趣。

3. 设计要求
（1）以儿童喜欢的元素为主导元素。
（2）要求使用不同的文字和装饰图案来体现童趣，表现出设计特色。
（3）画面色彩要符合主题，尽量使用大胆而丰富的色彩，以提升画面效果。
（4）要营造出欢快愉悦的氛围，能够引起儿童的好奇心及兴趣。
（5）设计规格为 1280h×720V（1.0940），25.00 帧 / 秒，方形像素（1.0）。

9.5.2 【项目设计及制作】

1. 设计素材
设计素材所在位置：云盘中的"Ch09\ 儿童天地电子相册 \ 素材 \01~09"文件。

2. 设计作品

设计作品所在位置：云盘中的"Ch09\ 儿童天地电子相册 \ 儿童天地电子相册 .prproj"文件，如图 9-140 所示。

扫码观看
本案例视频

扫码观看
本案例效果

图 9-140

3. 步骤提示

步骤 1 启动 Premiere Pro CC 2019，选择"文件 > 新建 > 项目"命令，弹出"新建项目"对话框，如图 9-141 所示，单击"确定"按钮，新建项目。选择"文件 > 新建 > 序列"命令，弹出"新建序列"对话框，单击"设置"选项卡，具体设置如图 9-142 所示，单击"确定"按钮，新建序列。

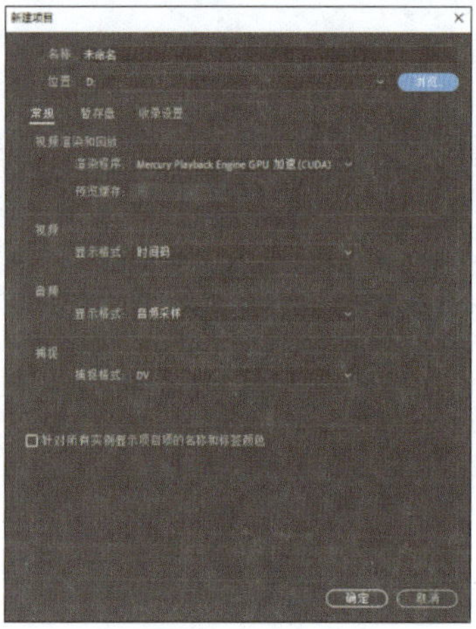

图 9-141

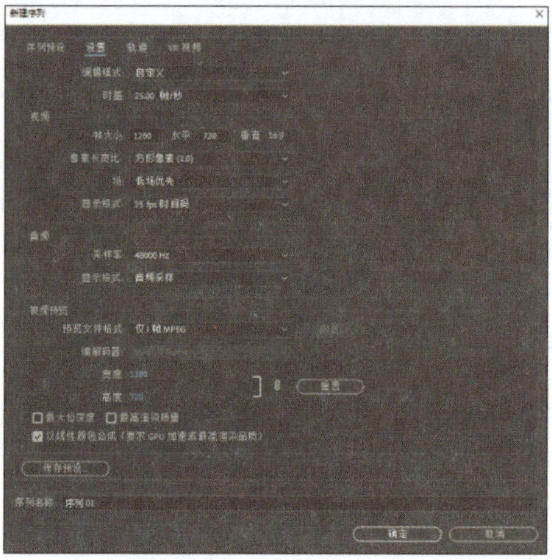

图 9-142

步骤 2 选择"文件 > 导入"命令，弹出"导入"对话框，选择云盘中的"Ch09\ 儿童天地电子相册 \ 素材 \01~09"文件，如图 9-143 所示。单击"打开"按钮，将素材文件导入"项目"面板中，如图 9-144 所示。

步骤 3 在"项目"面板中，选中"01"文件并将其拖曳到时间轴面板的"V1"轨道中，弹出"剪辑不匹配警告"对话框。单击"保持现有设置"按钮，在保持现有序列设置的情况下将"01"文件放置在"V1"轨道中，如图 9-145 所示。选择时间轴面板中的"01"文件。在"效果控件"面板中展开"运动"选项，将"缩放"选项设置为 162.0，如图 9-146 所示。

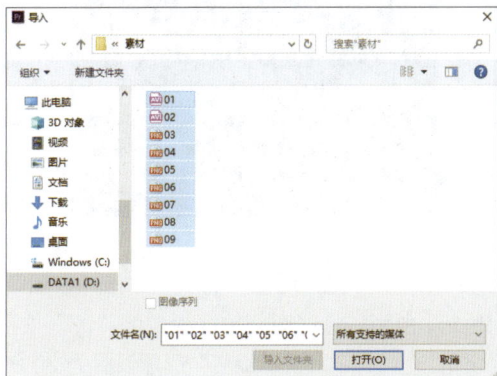

图 9-143

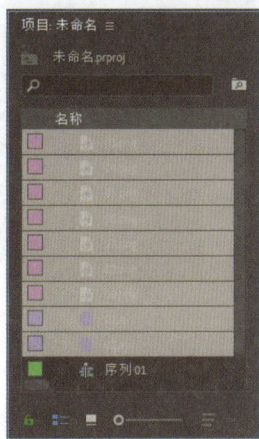

图 9-144

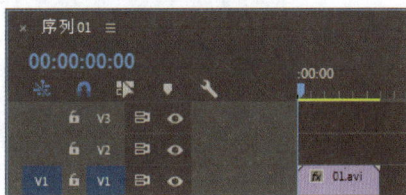

图 9-145

图 9-146

步骤 4 在"项目"面板中，选中"02"文件并将其拖曳到时间轴面板的"V1"轨道中，如图 9-147 所示。选择时间轴面板中的"02"文件。在"效果控件"面板中展开"运动"选项，将"缩放"选项设置为 162.0，如图 9-148 所示。

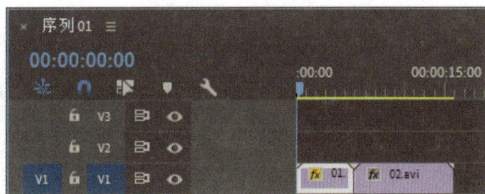

图 9-147

图 9-148

步骤 5 在"效果"面板中展开"视频过渡"分类选项，单击"溶解"文件夹左侧的▶按钮将其展开，选中"交叉溶解"特效，如图 9-149 所示。将"交叉溶解"特效拖曳到时间轴面板中的"01"文件的结束位置与"02"文件的开始位置之间。选择时间轴面板中的"交叉溶解"特效。在"效果控件"面板中将"对齐"选项设置为"终点切入"，如图 9-150 所示。

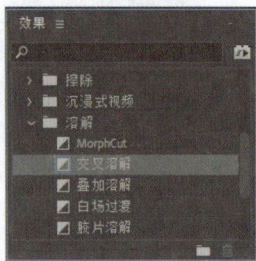

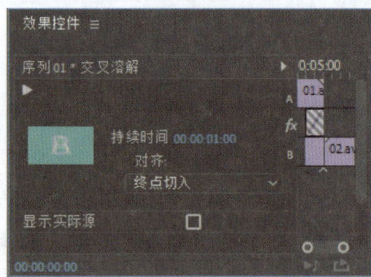

图 9-149 图 9-150

步骤 6 将播放指示器放置在 05:24s 的位置。在"项目"面板中，选中"03"文件并将其拖曳到时间轴面板的"V2"轨道中，如图 9-151 所示。选择时间轴面板中的"03"文件。在"效果控件"面板中展开"运动"选项，将"缩放"选项设置为 20.0，"旋转"选项设置为 20.0°，单击"缩放"和"旋转"选项左侧的"切换动画"按钮 ⏱，记录第 1 个动画关键帧。展开"不透明度"选项，将"不透明度"选项设置为 10.0%，如图 9-152 所示，记录第 1 个动画关键帧。

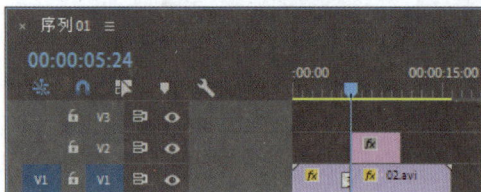

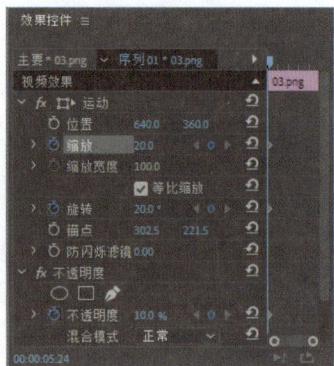

图 9-151 图 9-152

步骤 7 将播放指示器放置在 06:03s 的位置。在"效果控件"面板中将"旋转"选项设置为 0.0°，如图 9-153 所示，记录第 2 个动画关键帧。将播放指示器放置在 06:06s 的位置。在"效果控件"面板中将"旋转"选项设置为 -20.0°，如图 9-154 所示，记录第 3 个动画关键帧。将播放指示器放置在 06:09s 的位置。在"效果控件"面板中将"旋转"选项设置为 0.0°，如图 9-155 所示，记录第 4 个动画关键帧。

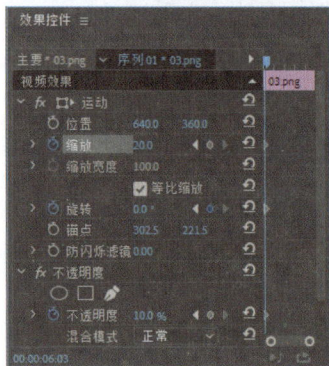

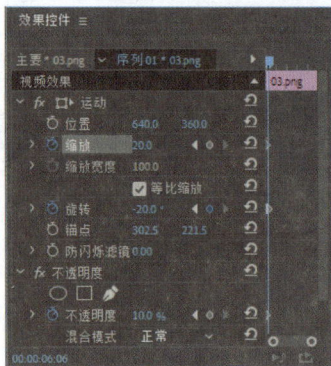

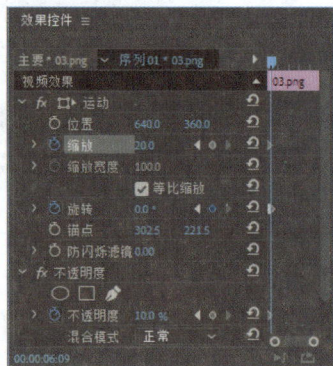

图 9-153 图 9-154 图 9-155

步骤 8 将播放指示器放置在 06:12s 的位置。在"效果控件"面板中将"旋转"选项设置为 20.0°，如图 9-156 所示，记录第 5 个动画关键帧。将播放指示器放置在 06:15s 的位置。在"效果控件"面板中将"旋转"选项设置为 0.0°，如图 9-157 所示，记录第 6 个动画关键帧。将播放指示器放置在 06:18s 的位置。在"效果控件"面板中将"旋转"选项设置为 -20.0°，如图 9-158 所示，记录第 7 个动画关键帧。

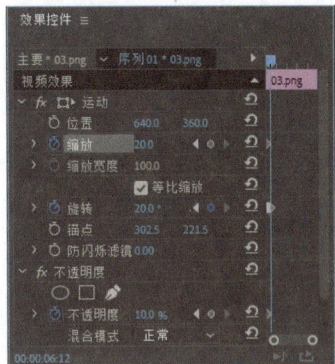

图 9-156

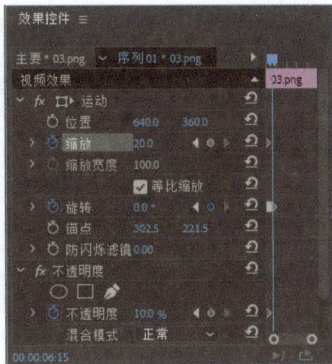

图 9-157

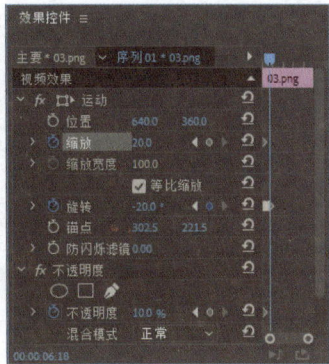

图 9-158

步骤 9 将播放指示器放置在 06:21s 的位置。在"效果控件"面板中将"旋转"选项设置为 0.0°，如图 9-159 所示，记录第 8 个动画关键帧。将播放指示器放置在 07:02s 的位置。在"效果控件"面板中，将"缩放"选项设置为 120.0，"不透明度"选项设置为 100.0%，如图 9-160 所示，记录第 2 个动画关键帧。将播放指示器放置在 07:09s 的位置。在"效果控件"面板中将"缩放"选项设置为 170.0，如图 9-161 所示，记录第 3 个动画关键帧。

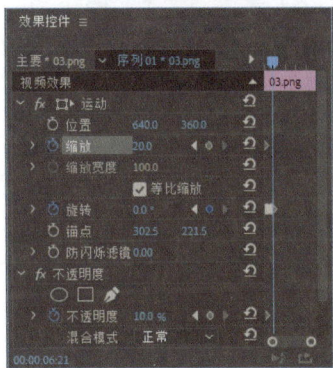

图 9-159

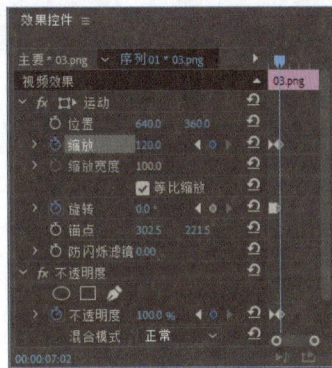

图 9-160

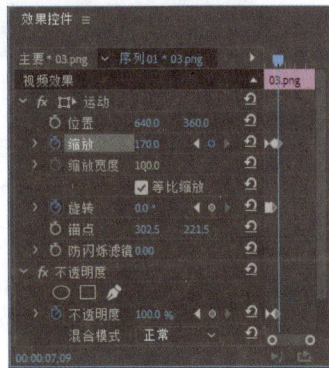

图 9-161

步骤 10 将播放指示器放置在 07:13s 的位置。将鼠标指针放在"03"文件的结束位置，当鼠标指针呈形状时，向左拖曳鼠标指针到 07:13s 的位置，如图 9-162 所示。在"项目"面板中，选中"04"文件并将其拖曳到时间轴面板的"V2"轨道中，如图 9-163 所示。

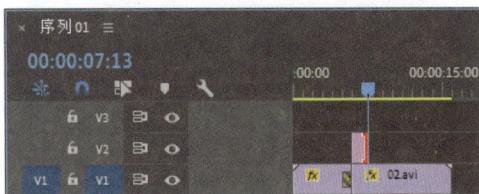

图 9-162

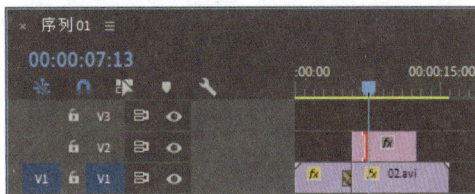

图 9-163

步骤 11   选择时间轴面板中的"04"文件。将播放指示器放置在 07:10s 的位置。在"效果控件"面板中展开"运动"选项，将"位置"选项设置为 263.2 和 310.7，"缩放"选项设置为 180.0，"旋转"选项设置为 –1x0.0°，单击"旋转"选项左侧的"切换动画"按钮，如图 9-164 所示，记录第 1 个动画关键帧。将播放指示器放置在 10:22s 的位置。在"效果控件"面板中，将"旋转"选项设置为 0.0°，如图 9-165 所示，记录第 2 个动画关键帧。

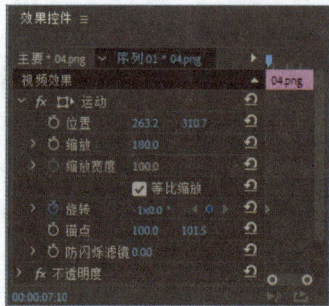
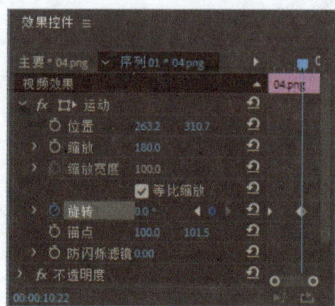

图 9-164   图 9-165

步骤 12   将播放指示器放置在 10:22s 的位置。将鼠标指针放在"04"文件的结束位置，当鼠标指针呈形状时，向左拖曳鼠标指针到 10:22s 的位置，如图 9-166 所示。用相同的方法添加其他素材文件并制作动画，如图 9-167 所示。儿童天地电子相册制作完成。

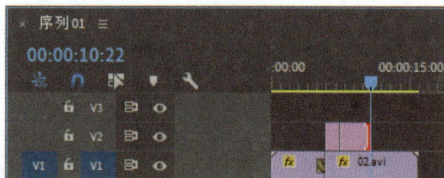
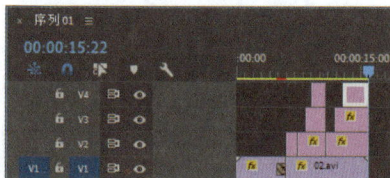

图 9-166   图 9-167

9.6   新年歌曲 MV

9.6.1   【项目背景及要求】

1．客户名称

儿童教育网站。

2．客户需求

儿童教育网站是一个以儿童教学为主的网站。该网站中的内容充满趣味，可使孩子快乐地学习知识。本案例将制作歌曲 MV，要求符合儿童的喜好，并展示出歌曲的主题。

3．设计要求

（1）以主题照片为主要元素。

（2）整体设计要醒目，能表现出歌曲特色。

（3）画面色彩要对比强烈，以形成具有冲击力的画面。

（4）设计风格要具有特色，能够让人一目了然、印象深刻。

（5）设计规格为 1280h×720V（1.0940），25.00 帧 / 秒，方形像素（1.0）。

9.6.2 【项目设计及制作】

1. 设计素材

设计素材所在位置：云盘中的"Ch09\ 新年歌曲 MV \ 素材 \01~08"文件。

2. 设计作品

设计作品所在位置：云盘中的"Ch09\新年歌曲MV\新年歌曲MV.prproj"文件，如图9-168所示。

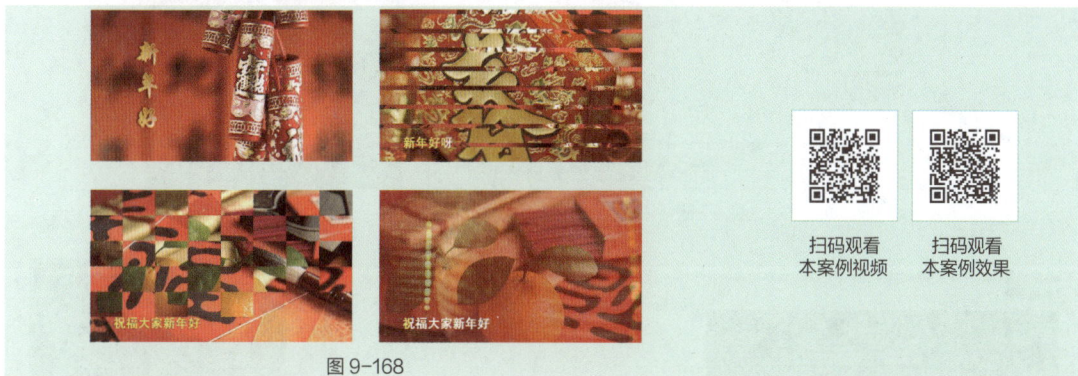

图 9-168

3. 步骤提示

步骤 1　启动 Premiere Pro CC 2019，选择"文件 > 新建 > 项目"命令，弹出"新建项目"对话框，如图 9-169 所示，单击"确定"按钮，新建项目。选择"文件 > 新建 > 序列"命令，弹出"新建序列"对话框，单击"设置"选项卡，具体设置如图 9-170 所示，单击"确定"按钮，新建序列。

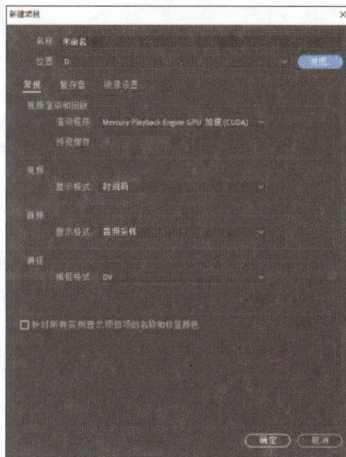

图 9-169

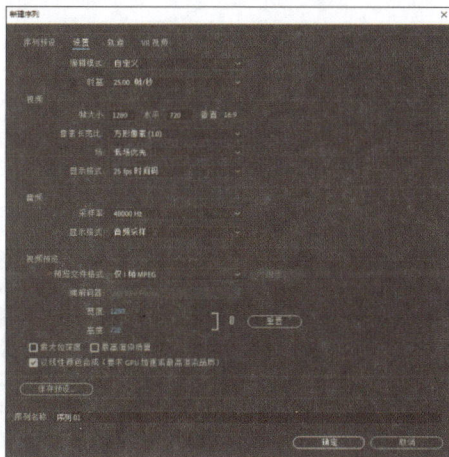

图 9-170

步骤 2　选择"文件 > 导入"命令，弹出"导入"对话框，选择本书云盘中的"Ch09\ 新年歌曲 MV\ 素材 \01~08"文件。单击"打开"按钮，导入文件，如图 9-171 所示。导入文件后的"项目"面板如图 9-172 所示。

步骤 3　选择"文件 > 新建 > 旧版标题"命令，弹出"新建字幕"对话框，如图 9-173 所示。单击"确定"按钮，弹出"字幕"面板。选择"垂直文字"工具**T**，在"字幕"面板中输入需要的文字。在"旧版标题样式"面板中选择适当的文字样式，如图 9-174 所示。在"旧版标题属性"面板中展开"属性"选项并进行设置，如图 9-175 所示。

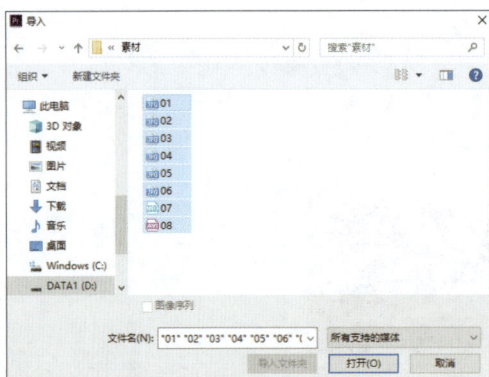

图 9-171

图 9-172

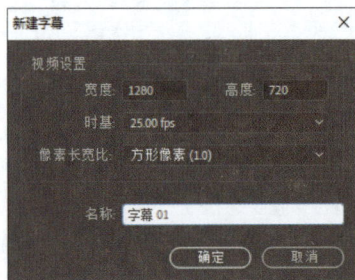

图 9-173

图 9-174

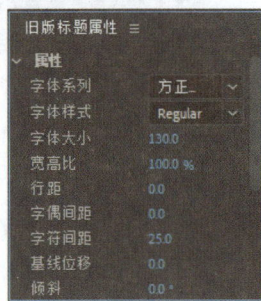

图 9-175

步骤 4　在"项目"面板中选中"01"文件并将其拖曳到时间轴面板中的"V1"轨道上，弹出"剪辑不匹配警告"对话框。单击"保持现有设置"按钮，在保持现有序列设置的情况下将"01"文件放置在"V1"轨道中。将播放指示器放置在06:07s的位置。将鼠标指针放在"01"文件的结束位置，当鼠标指针呈◀形状时，向右拖曳鼠标指针到06:07s的位置，如图9-176所示。用相同的方法添加其他文件到时间轴面板中，再剪辑素材，效果如图9-177所示。

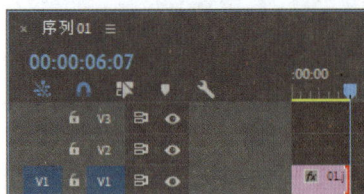

图 9-176

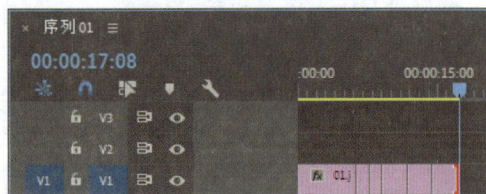

图 9-177

步骤 5　将播放指示器放置在00:00s的位置。在时间轴面板中选择"01"文件。在"效果控件"面板中展开"运动"选项，将"位置"选项设置为653.0和360.0，"缩放"选项设置为163.0，如图9-178所示。

步骤 6　将播放指示器放置在06:07s的位置。在时间轴面板中选择"02"文件。在"效果控件"面板中展开"运动"选项，将"缩放"选项设置为100.0，单击"缩放"选项左侧的"切换动画"按钮○，记录第1个动画关键帧，如图9-179所示。将播放指示器放置在06:20s的位置。在"效果控件"面板中将"缩放"选项设置为76.0，记录第2个动画关键帧，如图9-180所示。

 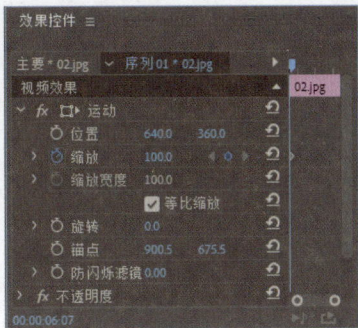 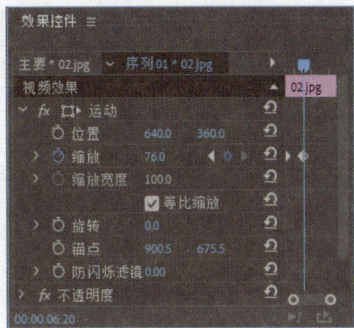

图 9-178　　　　　　　图 9-179　　　　　　　图 9-180

步骤 7　　将播放指示器放置在 07:18s 的位置。在时间轴面板中选择"03"文件。在"效果控件"面板中展开"运动"选项，将"缩放"选项设置为 163.0，如图 9-181 所示。将播放指示器放置在 09:03s 的位置。在时间轴面板中选择"04"文件。

步骤 8　　在"效果控件"面板中展开"运动"选项，将"缩放"选项设置为 300.0，"旋转"选项设置为 -60.0°，单击"缩放"和"旋转"选项左侧的"切换动画"按钮🕐，记录第 1 个动画关键帧，如图 9-182 所示。将播放指示器放置在 11:00s 的位置。在"效果控件"面板中将"缩放"选项设置为 162.0，"旋转"选项设置为 0.0°，记录第 2 个动画关键帧，如图 9-183 所示。

 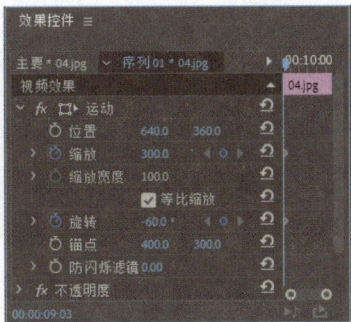 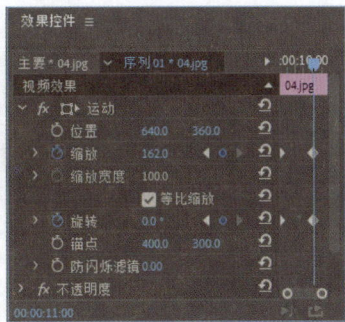

图 9-181　　　　　　　图 9-182　　　　　　　图 9-183

步骤 9　　将播放指示器放置在 11:19s 的位置。在时间轴面板中选择"05"文件。在"效果控件"面板中展开"运动"选项，将"缩放"选项设置为 162.0，如图 9-184 所示。将播放指示器放置在 14:12s 的位置。在时间轴面板中选择"06"文件。在"效果控件"面板中展开"运动"选项，将"缩放"选项设置为 90.0，单击"缩放"选项左侧的"切换动画"按钮🕐，记录第 1 个动画关键帧，如图 9-185 所示。将播放指示器放置在 17:07s 的位置。在"效果控件"面板中，将"缩放"选项设置为 44.0，记录第 2 个动画关键帧，如图 9-186 所示。

 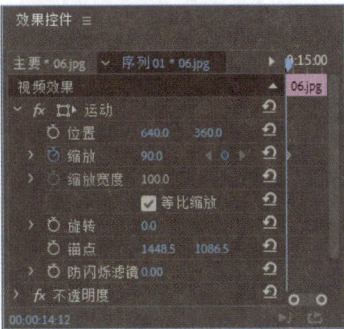 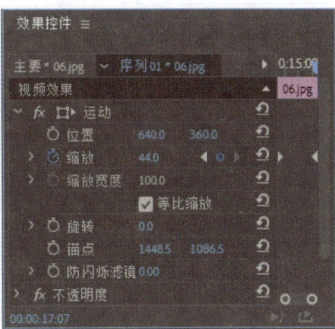

图 9-184　　　　　　　图 9-185　　　　　　　图 9-186

步骤 10   在"效果"面板中展开"视频过渡"特效分类选项，单击"擦除"文件夹左侧的 按钮将其展开，选中"百叶窗"特效，如图 9-187 所示。将播放指示器放置在 07:18s 的位置。将"百叶窗"特效拖曳到时间轴面板中的"02"文件的结束位置和"03"文件的开始位置之间，如图 9-188 所示。

图 9-187

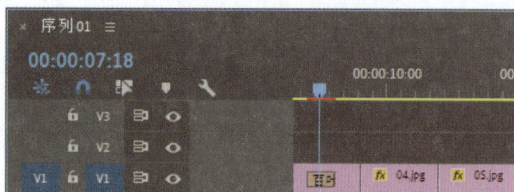
图 9-188

步骤 11   用相同的方法在其他位置添加特效，如图 9-189 所示。在"项目"面板中选中"08"文件并将其拖曳到时间轴面板中的"V2"轨道上，如图 9-190 所示。

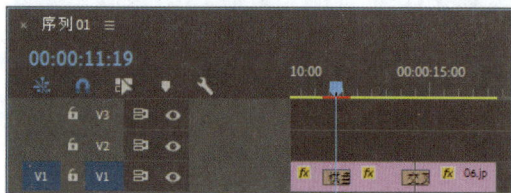
图 9-189

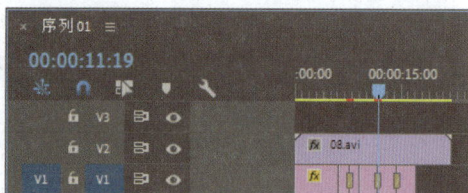
图 9-190

步骤 12   将鼠标指针放在"08"文件的结束位置，当鼠标指针呈 形状时，向左拖曳鼠标指针到与"06"文件的结束位置齐平的位置，如图 9-191 所示。将播放指示器放置在 05:00s 的位置。在"效果控件"面板中展开"运动"选项，将"位置"选项设置为 449.0 和 630.0。展开"不透明度"选项，将"不透明度"选项设置为 0.0%，记录第 1 个动画关键帧，如图 9-192 所示。将播放指示器放置在 06:07s 的位置。在"效果控件"面板中将"不透明度"选项设置为 100.0%，记录第 2 个动画关键帧，如图 9-193 所示。

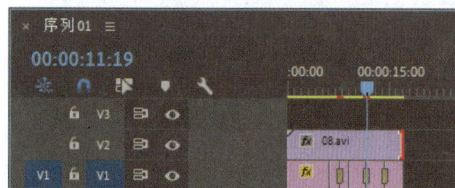
图 9-191

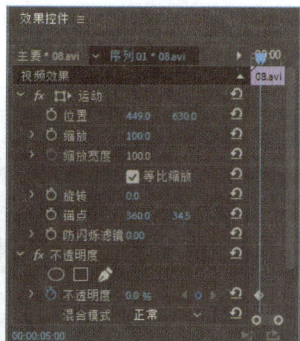
图 9-192

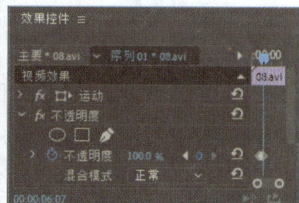
图 9-193

步骤 13 在"效果"面板中展开"视频效果"特效分类选项，单击"键控"文件夹左侧的▶按钮将其展开，选中"颜色键"特效，如图 9-194 所示。将"颜色键"特效拖曳到时间轴面板中的"08"文件上。在"效果控件"面板中展开"颜色键"选项，具体设置如图 9-195 所示。

步骤 14 在"效果"面板中展开"视频过渡"特效分类选项，单击"溶解"文件夹左侧的▶按钮将其展开，选中"交叉溶解"特效，如图 9-196 所示。将"交叉溶解"特效拖曳到时间轴面板中的"08"文件的开始位置。

图 9-194

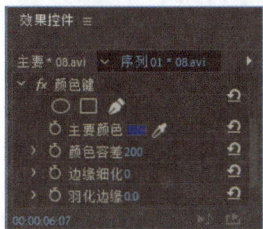
图 9-195

图 9-196

步骤 15 在"项目"面板中选中"字幕 01"文件并将其拖曳到时间轴面板中的"V3"轨道上，如图 9-197 所示。将播放指示器放置在 06:11s 的位置。将鼠标指针放在"字幕 01"文件的结束位置，当鼠标指针呈◀形状时，向右拖曳鼠标指针到 06:11s 的位置，如图 9-198 所示。

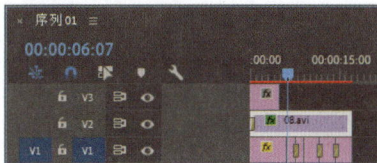
图 9-197

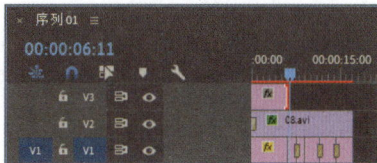
图 9-198

步骤 16 将播放指示器放置在 02:00s 的位置。在"效果控件"面板中展开"不透明度"选项，单击其右侧的"添加 / 移除关键帧"按钮，如图 9-199 所示，记录第 1 个动画关键帧。将播放指示器放置在 06:11s 的位置，将"不透明度"选项设置为 0.0%，如图 9-200 所示，记录第 2 个动画关键帧。

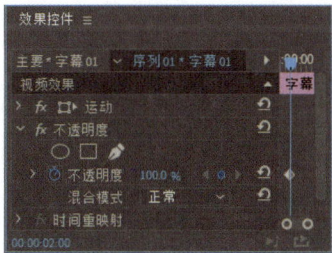
图 9-199

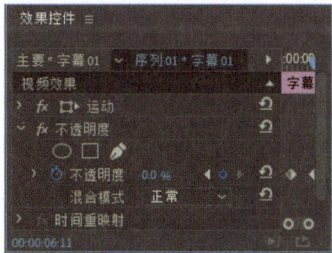
图 9-200

步骤 17 在"项目"面板中选中"07"文件并将其拖曳到时间轴面板中的"A1"轨道上。将播放指示器放置在 17:08s 的位置。将鼠标指针放在"07"文件的结束位置，当鼠标指针呈◀形状时，向左拖曳鼠标指针到 17:08s 的位置，如图 9-201 所示。

步骤 18 将播放指示器放置在 16:00s 的位置。在"效果控件"面板中，单击"级别"选项右侧的"添加 / 移除关键帧"按钮，如图 9-202 所示，记录第 1 个动画关键帧。将播放指示器放置在 17:08s 的位置。在"效果控件"面板中将"级别"选项设置为 −24.3dB，记录第 2 个动画关键帧，如图 9-203 所示。新年歌曲 MV 制作完成。

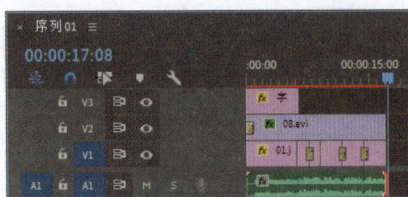

图 9-201

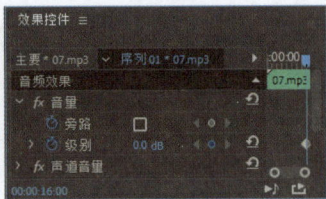

图 9-202

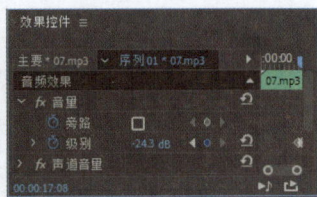

图 9-203